Edition HMD

Herausgegeben von

Hans-Peter Fröschle
i.t-consult GmbH
Stuttgart, Deutschland

Stefan Meinhardt
SAP Deutschland SE & Co KG
Walldorf, Deutschland

Knut Hildebrand
Hochschule Weihenstephan-Triesdorf
Freising, Deutschland

Stefan Reinheimer
BIK GmbH
Nürnberg, Deutschland

Josephine Hofmann
Fraunhofer IAO
Stuttgart, Deutschland

Susanne Robra-Bissantz
TU Braunschweig
Braunschweig, Deutschland

Matthias Knoll
Hochschule Darmstadt
Darmstadt, Deutschland

Susanne Strahringer
TU Dresden
Dresden, Deutschland

Andreas Meier
University of Fribourg
Fribourg, Schweiz

Die Fachbuchreihe „Edition HMD" wird herausgegeben von Hans-Peter Fröschle, Prof. Dr. Knut Hildebrand, Dr. Josephine Hofmann, Prof. Dr. Matthias Knoll, Prof. Dr. Andreas Meier, Stefan Meinhardt, Dr. Stefan Reinheimer, Prof. Dr. Susanne Robra-Bissantz und Prof. Dr. Susanne Strahringer.

Seit über 50 Jahren erscheint die Fachzeitschrift „HMD – Praxis der Wirtschaftsinformatik" mit Schwerpunktausgaben zu aktuellen Themen. Erhältlich sind diese Publikationen im elektronischen Einzelbezug über SpringerLink und Springer Professional sowie in gedruckter Form im Abonnement. Die Reihe „Edition HMD" greift ausgewählte Themen auf, bündelt passende Fachbeiträge aus den HMD-Schwerpunktausgaben und macht sie allen interessierten Lesern über online- und offline-Vertriebskanäle zugänglich. Jede Ausgabe eröffnet mit einem Geleitwort der Herausgeber, die eine Orientierung im Themenfeld geben und den Bogen über alle Beiträge spannen. Die ausgewählten Beiträge aus den HMD-Schwerpunktausgaben werden nach thematischen Gesichtspunkten neu zusammengestellt. Sie werden von den Autoren im Vorfeld überarbeitet, aktualisiert und bei Bedarf inhaltlich ergänzt, um den Anforderungen der rasanten fachlichen und technischen Entwicklung der Branche Rechnung zu tragen.

Weitere Bände in dieser Reihe:
http://www.springer.com/series/13850

Susanne Strahringer · Christian Leyh

Herausgeber

Gamification und Serious Games

Grundlagen, Vorgehen und Anwendungen

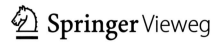 Springer Vieweg

Herausgeber
Susanne Strahringer
TU Dresden
Dresden, Deutschland

Christian Leyh
TU Dresden
Dresden, Deutschland

Das Herausgeberwerk basiert auf vollständig neuen Kapiteln und auf Beiträgen der Zeitschrift HMD – Praxis der Wirtschaftsinformatik, die entweder unverändert übernommen oder durch die Beitragsautoren überarbeitet wurden.

ISSN 2366-1127 ISSN 2366-1135 (electronic)
Edition HMD
ISBN 978-3-658-16741-7 ISBN 978-3-658-16742-4 (eBook)
DOI 10.1007/978-3-658-16742-4

Die Deutsche Nationalbibliothek verzeichnet diese Publikation in der Deutschen Nationalbibliografie; detaillierte bibliografische Daten sind im Internet über http://dnb.d-nb.de abrufbar.

Springer Vieweg
© Springer Fachmedien Wiesbaden GmbH 2017

Gedruckt auf säurefreiem und chlorfrei gebleichtem Papier

Springer Vieweg ist Teil von Springer Nature
Die eingetragene Gesellschaft ist Springer Fachmedien Wiesbaden GmbH
Die Anschrift der Gesellschaft ist: Abraham-Lincoln-Strasse 46, 65189 Wiesbaden, Germany

Vorwort

Gamify your life! Arbeit war gestern, Spielen ist heute! Ganz so simpel ist es dann aber doch nicht. Der Begriff Gamification findet sich mittlerweile in vielen Bereichen des privaten Lebens, aber auch des unternehmerischen Handelns und ist aus unserem Alltag kaum noch wegzudenken. Täglich werden wir angehalten, irgendwo Punkte zu sammeln, Bewertungen abzugeben, unsere Profile zu vervollständigen etc. Nun dringen diese und ähnliche Konzepte vermehrt in den Unternehmensalltag vor. Warum sollte man nicht auch die Bereitstellung von Erfahrungsinformationen ähnlich incentivieren oder auf diese Art und Weise den Ehrgeiz unter Mitarbeitern entfachen. Kundenseitig ist dies für viele Unternehmen seit Langem schon Normalität.

Das Einbinden von Spielmechaniken (z. B. Punkten, Ranglisten, Fortschrittsanzeigen, Belohnungen etc.) zur Motivationssteigerung ist in etlichen, zunehmend auch betrieblichen Informationssystemen bereits seit geraumer Zeit zu beobachten. Die Fragen, die sich dabei immer häufiger stellen, sind die nach dem richtigen Vorgehen, den geeigneten Domänen und den dann tatsächlich eintretenden Wirkungen und Ergebnissen. Geben wir uns mit dem Einbinden der Spielmechanik als Umsetzung von Gamification zufrieden, dann mag dies aus einem technischen Betrachtungswinkel heraus Gamification sein, aber eigentlich müssen uns Fragen des Nutzenzuwachses und der Verhaltensbeeinflussung durch die spielerische Erfahrung mindestens genauso interessieren. Mit Verhaltensbeeinflussung ist dabei zunächst die intendierte gemeint. Doch die nicht vorhergesehene Beeinflussung sollte bei der Gestaltung entsprechender Systeme mindestens genauso im Auge behalten werden. Dass solche Systeme nicht wie herkömmliche Software entwickelt werden können, liegt dabei auf der Hand.

Unser Herausgerberband beschäftigt sich daher in Teil I nach einem Grundlagenkapitel zu Enterprise Gamification zunächst einmal in zwei Beiträgen mit Fragen des Vorgehens zur Umsetzung bzw. Einbindung von Gamification. Zum einen benötigen wir entsprechend angepasste Vorgehensmodelle und zum anderen – auf einer instrumentelleren Ebene – Erweiterungen von Modellierungssprachen, die auch eine Kommunikation und Diskussion vorgesehener Gamifizierungselemente erlauben. Neben der Betrachtung des Vorgehens bei der Entwicklung von gamifizierten Anwendungen kann Gamification auch als Instrument zur Unterstützung des Vorgehens bei allgemeinen Änderungsprozessen eingesetzt werden. Dies illustriert ein Beitrag, der aufzeigt, wie Gamification als Change-Management-Methode im Prozessmanagement genutzt werden kann. Das Beispiel veranschaulicht zudem, dass Gamification nahezu technologiefrei umsetzbar ist. Andere Domänen, die in diesem Band betrachtet werden, in denen mittels Gamification Anreize gesetzt werden sollen, sind das Wissens- und Innovationsmanagement sowie das betriebliche eLearning.

Neben den genannten Anwendungen von Gamification im betrieblichen Kontext, die in Teil I des Herausgeberwerkes vorgestellt werden, fokussiert Teil II auf Lernen und Lernprozesse durch Spiele und Spielmechaniken in ihrem Einsatz in der Hochschullehre.

Auch dieser Teil beginnt mit einer Grundlegung, diesmal in Form zweier Beiträge, die den State-of-the-Art von Serious Games und Gamification in der Hochschullehre aufzeigen. Darauf folgen konkrete Anwendungsbeispiele und Lernszenarien, die auch Fragestellungen des Lernerfolgs adressieren. In zwei Themenfeldern, der Vermittlung von Kenntnissen im Umgang mit Enterprise-Resource-Planning(ERP)-Systemen und der Visualisierung von Managementberichten, liefert der Hochschulkontext auch eine Basis für den Transfer in die betriebliche Weiterbildung.

Für alle Beiträge des Bandes ist noch Folgendes zu konstatieren: Unsere Autoren legen ihre Erfahrungen offen – ein großer Beitrag, um den Effekt von Gamification und Serious Games zu verstehen, auch wenn wir derzeit noch nicht auf extensive Erfahrungen bezüglich der Wirkungen von Gamification und Serious Games zurückblicken können. Sicherlich werden hier noch einige Jahre vergehen müssen, um die Validität dieser Ergebnisse angemessen zu steigern.

Eines müssen wir Ihnen allerdings beichten: Unsere Autoren haben für die Einreichung ihrer Beiträge keine Punkte oder Belohnungen erhalten. Ob man die Übermittlung der notwendigen Unterlagen als Challenge im Sinne der Gamifizierung betrachten kann, sei dahingestellt. Die begrenzte Zeit für die Be- und Überarbeitungen könnte man allerdings fast als Countdown werten … Dennoch, ob mit oder ohne Gamification, unsere Autoren haben auch so hochmotiviert ihre Erfahrungen und Erkenntnisse in den vorliegenden Beiträgen festgehalten und Ihnen, liebe Leser, auf diese Weise verfügbar gemacht. Und seien Sie beruhigt, Sie können die Beiträge völlig nach Ihrem Gusto lesen, aus Interesse und völlig ohne Punkte sammeln zu müssen bzw. zu können – so hoffen wir zumindest. Viel Spaß dabei, auch ohne gameful experience! Feedback dürfen Sie natürlich gerne geben.

Dresden, im Dezember 2016   Susanne Strahringer
                                                                              Christian Leyh

Inhaltsverzeichnis

Die Autoren

Prof. Dr. Rainer Alt hat seit 2006 die Professur Anwendungssysteme in Wirtschaft und Verwaltung am Institut für Wirtschaftsinformatik der Universität Leipzig inne. Seine Forschung konzentriert sich auf das überbetriebliche Prozessmanagement, insbesondere Methoden und Architekturen zur Vernetzung mit Kunden und Lieferanten. Schwerpunkte bilden die Finanztechnologie (Fintech), das Social Customer Relationship Management (SCRM) und elektronische Märkte. Er ist zudem Partner des Business Engineering Institute (BEI) St. Gallen, Mitglied des wissenschaftlichen Beirates der IT Sonix Customer Development GmbH Leipzig und Editor-in-Chief der Zeitschrift Electronic Markets – The International Journal on Networked Business (EM).

Eva Johanna Becht studiert im Master Wirtschaftsingenieurwesen Maschinenbau an der TU Braunschweig. Sie spezialisierte sich in den wirtschaftlichen Fachrichtungen Informationsmanagement, Decision Support und Produktion und Logistik sowie im technischen Bereich in Produktions- und Systemtechnik. Sie absolvierte ein halbjähriges Betriebspraktikum bei der Volkswagen AG im Bereich Projektmanagement und arbeitet zudem als wissenschaftliche Hilfskraft am Institut für Werkzeugmaschinen und Fertigungstechnik.

Christoph Brosius ist gelernter Werbekaufmann und war Regieassistent, bevor er Spieleproduzent, Dozent, Moderator und Berater wurde. Seine über 15 Jahre Erfahrung in der Kreativwirtschaft bringt er inzwischen am liebsten in ganz anderen Branchen zur Wirkung – aktuell im Gesundheitswesen. Für die Arbeit mit seiner Berliner Game Thinking Agentur Die Hobrechts wurde er 2012 von der Bundesregierung mit dem Titel „Kultur- und Kreativpilot Deutschland" ausgezeichnet. 2015 erhielt er den Young Leonardo Award for Corporate Learning und fährt ausgesprochen gern Motorrad.

Prof. Dr. Paul Drews ist Professor für Wirtschaftsinformatik und Koordinator des Forschungsprofils „Digitale Transformation" an der Leuphana Universität Lüneburg. Er hat an der Universität Hamburg Wirtschaftsinformatik studiert und am Fachbereich Informatik provomiert. Seine Schwerpunkte in Forschung und Lehre sind Digitale Transformation, IT-Governance/IT-Management, IT-Innovationsmanagement, Enterprise Architecture Management und IT-Consulting.

Linda Eckardt hat im Bachelor Wirtschaftsingenieurwesen an der Brandenburgischen Technischen Universität und im Master Wirtschaftsinformatik an der Technischen Universität Braunschweig studiert. Seit November 2014 arbeitet sie als wissenschaftliche Mitarbeiterin und Doktorandin am Lehrstuhl für Informationsmanagement der TU Braunschweig. In ihrer Forschung beschäftigt sie sich mit dem Design und den Auswirkungen von Gamification-Anwendungen und Serious Games in der Lehre.

Sharaf Al Falah studiert Wirtschaftsingenieurwesen/Maschinenbau mit den Vertiefungen Wirtschaftsinformatik, Volkswirtschaftslehre und Marketing an der Technischen Universität Braunschweig. Neben dem Studium absolvierte er ein Praktikum bei der KAMA Immobilien UG und arbeitet als stellvertretender Filialleiter bei der Vodafone GmbH.

Dr. Helge Fischer studierte Angewandte Medienwissenschaften (Diplom) am Institut für Medien- und Kommunikationswissenschaften der Technischen Universität Ilmenau sowie Strategische Unternehmensführung (MBA) an der Hochschule Mittweida. 2012 promovierte Helge Fischer in einem bi-nationalen Verfahren an der Technischen Universität Dresden und der Universität Bergen (NOR). Seit 2010 leitet er FuE-Projekte im Bereich der digitalen Bildung, darunter aktuell ein Vorhaben zur Gamifizierung der Studieneingangsphase an der TU Dresden. Seine Forschungsschwerpunkte liegen u. a. in den Bereichen Online-Education, Bildungsmanagement, Organisations- und Personalentwicklung sowie Gamification.

Fabiane Follert studierte von 2011 bis 2014 Weiterbildungsforschung und Organisationsentwicklung an der TU Dresden und ist seit 2016 Mitarbeiterin des Medienzentrums (Abteilung Medienstrategien) der TU Dresden. Ihre Forschungsinteressen liegen im Bereich Gamification im digitalen Lehren und Lernen.

Christian Grund absolvierte den Bachelorstudiengang Wirtschaftsinformatik sowie den Masterstudiengang Informatik und Informationswirtschaft an der Universität Augsburg. Seit Oktober 2014 ist er wissenschaftlicher Mitarbeiter und Doktorand an der dortigen Professur für Wirtschaftsinformatik und Management Support. Im Rahmen seiner Forschungsaktivitäten beschäftigt sich Herr Grund vorwiegend mit Serious Games als Form der Lernunterstützung im Bereich der Wirtschaftsinformatik, der Verwendung von Spielelementen zur Motivationssteigerung (= Gamification) sowie der Entscheidungsunterstützung von Führungskräften.

Benjamin Heilbrunn hat Informatik studiert und ist externer Doktorand an der TU Dresden, wo er zusammen mit SAP zum Thema Gamification Analytics promoviert. Im Rahmen seiner Arbeit erforscht er Prozesse und Werkzeuge zur Sicherstellung sowie Steigerung der Effektivität von Gamification-Aktivitäten. Primär geht es dabei um die Bereitstellung von Werkzeugen zum Sammeln und Auswerten von Daten, die Benutzerverhalten und -eigenschaften beschreiben. Er kooperiert eng mit dem Team hinter SAP's Gamification Platform und Teams, die Gamification-Designs in Softwarelösungen einsetzen.

Matthias Heinz studierte Pädagogik in Chemnitz sowie Weiterbildungsforschung und Organisationsentwicklung in Dresden. Seit 2016 ist er wissenschaftlicher Mitarbeiter am Medienzentrum der Technischen Universität Dresden. Seine Tätigkeiten und Forschungsinteressen fokussieren den Bereich digital erweiterbarer Lehr-Lern-Möglichkeiten im Kontext von Hochschul- und Erwachsenenbildung, insbesondere unter der Perspektive von Gamifizierungsoptionen.

Katja Herrmanny ist Mitarbeiterin des Lehrstuhls Interactive Systems an der Universität Duisburg-Essen. Nach langjähriger Tätigkeit in der Wirtschaft widmet sie sich heute der Erforschung motivierender Softwareanwendungen. In den vom BMBF geförderten Projekten GDI.Ruhr und Engage.NRW untersuchte sie die Wirkung von spielerischen Ansätzen und deren Einbindung in Produktivanwendungen in verschiedenen Wirtschaftszweigen. Im Rahmen ihrer Tätigkeit im Kompetenzzentrum Personal Analytics an der Universität Duisburg-Essen liegt ihr aktueller Schwerpunkt auf motivierender Software mit Gesundheitsbezug.

Christian Hrach studierte bis 2007 den Diplom-Studiengang Wirtschaftsinformatik an der Martin-Luther-Universität Halle-Wittenberg. Seit 2007 arbeitet er als wissenschaftlicher Mitarbeiter und Doktorand am Lehrstuhl Anwendungssysteme in Wirtschaft und Verwaltung der Universität Leipzig. Seine Forschungsschwerpunkte liegen in den Bereichen Prozessmanagement, serviceorientierte analytische Informationssysteme und Energiemanagement.

Axel Jacob war wissenschaftlicher Mitarbeiter an der Fakultät für Wirtschafts- und Sozialwissenschaften der Hochschule Osnabrück und verwaltet dort aktuell die Professur für Betriebswirtschaftslehre, insbesondere Logistikmanagement. Im Rahmen seiner Promotion befasst er sich mit dem Einsatz von Gamification in der Logistik. Zu seinen besonderen Interessengebieten zählen die humanitäre Logistik sowie Logistik in alternativen Wirtschaftsmodellen.

Prof. Dr. Thomas Köhler ist seit 2005 Professor für Bildungstechnologie und Direktor des Medienzentrums der TU Dresden. Er studierte Physik, Psychologie und Soziologie an der Friedrich-Schiller-Universität Jena sowie am Liberal Arts College Swarthmore (USA) und promovierte an der Universität Jena 1999 zu computervermittelter Kommunikation. 2002–2005 war er Juniorprofessor für „Lehr-Lern-Forschung unter besonderer Berücksichtigung multimedialen Lernens" an der Universität Potsdam. Seine Forschungsschwerpunkte sind die Didaktik des Online-Lernens, berufliches Lernen mit neuen Medien, Bildungsorganisation und -technologie sowie Digital Science und Wissenskooperation mit Web2.0-Technologien.

Steffen Körber studiert im Master Wirtschaftsingenieurwesen Maschinenbau an der TU Braunschweig. Den wirtschaftlichen Schwerpunkt legt er in den Bereichen der Wirtschaftsinformatik und der Volkswirtschaftslehre. Die technische Spezialisierung erfolgt in der Produktions- und Systemtechnik. Zusätzlich zu einem Praktikum in der Fertigungslogistik bei der Robert Bosch Elektronik GmbH ist er seit 2016 wissenschaftliche Hilfskraft am Institut für Werkzeugmaschinen und Fertigungstechnik.

Christoph Lefanczyk absolvierte von 2008 bis 2015 das Studium der Wirtschaftsinformatik an der Universität Leipzig und untersuchte im Zuge seiner Masterarbeit
die Anwendung von Gamification-Methoden und -Mechaniken im Zusammenspiel
mit BPMN. Seit dem Jahr 2015 ist er als Berater für einen deutschen EPR-Software-
Anbieter tätig.

Carina Leue-Bensch studierte Wirtschaftsinformatik sowie Technologie- und
Innovationsmanagement. Nach dem Studium stieg sie über ein Management-
Traineeprogramm bei der Lufthansa Systems ein, wo sie seit 10 Jahren im Innova-
tionsmanagement tätig ist. Zu ihren Kernaufgaben gehören die Konzeption und
Begleitung des Innovationsmanagement-Prozesses, das Innovationscoaching sowie
die Durchführung von Design Thinking Workshops. Nebenberuflich lehrt Carina
Leue-Bensch Innovationsmanagement an der Hochschule und promoviert zum
Thema „Innovation Management Teaching and Coaching".

Dr. Christian Leyh studierte Wirtschaftsinformatik an der Hochschule Schmalkalden sowie Business Engineering an der Steinbeis-Hochschule Berlin. Seit 2008
ist er wissenschaftlicher Mitarbeiter am Lehrstuhl für Wirtschaftsinformatik, insb.
Informationssysteme in Industrie und Handel der Technischen Universität Dresden,
an dem er 2014 seine Promotion zum Thema der Erfolgsfaktoren bei ERP-Projek-
ten in kleinen und mittleren Unternehmen sowie deren Implikationen auf den ERP-
System-Lehreinsatz abschloss. Zurzeit befasst sich Herr Leyh mit seiner Habilitation.
Der Fokus seiner Forschung liegt dabei auf den Themenfeldern Digitalisierung und
Industrie 4.0, vor allem mit Bezug zu deren Auswirkung auf die Entwicklung von
Anwendungssystemlandschaften in Unternehmen. Nebenberuflich lehrt Christian
Leyh betriebliche Anwendungssysteme und Business Support Systems an der
Hochschule Schmalkalden.

Prof. Dr. Alexander Mädche studierte Wirtschaftsingenieurwesen und promo-
vierte an der Universität Karlsruhe (TH) im Bereich Angewandte Informatik.
Anschließend war er Leiter der Forschungsgruppe für wissensbasierte Systeme am
Forschungszentrum Informatik (FZI), bevor er für sechs Jahre in der freien Wirt-
schaft (Bosch und SAP) arbeitete. Im Jahr 2009 übernahm er einen Lehrstuhl für
Wirtschaftsinformatik an der Universität Mannheim. Seit November 2015 ist er
Professor und Lehrstuhlinhaber am Karlsruhe Institut für Technologie (KIT).

Dr. Stefan Morana ist Post-Doktorand am Karlsruher Institut für Technologie
(KIT). Seine Promotion hat er 2015 im Bereich der Wirtschaftsinformatik an der
Universität Mannheim mit einem Forschungsschwerpunkt auf Assistenz in Informationssystemen abgeschlossen. Seine Forschungsinteressen heute liegen in der Kon-
zeptualisierung und dem Design von Mensch-Computer-Assistenzsystemen.

Benedikt Morschheuser arbeitet als Forscher bei der Robert Bosch GmbH
und dem Karlsruher Institut für Technologie. Seit 2012 untersucht er das Design
und die Effekte von Gamification in Informationssystemen. Fokus seiner Arbeit

liegt hierbei insbesondere auf der Verwendung von Gamification in kollaborativen Arbeitsumgebungen, z. B. Crowdsourcing-Systemen oder Innovation Communities.

Dr. Sander Münster leitet seit 2012 den Bereich Mediendesign und Medienproduktion am Medienzentrum der TU Dresden sowie seit 2015 die Nachwuchsgruppe HistStadt4D – Multimodale Zugänge zu historischen Bildrepositorien zur Unterstützung stadt- und baugeschichtlicher Forschung und Vermittlung. Er studierte an der TU Dresden Geschichts-, Erziehungs- sowie Wirtschaftswissenschaften und promovierte 2014. Seine Forschungsschwerpunkte sind die interdisziplinäre Zusammenarbeit sowie Workflows im Bereich der Digital Humanities, 4D-Informationssysteme und die digital unterstützte Erforschung und Vermittlung von Kulturerbe. Er ist unter anderem Mitglied des Expertenrats der ISPRS/ICOMOS CIPA sowie Ko-Leiter der Arbeitsgruppe Digitale Rekonstruktion des Digital Humanities im deutschsprachigen Raum (DHd) e. V.

Alexandra Plath studiert Wirtschaftsingenieurwesen Maschinenbau an der TU Braunschweig im Master. Sie spezialisierte sich in den wirtschaftlichen Fachrichtungen Informationsmanagement, Produktion und Logistik sowie im technischen Bereich in Produktions- und Systemtechnik. Sie absolvierte ein halbjähriges Betriebspraktikum bei der Audi AG im Bereich der Fertigungsplanung China.

Anton Reindl hat von 2013 bis 2015 Wirtschaftsinformatik an der Universität Mannheim studiert. Im Rahmen seiner Abschlussarbeit hat er gemeinsam mit den Co-Autoren des Beitrages in diesem Herausgeberband die ProjectWorld entwickelt und deren Effekte untersucht. Im Jahr 2015 hat er seinen Master of Science abgeschlossen. Heute ist er in der freien Wirtschaft tätig.

Prof. Dr. Susanne Robra-Bissantz leitet seit 2007 das Institut für Wirtschaftsinformatik und dort den Lehrstuhl für Informationsmanagement an der TU Braunschweig. Nach ihrer Ernennung zum Doktor der Wirtschafts- und Sozialwissenschaften, arbeitete sie als wissenschaftliche Assistentin und habilitierte am Lehrstuhl für Betriebswirtschaftslehre insbesondere Wirtschaftsinformatik. Als Vizepräsidentin für Studium und Kooperation arbeitet sie aktiv an neuen Lehr- und Prüfungsformen und hat in Kooperation mit Unternehmen zahlreiche Drittmittelprojekte umgesetzt. Ihre Forschung veröffentlicht sie auf internationalen Konferenzen und in anerkannten Fachzeitschriften. Seit 2016 ist sie Herausgeberin der Zeitschrift HMD – Praxis der Wirtschaftsinformatik.

Isabel Sammet leitet die Themen Gamification und Internet of Things in der Weiterbildungsorganisation von SAP. Als erstes Mitglied der „SAP Development University" im Jahr 2011 begann sie Verantwortung für eine Vielzahl von Kursen zur Weiterbildung von Mitarbeitern zu übernehmen. Seit 2012 leitet sie ein eigenes Team zur Entwicklung von „G-Learning", einer gamifizierten Plattform für vernetztes Lernen, welche sich zunehmender Beliebtheit erfreut.

Dr. Silvia Schacht studierte und promovierte an der Universität Mannheim im Bereich der Wirtschaftsinformatik. Ihre Promotion hat sie 2014 im Bereich Wissensmanagement in Projekten an der Universität Mannheim abgeschlossen. Während ihrer Forschung zu Wissensmanagement in projektorganisierten Unternehmen hat sie sich intensiv mit der Gestaltung moderner Wissensmanagementsysteme beschäftigt und Mechanismen zur Motivation der Nutzer solcher Systeme untersucht. Seit 2012 widmet sie daher ihre Arbeit auch der Gestaltung von verhaltensverändernden Informationssystemen (sogenannte Persuasive Systems). Heute ist sie Post-Doktorandin am Karlsruher Institut für Technologie (KIT) mit dem Forschungsschwerpunkt auf Persuasive Systeme und dem Verhalten ihrer Nutzer.

Michael Schelkle studierte im Diplomstudiengang Internationales Management an der Hochschule Augsburg. Nach erfolgreichem Abschluss eines Controlling-Traineeprogramms übernahm er die Leitung des Controllings und Rechnungswesens für die kanadischen Standorte eines internationalen, mittelständischen Unternehmens. Seit Januar 2014 ist er wissenschaftlicher Mitarbeiter an der Professur für Wirtschaftsinformatik und Management Support der Universität Augsburg. Im Rahmen seiner Forschung beschäftigt sich Herr Schelkle mit der Informationsvisualisierung für Führungskräfte. Im Mittelpunkt steht hierbei, wie Informationen als Entscheidungsgrundlage für Manager aufbereitet werden sollten, sodass diese mit möglichst geringem kognitivem Aufwand die dargestellten Informationen verstehen und Zusammenhänge erkennen können.

Dr. Lars Schlenker hat Architektur (Dipl.-Ing.) an der TU Dresden sowie Educational Media (M.A.) am Learning Lab der Universität Duisburg-Essen studiert. Er arbeitet als wissenschaftlicher Leiter der Abteilung Lehr- und Lernräume am Medienzentrum der TU Dresden sowie als Referent Mediendidaktik am Zentrum für Weiterbildung der TU Dresden. Er lehrt und forscht zu Technology-enhanced Learning Spaces in unterschiedlichen Bildungskontexten.

Ralf Schmidt forschte bis 2016 an der Universität Duisburg-Essen zur sinnvollen Übertragbarkeit von Spielprinzipien auf das Lernen und Handeln in Organisationen. Dort leitete er unter anderem das Projekt Playful Interaction Concepts. Vor seiner Universitätszeit arbeitete der diplomierte Medieninformatiker in leitender Position für die Lernspiel- und Lernsoftwarebranche. Heute berät Ralf Schmidt Unternehmen und Bildungseinrichtungen zur motivierenden Gestaltung von Softwareprodukten und Arbeitsprozessen. Zusätzlich engagiert er sich in sozialen Projekten, wie einem Leistungsangst-Präventionsprogramm für Grundschüler. Ralf Schmidt ist in diversen Arbeitskreisen der Bitkom, UPA und der GI aktiv.

Till Schomborg studierte Wirtschaftsinformatik sowie IT-Management & -Consulting an der Universität Hamburg. Im Rahmen seiner Masterarbeit beschäftigte er sich mit Gamification und Crowdfunding im Innovationsmanagement und entwickelte eine prototypische Software basierend auf Microsoft SharePoint. Seit 2014 ist Till Schomborg als Consultant bei Lufthansa Industry Solutions angestellt und betreut weiterhin die Entwicklung dieser Software.

Dominik Siemon studierte Wirtschaftsinformatik an der Technischen Universität Braunschweig und an der University of Economics in Prag. Seit 2013 ist er wissenschaftlicher Mitarbeiter und Doktorand am Lehrstuhl für Informationsmanagement. Sein Forschungsgebiet liegt in der Nutzung von Informationssystemen für das Innovations- und Ideenmanagement mit speziellem Blick auf Systeme zur Unterstützung von kooperativer Kreativität sowie mit Gamification und Design Thinking.

Prof. Dr. Stefan Stieglitz leitet an der Universität Duisburg-Essen das Fachgebiet Professionelle Kommunikation in elektronischen Medien/Social Media. Er ist zudem Direktor und Gründer des Competence Centers Connected Organization, das die Auswirkungen und Potenziale neuer Kommunikationstechnologien im Unternehmenskontext untersucht und Kooperationsprojekte mit Unternehmen durchführt. Herr Stieglitz hat die Ergebnisse seiner Arbeit in hoch angesehenen internationalen Zeitschriften veröffentlicht und leitet in seinem Feld umfangreiche Forschungs- und Transferprojekte.

Prof. Dr. Susanne Strahringer hat seit 2007 die Professur für Wirtschaftsinformatik, insb. Informationssysteme in Industrie und Handel an der TU Dresden inne. Davor war sie Lehrstuhlinhaberin an der European Business School und zudem an der TU Darmstadt tätig. Ihre Forschungsinteressen liegen im Bereich der Unternehmenssoftware und -modellierung sowie in IT-Management-Fragestellungen (IT-Outsourcing, neuere IT-Managementkonzepte und -phänomene). Seit 2003 ist sie Herausgeberin der Zeitschrift HMD – Praxis der Wirtschaftsinformatik.

Prof. Dr. Frank Teuteberg leitet das Fachgebiet Unternehmensrechnung und Wirtschaftsinformatik an der Universität Osnabrück. Seit 2015 leitet er als Sprecher und Projektkoordinator das Verbundprojekt eCoInnovate IT (www.ecoinnovateit.de) zum nachhaltigen Konsum von IKT, welches mit 1,77 Millionen Euro bis Mai 2018 gefördert wird (Förderung durch VolkswagenStiftung und MWK Niedersachsen im Programm „Wissenschaft für nachhaltige Entwicklung"). Darüber hinaus ist Herr Teuteberg Teilprojektleiter im Verbundprojekt Dorfgemeinschaft 2.0, welches sich mit Mensch-Technik-Interaktion im Bereich der Versorgung in ländlichen Gebieten befasst (ca. 5,82 Mio. € Förderung (davon ca. 85 % Förderanteil durch BMBF) vom 01.11.2015 bis 31.10.2020; www.dorfgemeinschaft20.de). Herr Teuteberg ist Verfasser von mehr als 225 wissenschaftlichen Publikationen in z. T. führenden deutschen und internationalen Fachzeitschriften und Konferenzserien. Seine Forschungsschwerpunkte sind Cloud Computing, Green IT/IS, Mensch-Technik-Interaktion, Digitale Gesellschaft/ Digitale Transformation, Open Innovation sowie Smart Service Systems.

Prof. Dr. Thomas Voit ist seit 2014 Professor für Wirtschaftsinformatik an der Technischen Hochschule Nürnberg. Dort lehrt er neben dem Geschäftsprozessmanagement auch das Fach Gamification von Informations- und Anwendungssystemen. Sein Interesse gilt hierbei der Entwicklung adaptiver und selbstlernender Gamification-Systeme, die Spielelemente zielgruppenspezifisch auswählen und konfigurieren können. Vor dem Wechsel an die Hochschule war er in der Automobilindustrie im Bereich IT- und Prozessmanagement tätig.

Teil I

Gamification – Vorgehen und Anwendungen in der Unternehmenspraxis

Enterprise Gamification – Vorgehen und Anwendung

1

Stefan Stieglitz

Zusammenfassung

Gamification ist in den vergangenen Jahren zu einem viel diskutierten Trendthema geworden, verspricht das Konzept doch höhere Produktivität bei gleichzeitig steigender Nutzerzufriedenheit. Anwendungsbeispiele finden sich im Unternehmenskontext, in der Wissensaufnahme oder in der persönlichen Verhaltensbeeinflussung. Die Einführung und die Nutzung von Gamification-Elementen stellen für Unternehmen Herausforderungen dar und erfordern ein systematisches und umsichtiges Vorgehen. So müssen frühzeitig konkrete Ziele definiert werden, die Akzeptanz und Nutzungsbereitschaft durch die Mitarbeiter dauerhaft sichergestellt und Fragen der technischen Integration und der betrieblichen Mitbestimmung gelöst werden. Gamification kann dann positive Effekte in verschiedenen Unternehmensbereichen entfalten. Hierzu gehört etwa die aktive Beteiligung in Enterprise Social Networks oder die Durchführung „lästiger" Standardaufgaben, wie das Dokumentieren. Um Mehrwerte durch Gamification zu erzielen ist es jedoch essenziell, die Präferenzen der Mitarbeiter vorab zu kennen, wichtige Akteure einzubinden und die Auswirkungen der spielerischen Ansätze laufend im Blick zu behalten.

Schlüsselwörter

Gamification • Serious Game • Management • Motivation • Unternehmen

Überarbeiteter Beitrag basierend auf Stieglitz et al. (2015) Gamification – Vorgehen und Anwendung, HMD – Praxis der Wirtschaftsinformatik Heft 306, 52(6):816–825.

S. Stieglitz (✉)
Universität Duisburg-Essen, Duisburg, Deutschland
E-Mail: stefan.stieglitz@uni-due.de

© Springer Fachmedien Wiesbaden GmbH 2017   3
S. Strahringer, C. Leyh (Hrsg.), *Gamification und Serious Games*, Edition HMD,
DOI 10.1007/978-3-658-16742-4_1

1.1   Gamification: Definition und Abgrenzung

Unternehmen suchen seit jeher nach Wegen, die Effizienz und Effektivität der Arbeit ihrer Mitarbeiter zu verbessern und Kunden zu aktivieren, um Zusammenarbeit zu stimulieren und Innovationen anzuregen. Ob Gamification hierfür eine Lösung ist oder ob es lediglich ein aktuelles Hype-Thema darstellt, ist noch nicht abschließend beantwortet. Der Gartner Hypecycle for Emerging Technologies sieht den Zenit des Trends überschritten und ordnet Gamification für 2014 in die Phase „Tal der Enttäuschungen" ein. Nichtsdestotrotz zeigen Studien, dass viele Unternehmen begonnen haben, ‚gamifizierte' Prozesse in verschiedenen Kontexten wie der intraorganisationalen Kommunikation, der Fortbildung und der Ideengenerierung zu etablieren (Hamari et al. 2014). Zudem sind Produkte und Unternehmen entstanden, deren Ziel es ist, Standardsoftware zu „gamifizieren" oder eigene neue Lösungen bereit zu stellen. Diese Branche ist derzeit durch ein starkes Wachstum gekennzeichnet und Analysten gehen von einer Fortsetzung dieser Entwicklung aus.

Spielerische Ansätze werden in verschiedenen Bereichen eingesetzt, jedoch nicht immer als Gamification bezeichnet. Hierzu gehört unter anderem das Marketing, in dessen Kontext bspw. bereits seit Langem Loyalty-Programme genutzt werden. In der jüngeren Vergangenheit ist der Fokus jedoch stärker auf den nach innen gerichteten Unternehmenskontext gerückt, bei dem die Zielgruppe die Mitarbeiter und nicht die Kunden sind. *Enterprise Gamification* bezeichnet daher die Einbindung spielerischer Elemente in Arbeits- und Lernprozesse des Unternehmens.

Ziel von Enterprise Gamification ist es, dass die Anwender durch verschiedene spielerische Ansätze eine höhere Motivation verspüren, Aufgaben zu erledigen. Gamification basiert auf Elementen wie Punktelisten, High Scores, Auszeichnungen, virtuellen Gütern oder verschiedenen Spielebenen (Level). Dabei werden Grundbedürfnisse des Menschen angesprochen, wie der Wunsch nach Erfolg und Belohnungen (auch in Form von Ansehen und Reputation), das Streben danach, in Wettkämpfen überlegen zu sein oder ein bestimmtes Selbstbild zu vermitteln und die eigene Bekanntheit zu erhöhen.

Insbesondere durch das Aufkommen offener Systeme wie Social Media, denen in der Regel eine freiwillige Nutzung durch die Anwender zu Grunde liegt, haben Ansätze der Gamifizierung an Bedeutung gewonnen. Dies begründet sich damit, dass Gamification dazu beitragen kann, die Motivation zur arbeitsbezogenen Anwendung dieser Systeme oder zum Erlernen des Umgangs mit Software zu unterstützen. Gamification ist einzuordnen in die Ansätze der Verhaltensbeeinflussung, hierzu zählen beispielsweise auch das Nudging („Anstupsen" von Nutzern oder Bürgern, mit dem Ziel ein spezifisches Verhalten zu erzeugen), das jedoch den spielerischen Gedanken nicht in den Vordergrund stellt. Zudem fällt der Begriff Gamification häufig in Zusammenhang mit dem verwandten Konzept des „Serious Gaming". Hierunter werden Spiele verstanden, deren Ziel über reine Unterhaltung hinausgeht. Beispiele hierfür sind 3D-Computerprogramme, in denen Brände

möglichst effektiv gelöscht werden sollen oder Flugsimulatoren, in denen Start-
und Landemanöver durchgeführt werden. Neben dem spielerischen Aspekt können
hier Lern- und Übungseffekte erzielt werden, die für die Ausbildung von Feuer-
wehrleuten bzw. Piloten genutzt werden können. Die Beispiele verdeutlichen, dass
Serious Games nicht nur dazu beitragen können, Informationen und theoretisches
Wissen zu vermitteln, sondern dass auch erfahrungsbasiertes Wissen erworben
wird, indem Realsituationen simuliert werden (Stieglitz et al. 2010). Es handelt
sich beim Serious Gaming somit um Spiele, die (zusätzlich) einem ernsten bzw.
produktiven Ziel dienen. Im Gegensatz hierzu greift Gamification nur auf einzelne
spielerische Elemente zurück, um mehrwertschöpfende Prozesse zu ergänzen und
um hierdurch positive Effekte zu erzielen.

Gamifizierungselemente wirken, weil sie grundsätzliche Bedarfe oder Begehr-
lichkeiten des Menschen ansprechen. Hierbei sind zum einen Antriebe zu nennen
(Wiegand und Stieglitz 2014), die aus einem eher intrinsischen Bedürfnis heraus
entstehen, wie bspw. der Wunsch nach sozialem Austausch und der Zugehörigkeit
zu einer Gruppe. Hierzu zählt auch das Streben nach der Perfektion bestimmter
Fähigkeiten (Mastery) oder der Wunsch, etwas Nützliches und Relevantes tun zu
wollen, Herausforderungen zu meistern und unabhängig und selbstverantwortlich
agieren und gestalten zu können. Zu unterscheiden sind diese Motive von extrin-
sischen Anreizen, wie dem Wunsch nach sozialer Anerkennung (bspw. durch das
Siegen in Wettbewerben), Belohnungen, Bekanntheit, Zugewinn von Einfluss und
Macht oder Privilegien (Dale 2014). In der Forschung gibt es keine einheitliche
„Gamification-Theorie". Es finden sich aber Bezüge zu verschiedenen theoreti-
schen Konzepten, wie der Bedürfnispyramide von Maslow, der ERG-Theorie von
Alderfer, der Zielsetzungstheorie von Locke und Latham, der Flow-Theorie von
Csikszentmihalyi oder der Selbstbestimmungstheorie von Deci und Ryan. Einen
Überblick über die verschiedensten Anwendungsdomänen von Gamification bieten
Seaborn und Fels (2015) in einem Literatur-Review. Neben den vielfältigen Anwen-
dugsgebieten Bildung, Online-Communities und Soziale Netzwerke, Gesundheit
und Wohlbefinden, Crowdsourcing, Nachhaltigkeit, Orientierung, Entwicklung,
Forschung, Marketing und Computer-supported cooperative work (CSCW) und den
unterschiedlichen Gamification-Elementen sind vor allem die gemischten Ergebnisse der aufgeführten Studien interessant: Neben vielen positiven Ergebnissen
wurden in vielen Fällen gemischte Ergebnisse (positive und negative Effekte) sowie
auch negative Ergebnisse attestiert. (vgl. hierzu Koch et al. (2013) oder Bul et al. (2015)).

Häufig genannte Gamifizierungselemente sind nach Hamari et al. (2014) die Vergabe von Punkten für bestimmte Aktivitäten und Leistungen, das Bereitstellen von
Rangfolgen und Listen, das Erreichen eines bestimmten Status oder der Erhalt von
Badges (etwa als „Experte" in einem Fachforum), das Aufsteigen in höhere Akti-
onsebenen (Level) sowie Fortschrittsanzeigen für zu erfüllende Aufgaben (bspw.
Vervollständigung von Profilinformationen in einem sozialen Netzwerk). Darüber
hinaus gibt es weitere Grundprinzipien, die für Gamification gelten können. Hierzu
zählen etwa, dass die Nutzer typischerweise bestimmte Herausforderungen lösen
müssen, einer bestimmten „Storyline" folgen, oder dass es unmittelbare Feedbacks

auf eigene Initiativen gibt. Diese Aspekte erfordern, dass klare Ziele genannt und die „Spielregeln" für das Erreichen der Ziele oder für den Erhalt von Belohnungen bekannt sind.

Gamification ist nicht auf elektronische Plattformen beschränkt, jedoch lassen sich hier durch das Hinzufügen bestimmter Applikationen in betrieblich genutzte Software Gamifizierungselemente besonders leicht in Arbeits- oder Lernprozesse integrieren. Einige Softwareunternehmen haben bereits begonnen, hierfür Module zur Verfügung zu stellen.

1.2   Einführung und Gestaltung von Gamification im Unternehmen

Die Gestaltung einer sinnvollen Gamification-Ebene im Unternehmen ist keine triviale Aufgabe, da verschiedene Kompetenzen (bspw. IT, Psychologie, Management) gefordert sind und verschiedene Akteure eingebunden werden sollten. Zunächst stellt sich die Frage, welche Gamification-Elemente prinzipiell in Frage kämen, um Produktivitätsvorteile für das Unternehmen zu bewirken. Zum einen sind hierzu die Spezifika des jeweiligen Unternehmens und ggf. auch einzelner Abteilungen zu betrachten, zum anderen gibt es bisher kaum belastbare Studien, die eindeutige Zusammenhänge zwischen dem Einsatz von Gamification und resultierenden Veränderungen auf die Produktivität nachweisen. Die Vielfalt und Komplexität verschiedener Gamification-Ansätze machen zudem Auswahlentscheidungen und eine Bewertung des Erfolgs schwer. Daher ist es wichtig, gleich zu Beginn Überlegungen anzustrengen, was erreicht werden soll und welche konkreten Prozesse und Kennzahlen geeignet sind, um Fortschritte messbar zu machen.

Die **Analyse der Ausgangslage und der Bedarfe** ist von zentraler Wichtigkeit, um ein geeignetes Einführungs- und Nutzungskonzept für Gamification-Elemente zu entwickeln. So muss zum einen eine *Analyse der vorhandenen IT-Infrastruktur* erfolgen. Es stellt sich die Frage, ob Gamification-Elemente selbst als Erweiterungen zu der bestehenden Software entwickelt werden müssen oder ob bereits Lösungen verfügbar sind, die eingebunden werden können und über geeignete Schnittstellen verfügen. Dies ist bspw. bei einigen proprietären Systemen der Fall wie bspw. IBM Connections, das durch die Software Kudos um Gamification angereichert werden kann. Es gibt aber auch Open-Source-Lösungen, die geeignete Funktionen bereitstellen. Vielfach sind in Open-Source-Programme, wie bspw. Moodle, eigene Module oder Funktionen integriert, die auf Wunsch zugeschaltet werden können. Die Auswahl der IT-Systeme, in denen Gamification-Elemente eingesetzt werden sollen, hat zudem einen maßgeblichen Einfluss auf die Anzahl der betroffenen Personen (bspw. unternehmensweite Kommunikationsplattform vs. abteilungsspezifisches Wiki) und damit auch auf die Komplexität und den Auswirkungsgrad der Maßnahme.

Neben der technischen Sichtweise ist es von zentraler Wichtigkeit, die *Bedarfe der Mitarbeiter* zu identifizieren und deren Präferenzen und Akzeptanz im Hinblick auf Gamification zu kennen und die Unternehmenskultur zu berücksichtigen (Dale 2014). In Abhängigkeit von Tätigkeitsfeldern aber auch von der Unternehmenskultur können solcherlei Funktionen als unterschiedlich sinnvoll betrachtet werden oder ggf. sogar zu einem Gefühl der Überwachung oder des Zwangs beitragen. Erhebungen mittels Fragebogen sowie Gruppen- und Einzelinterviews können durchgeführt werden, um diese Informationen zu gewinnen und gleichzeitig verschiedene Einsatzszenarien zu identifizieren. Dabei sollte im Vordergrund stehen, wie es geschafft werden kann, dass durch die Einführung von Gamification-Elementen zwar positive Effekte erzielt werden, aber nicht gleichzeitig negative Effekte auftreten. Stehen „Badges" und Rankinglisten zu stark im Vordergrund, kann bei den Mitarbeitern ein zu starker Wettbewerbsgedanke aufkommen oder es können sich Personen herabgesetzt fühlen, die auf unteren Listenplätzen stehen. Solche Auswirkungen sollten vermieden werden. Auch zeigen Studien, dass extrinsische Anreize (wie bspw. Punkte, Belohnungen) dazu führen können, dass die Freude an der Arbeit abnimmt und intrinsische Motive verdrängt werden (Frey und Osterloh 1997, 2002).

Die Einführung von Gamification erfordert zudem, dass neben dem Management weitere Akteure, wie der Betriebsrat, potenzielle Erstnutzer, Abteilungsleiter, Vertreter der Kommunikationsabteilung sowie der IT-Abteilung eingebunden werden. In Absprache mit den jeweiligen Vertretern oder durch Bildung einer spezialisierten Arbeitsgruppe müssen die Ziele, die Ausgestaltung, die Einführung und die Auswertung des Gamifizierungsprozesses erarbeitet und geplant werden.

Ein wesentlicher Schritt für die Vorbereitung des **Einführungsprozesses** ist es zudem, zu evaluieren, welche Gamifizierungsansätze in Frage kommen und wie diese technisch und im Hinblick auf ihre Eigenschaften an die Bedarfe im Unternehmen angepasst werden müssen. Hierzu können Beispiele aus der Praxis herangezogen werden, auf deren Basis dann eigene Konzepte, die die unternehmensspezifischen Charakteristika berücksichtigen, entwickelt werden (siehe bspw. Dale 2014). Für das Design der Gamification-Funktionen ist zu beachten, dass diese möglichst intuitiv nutzbar und nachvollziehbar sein sollen, die Komplexität gering gehalten werden soll, um eine kognitive Überlastung zu vermeiden, die den spielerischen Gedanken stören kann, und dass Informationsdefizite vermieden werden sollen. So kann es Sinn machen, notwendige Informationen über die Regeln und den aktuellen Stand im spielerischen Kontext nicht als geschlossene Einheit zu Beginn, sondern nutzungsabhängig im Verlaufe der Aktionen gezielt und in kleinen Einheiten zu vermitteln.

Gamifizierungselemente sollten an geeignete Prozesse gekoppelt werden. Hierfür kommen allgemeine unternehmensweite Abläufe in Betracht. Beispiele hierfür wären die Auszeichnung bestimmter Mitarbeiter, die besonders häufig oder mit besonders hoher Qualität Fragen anderer Mitarbeiter beantwortet haben. Auch die Anzeige eines Fortschrittsbalkens für die Vollständigkeit des eigenen Nutzerprofils in einem Enterprise Social Network wäre ein solches Beispiel. Zudem können auch spezialisierte Prozesse um Gamification-Elemente angereichert werden, wie etwa die Dokumentation von Softwarecode oder Fortschritte beim Durchlaufen von Fortbildungsprogrammen.

Sind die Mechaniken, die hinter den Gamifizierungsansätzen stecken, missverständlich oder unbekannt, kann dies die Attraktivität für die Nutzer reduzieren. Erscheint die Zuordnung von Belohnungen und Status willkürlich, sinkt die Motivation, die gesetzten Ziele zu erreichen. Dieser Effekt kann so stark sein, dass bei dem Mitarbeiter eine Ablehnungshaltung eintritt und die spielerischen Elemente als Belastung oder Ungerechtigkeit empfunden werden. Aus diesem Grund ist es wichtig, klar zu kommunizieren, welche Mechanik hinter einem bestimmten Element steckt (die Kommunikation hierzu kann bspw. in einem FAQ-Bereich erfolgen). Gleichzeitig sollten die Spielmechaniken so geplant sein, dass sie nicht zu unerwünschtem Verhalten führen bzw. dieses nicht belohnen. Hierzu kann es beispielsweise kommen, wenn ausschließlich quantitative Faktoren berücksichtigt werden und Benutzer somit für das Ausführen zwar zahlreicher aber wertloser Handlungen (bspw. das massenhafte Veröffentlichen inhaltsleerer Beiträge) belohnt werden. Der Roll Out von Gamification-Elementen ist mit Bedacht zu planen. Vermieden werden sollte, dass neue spielerische Funktionen schleichend und unkommentiert eingeführt werden. Idealerweise werden spielerische Ansätze direkt mit der Einführung eines Systems, wie beispielsweise einer internen Kommunikationsplattform, oder bei der Aktivierung neuer Komponenten aktiviert, so dass der spielerische Aspekt von Anfang an vorhanden ist. Soll ein bereits eingeführtes System um Gamification-Elemente erweitert werden, so empfiehlt es sich, dies klar und transparent zu kommunizieren und auf Funktionen und Ziele hinzuweisen.

Kontinuierliche Prozesse sind die **Evaluation und das Reengineering** des eingesetzten Gamification-Konzepts. Sind Gamifizierungselemente entweder unternehmensweit oder nur in bestimmten Bereichen in einen operativen Betrieb übergegangen, ist es wesentlich, Informationen darüber zu erhalten, ob und wie stark das Konzept angenommen wird und zu welchen Effekten es führt. Hierzu können sowohl die anfallenden Nutzungsdaten herangezogen werden als auch (ergänzende) Interviews oder breitere fragebogenbasierte Erhebungen durchgeführt werden, um ein tiefergehenderes Verständnis über die Auswirkungen der Gamification-Elemente zu erhalten. Dies ist insbesondere sinnvoll, da sich gezeigt hat, dass entsprechende Ansätze teilweise nur für kurze Zeit eine positive Resonanz bei den Mitarbeitern hervorrufen, später aber als bedeutungslos oder störend wahrgenommen werden oder zumindest ihren Effekt verlieren.

Um Mehrwerte identifizieren zu können, sollten vorab bereits konkrete Ziele definiert worden sein. Beispiele für Mehrwerte wären etwa die Verkürzung von Beantwortungszeiten oder die Erhöhung der Qualität von Antworten auf Fragen anderer Mitarbeiter oder Kunden. Ebenso könnte eine vollständigere Dokumentation von Prozessen, die Komplettierung von Profilinformationen (bspw. von Kundeninformationen im CRM-System) oder eine Intensivierung der Kommunikation zwischen Mitarbeitern Ziele sein, deren Erreichen messbar gemacht werden können.

Die erhobenen Daten dienen aber nicht nur der Überprüfung des Zielerreichungsgrades sondern sind auch Grundlage für Anpassungen der Gamification-Elemente. So können erfolgreich eingesetzte Ansätze auf andere Abteilungen übertragen werden oder solche angepasst oder deaktiviert werden, die nicht die gewünschten Effekte zeigen.

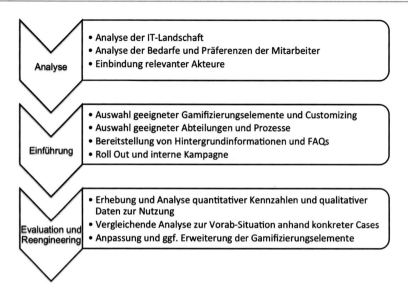

Abb. 1.1 Schritte bei der Einführung von Gamification

Die für die Einführung und Nutzung von Gamification im Unternehmen notwendigen Schritte lassen sich wie in Abb. 1.1 dargestellt zusammenfassen.

1.3 Anwendungsdomänen

Derzeit wird Gamification in verschiedenen Kontexten eingesetzt. Hierzu gehören die Unterstützung von Unternehmensprozessen, die Wissensausfnahme und die Verhaltensbeeinflussung.

1.3.1 Unterstützung von Unternehmensprozessen

Im Unternehmen existieren unterschiedliche Prozesse, die von Gamification-Ansätzen profitieren können. Dies schließt den Regelbetrieb ein, gilt jedoch auch für spezielle Aktionen und Ereignisse. In den vergangenen Jahren haben Unternehmen damit begonnen, ihre Kommunikations- und Kollaborationsinfrastruktur zu modernisieren und einheitliche zentrale Lösungen für das gesamte Unternehmen zu schaffen. In diesem Zusammenhang spielen Enterprise Social Networks eine immer größere Rolle (Stieglitz und Meske 2012). Diese Plattformen stellen an das Management große Herausforderungen, da Mitarbeiter zu einer sinnvollen Nutzung motiviert werden müssen und das entstehende Wissen in einer Form abgelegt werden muss, die eine Wiederauffindbarkeit und Nutzung ermöglicht. Gamification kann hier angewandt werden, um das Erreichen der gewünschten Ziele zu unterstützen. Mitarbeiter können durch Fortschrittsanzeigen dazu angeregt werden, ihre Profile zu vervollständigen, Badges oder Punkte können die Aktivität erhöhen oder in bestimmte Richtungen kanalisieren (Koch et al. 2013). Die grundsätzlichen Rahmenbedingungen einer freiwilligen und autonomen Nutzung sozialer Netzwerke sind prinzipiell eine gute Ausgangslage, um Gamification-Elemente sinnvoll einzubinden. Gamification könnte hier bspw. gezielt und zeitlich begrenzt eingesetzt werden, um die Einführung von Enterprise Social Media zu unterstützen.

Andere Beispiele für eine Nutzung im Unternehmen finden sich im Kontext von Innovationswettbewerben, die sowohl als kontinuierliche Prozesse oder als zeitlich begrenzte Veranstaltungen („Jams") durchgeführt werden können. Hier können Gamification-Elemente dazu beitragen, die Aktivität der Mitarbeiter oder Kunden in diesen Szenarien zu steigern. Ebenso können durch Bewertungs- und Rankingsysteme gute Ideen identifiziert werden.

Neben diesen eher offenen Systemen können auch stärker strukturierte Aufgaben „gamifiziert" werden, hierzu zählen beispielsweise die Vervollständigung von Kundendaten im Customer Relationship Management System, die Herstellung oder Erhaltung von Datenqualität, die Dokumentation von Prozessen oder die Adaption geänderter Verfahren und Prozesse im Unternehmen.

1.3.2   Wissensaufnahme – Lernen und Lehren

Ein weiterer Bereich, in dem Gamification-Ansätze erfolgreich implementiert wurden, ist die Aufnahme von Wissen. Sowohl im betrieblichen Kontext als auch in der klassischen Schul- und Universitätslehre gibt es inzwischen entsprechende Beispiele. Zu unterscheiden sind hier individuelle und kollektive Lernsituationen. Bei der individuellen Wissensaufnahme können sich einzelne Personen mit Fachinhalten beschäftigen und eigenständig Übungen durchführen. Unmittelbares Feedback, Benchmarking der Ergebnisse mit den Resultaten anderer Nutzer oder das Erreichen von neuen Wissensleveln sind Gamification-Elemente, die hier eine Rolle spielen können. In den kollektiven Szenarien haben der unmittelbare Austausch und die Arbeit unter den Lernenden die vorrangige Bedeutung, da hierdurch die Entstehung von Wissen gefördert werden soll. Ähnlich wie bei der Nutzung von Enterprise Social Networks können Gamification-Elemente dazu beitragen, die Motivation zur Generierung von Beiträgen zu erhöhen oder die Qualität von Inhalten bewerten zu lassen (Stieglitz und Meske 2012). In den kollektiven Szenarien können zudem noch stärker wettbewerbliche Motive eine Rolle spielen, die etwa die Lernerfolge der verschiedenen Teilnehmer in Bezug zueinander setzen (Teh et al. 2013).

Das Aufkommen mobiler Endgeräte hat auch das elektronische und selbstgesteuerte Lernen befördert. Mit Hilfe mobiler Applikationen und darin enthaltener Übungseinheiten können Personen, während sie unterwegs sind, neue Inhalte erlernen oder bereits vorhandenes Wissen abprüfen. Hier werden Gamification-Elemente oftmals genutzt, um eine Verortung und einen Fortschritt des eigenen Wissens zu verdeutlichen.

1.3.3 Verhaltensbeeinflussung

Die bisher beschriebenen Beispiele setzen sich mit der Nutzung von Gamification in solchen Szenarien auseinander, die an konkrete Prozesse gebunden sind. Darüber hinaus kann Gamification auch gezielt eingesetzt werden, um das Verhalten von Personen in ihrem normalen Alltag zu beeinflussen. Ein Beispiel hierfür ist, spielerische Elemente zu nutzen, um ein energiesparendes Verhalten anzuregen. Hierzu gehören unter anderem wettbewerbliche Ansätze („Sie verbrauchen mehr Strom als eine bestimmte Vergleichsgruppe"). Auch kann das Streben nach Perfektion (Mastery) genutzt werden. So kann es eine Zielstellung sein, beim Autofahren möglichst energieeffizient bzw. abgasarm zu fahren und am Abschluss jeder Fahrt eine Analyse über das eigene Fahrverhalten zu erhalten (solcherlei Anwendungen gibt es bereits im Car Sharing). Eine andere Domäne, in der Verhaltensbeeinflussung eine Rolle spielt, ist der Gesundheitssektor. In der jüngeren Vergangenheit sind vermehrt Endgeräte und Applikationen auf den Markt gekommen, die einer Optimierung des eigenen gesundheitlichen Verhaltens dienen sollen (hierzu zählen Schritt- und Kalorienzäler, Blutdruckmesser). Diese Ansätze binden stark spielerische Elemente ein, indem Benchmarking betrieben wird, unmittelbare Feedbacks zur Bewegung und Ernährung gegeben oder Punkte für eigene Leistungen vergeben werden.

Auch auf gesellschaftlicher Ebene sind vermehrt Gamification- oder (verwandte) Nudging-Ansätze zu finden, die die Verhaltensweisen von Bürgern in einer bestimmten Art beeinflussen sollen, ohne Verbote auszusprechen, die sich ggf. auch nur schwer durchsetzen ließen.

1.4 Chancen und Herausforderungen für die Praxis

Gamification bedeutet im Unternehmenskontext immer auch Herausforderungen für das Management. Studien zeigen, dass es schwierig ist, Gamification-Elemente dauerhaft für die Mitarbeiter attraktiv wirken zu lassen. So können eingeführte Punkteskalen und Badges in einer Kennenlernphase noch reizvoll und abwechslungsreich erscheinen, aber nach einer längeren Nutzung überflüssig oder gar störend wirken. Ein laufender Wechsel verschiedener Gamifizierungselemente erscheint ebenfalls problematisch, da sich die Mitarbeiter immer wieder mit neuen Konzepten auseinandersetzen müssen. Wurde zudem mit dem Einsatz bestimmter Gamifizierungskonzepte begonnen, kann es (und zum Teil ist dies ja auch beabsichtigt) zu Lock-In-Effekten kommen. Die Mitarbeiter würden dann die Abschaffung der Gamifizierungselemente als Verlust ihrer bis dahin im Rahmen des Systems erreichten Erfolge ansehen. Dies kann es dem Management erschweren, Gamification-Strategien wieder zu beenden.

Ein weiteres Hindernis ist, dass nicht von einer einheitlichen Mitarbeiterschaft ausgegangen werden kann. Es wird daher immer Mitarbeiter geben, die Gamifizierungselemente (wenn sie denn erkennbar sind) mögen und welche, die diese als

unnötig erachten. Hier zeigt die Praxis, dass vordergründige Gamifizierungselemente wie Punktelisten und Badges bei der Einführung zum Teil starke Emotionen
bei den Mitarbeitern auslösen (in der Regel sowohl positiv als auch negativ). Hinzu
kommt, dass Gamifizierungselemente ggf. nicht intuitiv vollständig nachvollziehbar
gestaltet sind, sondern dahinter stehende Regelwerke unklar oder irritierend sind.
Selten kann eine „one-size-fits-all" Lösung gefunden werden, die gleichzeitig den
Zielen des Unternehmens dient und dabei von allen Mitarbeitern als unterhaltend
und sinnvoll erachtet wird. Dies liegt auch daran, dass Mitarbeiter ganz unterschiedliche Präferenzen haben und auf verschiedene Anreize unterschiedlich reagieren.

Während manche Mitarbeiter wettbewerbsorientierte Konzepte als herausfordernd und motivierend empfinden, kann das gleiche System für einen anderen Mitarbeiter belastend sein. Eine Lösung hierfür ist es, das System so zu gestalten, dass
es durch den Einzelnen auf Wunsch „ausgeblendet" werden kann. Werden Belohnungen für bestimmte Handlungen in Aussicht gestellt, kann es zudem passieren,
dass Mitarbeiter sich bewusst oder unbewusst so verhalten, dass sie ihre Handlungen auf das Erreichen dieses Ziels entsprechend der „Spielregeln" maximieren.
Sind diese Ziele aber nicht vollständig kongruent mit denen des Unternehmens,
kann hierdurch sogar ein Schaden entstehen. Ein Beispiel hierfür wäre ein Konzept,
das die Erstellung von Beiträgen im Enterprise Social Network mit Punkten belohnt.
Erhält nun der Mitarbeiter mit den meisten Punkten eine Belohnung, kann dies dazu
führen, dass zwar viele aber nicht unbedingt sinnvolle oder qualitativ hochwertige
Beiträge durch die Personen erstellt werden, die die Liste anführen. Solche Fehlan-
reize sollten vermieden werden und müssen bereits bei der Gestaltung des Gamification-Konzepts bedacht werden, da Änderungen der Spielregeln aufgrund des
genannten Lock-In-Effekts problematisch sein können. Es ist daher zu vermeiden,
dass die Gamification-Elemente an zu großer Bedeutung gewinnen und die intrinsische Motivation bei der Arbeit verdrängt wird.

Ein weiterer kritischer Punkt, der durch den Betriebsrat oder durch Mitarbeiter
aufgebracht werden kann, wenn er nicht bereits vor der Einführung berücksichtigt
wurde, sind die Persönlichkeitsrechte und der Datenschutz. So könnte eine Punkte-
liste oder das Anzeigen von „Likes" für Postings von Angestellten unbeabsichtigt
als Bewertungsgrundlage der Leistungen von Mitarbeitern interpretiert werden.

Klar ist, dass Gamification sowohl in der Praxis als auch in der Forschung ein
noch neues Feld ist und viele offene Fragen bestehen. So gibt es wenig Aussagen
darüber, in welcher Weise spielerische Ansätze auf bestimmte Gruppen (bspw. nach
Geschlecht, Kultur, Alter) wirken. Vergleichbar zu sozialen Medien hat die Unternehmenskultur einen starken Einfluss darauf, ob und wie gut diese Ansätze funkti-
onieren. Zudem ist noch weitestgehend ungeklärt, wie Mehrwerte, die durch
Gamification entstehen, konkret gemessen werden können. Hierzu mangelt es noch
an Beispielen, Handlungsrahmen und oftmals auch an Ressourcen in den Unternehmen. Nichtsdestotrotz ist deutlich, dass Gamification erhebliche Potenziale für einen
Einsatz in den genannten Domänen hat und zu einer erhöhten Zufriedenheit und Produktivität einen Beitrag leisten kann. Dies gelingt, wenn die Einführung angepasst
und sorgfältig geplant wird und damit die vorherig genannten Aspekte sowohl in der
Vorbereitung als auch in der kontinuierlichen Begleitung berücksichtigt werden.

Literatur

Bul A, Veit D, Webster J (2015) Gamification – a novel phenomenon or a new wrapping for existing concepts? Tagungsband 36. International Conference on Information Systems (ICIS)

Dale S (2014) Gamification: making work of fun, or making fun of work? Bus Inf Rev 31(2):82–90 (Sage)

Frey B, Osterloh M (1997) Sanktionen oder Seelenmassage? Motivationale Grundlagen der Unternehmensführung. DBW 57:307–321

Frey B, Osterloh M (2002) Successful management by motivation: balancing intrinsic and extrinsic incentives. Springer, Berlin/Heidelberg

Hamari J, Koivisto J, Sarsa H (2014) Does gamification work? – a literature review of empirical studies on gamification. Tagungsband der 47. Hawaii International Conference on System Science (HICSS)

Koch M, Ott F, Oertelt S (2013) Gamification von Business Software – Steigerung von Motivation und Partizipation. In: Koch M, Ott F (Hrsg) Schriften zur soziotechnischen Integration, Bd 3, 1. Aufl. Universität der Bundeswehr, Neubiberg, S 1–32

Seaborn K, Fels D (2015) Gamification in theory and action: a survey. Int J Hum Comput Stud 74:14–31

Stieglitz S, Meske C (2012) Maßnahmen für die Einführung unternehmensinterner Social Media. HMD 49(5):36–43

Stieglitz S, Lattemann C, Fohr G (2010) Learning arrangements in virtual worlds. Tagungsband 43. Hawaii International Conference on System Science (HICSS)

Teh N, Schuff D, Johnson S, Geddes D (2013) Can work be fun? Improving task motivation and help-seeking through game mechanics. Tagungsband International Conference on Information Systems (ICIS)

Wiegand T, Stieglitz S (2014) Serious fun-effects of gamification on knowledge exchange in enterprises. In: Plöderer E, Grunske L, Schneider E, Ull D (Hrsg) Informatik 2014: Big Data – Komplexität meistern, Bd P-232. Gesellschaft für Informatik, Stuttgart, S 321–332

Ein Vorgehensmodell für angewandte Spielformen

Ralf Schmidt, Christoph Brosius und Katja Herrmanny

Zusammenfassung

Gamification zählt zu den vielversprechenden Ansätzen angewandter Spielformen. Als Ziel wird die erfolgreiche Übertragung positiver Eigenschaften digitaler Spiele, wie Motivation und Engagement, auf einen anderen Nutzungskontext verstanden. Potenziell erreicht wird dieses Ziel durch eine Konzentration auf das Nutzererleben und die Integration von Spielelementen in den Gegenstand der Betrachtung, beispielsweise eine Softwareanwendung.

Vor dem Hintergrund einer erweiterten Definition dieser Grundidee wird im Folgenden ein Vorgehensmodell zur Durchführung derartiger Projekte vorgestellt. Das Modell ist allgemein für Produktivumgebungen in Organisationen beschrieben und basiert auf der Zusammenführung wissenschaftlicher Erkenntnisse mit zahlreichen Praxiserfahrungen aus diesem Kontext. In insgesamt sechs Phasen werden jeweils Eingaben, methodisches Vorgehen und Ergebnisse eines Projektschrittes erklärt und teils mit Beispielen unterlegt. Begleitend werden wichtige Herausforderungen von Gamification in Produktivkontexten und die dem Modell zugrundeliegende Sichtweise auf Nutzer und Kontext erläutert.

Überarbeiteter Beitrag basierend auf Schmidt et al. (2015) Ein Vorgehensmodell für angewandte Spielformen, HMD – Praxis der Wirtschaftsinformatik Heft 306, 52(6):826–839.

R. Schmidt (✉)
Gamespired, Ratingen, Deutschland
E-Mail: ralfschmidt@gamespired.com

C. Brosius
Die Hobrechts GmbH, Berlin, Deutschland
E-Mail: mail@christoph-brosius.de

K. Herrmanny
Universität Duisburg-Essen, Duisburg, Deutschland
E-Mail: katja.herrmanny@uni-due.de

Schlüsselwörter
Gamification • Applied Games • Vorgehensmodell • Design • Nutzerzentrierung
• Motivation

2.1   Herausforderungen von Gamification-Projekten

Anwendungen und Abläufe in Organisationen sind für Nutzer oft komplex zu erlernen und schwer zu meistern. Zumeist unter ökonomischen sowie technik- und funk-
tionszentrierten Gesichtspunkten entwickelt, erfordern sie häufig eine einseitige
Anpassung der Nutzer an Gegebenheiten und Ziele der Anwendungen. Die Folgen
sind häufig eine geringe Akzeptanz, Motivation und Compliance. Angewandte
Spielformen wie Gamification verfolgen einen anderen Ansatz. Vor dem Hintergrund
eines positiven Nutzererlebens (User Experience) und persönlicher Bedürfnisse
wird versucht, positive Eigenschaften von Spielen (Games), wie Motivation und
Engagement, auf ein Projektziel zu transferieren.

Eine mögliche Nutzung der Gamification in Organisationen und speziell in Produktivumgebungen birgt besondere Herausforderungen. Ökonomische Zielsetzungen und die damit verankerte Kultur und Einstellung von Mitarbeitern sowie
Unternehmen wirken dem Spielcharakter gleich auf mehreren Ebenen entgegen
(siehe Tab. 2.1). Schon der Kulturhistoriker Huizinga (2004 (1956)) bestimmte die
Zweck- und Konsequenzfreiheit als grundlegende Aspekte einer Spieldefinition.
Das Design der meist fiktiven und virtuellen Spielewelten und die Ausgestaltung
der Regeln sind im Gegensatz zu realen Organisationen weitestgehend durch die
Spieldesigner bestimmt. Die Spieler wiederum erleben ihr Handeln in Spielewelten
häufig als sehr selbstbestimmt und als Beitrag zur Befriedigung ihrer persönlichen
Bedürfnisse, obwohl der Handlungsspielraum durch das Game Design deutlich eingeschränkt ist. Handeln in Organisationen wird hingegen häufig als fremdbestimmt
interpretiert. Spielewelt und Produktivumgebungen unterscheiden sich also tatsächlich deutlich, wenngleich je nach Kontext unterschiedlich stark. Die genannten
Unterschiede sind für Gamification-Projekte besonders relevant. Die vermeintlich

Tab. 2.1 Wesentliche Unterschiede von Produktiv- und Spielumgebungen

Produktivumgebungen	Spielumgebungen
Eingeschränkter Gestaltungsspielraum, Abbildung des realen Kontext	Hohe Kontrolle in der Gestaltung und Darstellung
Zwecke und Zielsetzungen der Organisation	Adressierung persönlicher Bedürfnisse
Reale Konsequenzen des Handelns	Weitestgehend konsequenzfrei
Kontextgebundene Ziele und Handlungsspielräume	Paradoxon der Wahlfreiheit
Hindernisse oft negativ bewertet	Hindernisse sind zentraler Bestandteil
Scheitern wird begrenzt toleriert	Explorieren und Scheitern ist die Regel

höhere Flexibilität des Ansatzes durch die Nutzung nur von Elementen aus Spielen (Game Elements) (Deterding et al. 2011) im Gegensatz zum monolithischeren Ansatz der Serious Games (Michael und Chen 2006; Ritterfeld 2009) sorgt dafür, dass Gamification in der Regel stärker in Produktivkontexte integriert werden kann und weniger als Spiel wahrgenommen wird. Ein Serious Game, wie das durch die Bosch GmbH unterstützte SmartPort,[1] ist klar als Spiel erkennbar, wird häufig gezielt außerhalb einer produktiven Tätigkeit und daher mit anderen Erwartungen gespielt. Das auf Gamification basierende Kudos Badges[2] für das soziale Netzwerk IBM Connections hingegen ist deutlich subtiler. Sie kann zudem durch eine Verbindung mit dem Rechtemanagement auf der Plattform direkte positive wie negative Konsequenzen für einen Beteiligten haben.

Beteiligte eines Gamification-Projektes müssen sich daher dieser Unterschiede und den daraus hervorgehenden Konsequenzen und spezifischen Herausforderungen für den jeweiligen Kontext bewusst werden. Die Zielsetzungen und Bedingungen eines Projektes, wie die Verbesserung der Usability einer betrieblichen Software, werden durch Gamification um Spielziele und -regeln erweitert und erfordern veränderte Ansätze und Denkweisen in der Analyse, Entwicklung und Evaluation. Das Nutzererleben – und damit eine gute Portion Respekt vor dem Faktor Mensch – stehen im Vordergrund gegenüber einer funktionsgetriebenen Entwicklung. Wenn die viel zitierten Qualitäten guter Spiele, wie eine hohe Akzeptanz, Nutzungsmotivation und nicht zuletzt auch Erfolgserlebnisse und Freude, die Ziele eines solchen Projektes sind, müssen die Motiv- und Bedürfniskonstellationen der Nutzer in den Vordergrund rücken. Ihre Persönlichkeit ist ein bestimmender Faktor des entstehenden Nutzererlebens. Dies gilt für Produktivkontext wie Spiel gleichermaßen. Multiprofessionelle Kenntnisse und Diskussionen[3] und ein Verständnis von Spielen, Game Design und dem Entstehen von Nutzererleben sind daher weitere Voraussetzungen für einen Projekterfolg.

Aus diesen Herausforderungen erwächst Komplexität aber auch eine berechtigte Erwartungshaltung zum Potenzial der Anwendung des Mediums Spiel in Organisationen. Entschärfend in Bezug auf die Komplexität wirkt, dass die Grundidee nicht vollständig neu ist, sondern Teil einer Historie verwandter Forschungsfelder. Trotz deutlicher Unterschiede in Definition und Erscheinung von Gamification (Deterding et al. 2011) und Serious Games (Abt 1975) vertreten beide Richtungen in einer abstrakteren Betrachtung denselben Ansatz: Die Übertragung und Nutzung der *positiven Qualitäten* eines motivierenden und begeisternden Mediums auf andere Kontexte und für Zwecke abseits des Unterhaltungswertes. In der Reduktion auf diese gemeinsame Grundidee finden sich noch eine ganze Reihe weiterer Definitionen und Genres. Wie Schmidt et al. (2015) ausführen, ist es daher nicht immer einfach, Erkenntnisse und passende Beispiele für die Nutzung im eigenen Kontext

---

[1] http://www.ranj.com/de/Smartport-de.
[2] http://www.kudosbadges.com/.
[3] u. a. Medienpsychologie, Neurowissenschaften, Pädagogik, Sozialpsychologie, Human Computer Interaction.

zu identifizieren. Als Beispiele für hilfreiche Erkenntnisse seien die medienpsychologischen Betrachtungen zur Entstehung von Spannung, Rollen- und Selbstwirksamkeitserfahrungen (Klimmt 2006) in Spielen oder die Beschreibung der Eigenschaften für intrinsisch motivierende Lernumgebungen (Malone 1980) genannt. Aufgrund des höheren Abstraktionsgrades sind in beiden Quellen die oben genannten Gegensätze zwischen Produktivumgebungen und Spielumgebungen zunächst weniger präsent. Sie bieten dadurch Raum für Diskussionen und Designideen, beispielsweise zur Verbesserung der zuvor erwähnten betrieblichen Software. Jedoch stellen sie bei konsequenter Betrachtung mehr als das Interface in Frage.

Das hier vorgestellte Vorgehensmodell bietet ein Rahmenwerk und eine Blaupause durch den Entwicklungsprozess eines solchen Projektes. Die Darstellungen sind das Ergebnis der Zusammenführung erprobter Praxiserfahrungen mit wissenschaftlichen Erkenntnissen. Beschrieben werden die Phasen und die Inhalte eines Vorgehens ohne Bezug zu einem konkreten Projektziel, allerdings mit dem beschriebenen Fokus auf Organisationen und deren Produktivumgebungen. Die Anwendung in einem konkreten Projekt erfolgt durch die Ergänzung mit kontext- und themenspezifischen Methoden und Werkzeugen, wie z. B. Analysetechniken oder Technologieauswahl. Die Ausprägung der Phasen kann angepasst werden, um beispielsweise Overhead für kleine Projekte zu reduzieren. Ebenso ist das Modell nicht ausschließlich für IT-Projekte konzipiert. Wenngleich digitale Lösungen häufig die naheliegenden sind, sollten Projektgruppen eine offenkreative Kultur pflegen und auch nicht-digitale Lösungsanteile mit in Betracht ziehen. Diese Prägung schließt auch die Entwicklung von Lösungen abseits der verbreiteten Erscheinungsformen von Gamification, wie Punkten und Badges (Abzeichen), ein. Vielmehr verlangt sie für tatsächliche Innovationen nach einer Abwendung von Begrifflichkeiten, die mit bestimmten Erscheinungsformen in Verbindung gebracht werden. Mit Verweis auf die Diskussion des vorherigen Absatzes wird daher im Folgenden der Begriff *Applied Games* (Angewandtes Spiel) verwendet. Das Design von Applied Games hat zum Ziel, die wesentlichen Erlebnisqualitäten eines Spiels, wie hohe Motivation oder positives Erleben, nutzerzentriert auf einen Anwendungskontext zu übertragen (Schmidt et al. 2015).

2.2   Frameworks und Modelle

Die relativ schnelle Verbreitung des Begriffs Gamification hat im populärwissenschaftlichen Feld eine Reihe von Frameworks hervorgebracht. Dazu zählen unter anderem das *Octalysis* Framework[4] und das sechsstufige Vorgehen von Werbach und Hunter (2012). Ersteres setzt Bedürfnisse mit Spielmechaniken (Game Mechanics) zu ihrer Befriedigung in Beziehung, zweiteres beschreibt ein stark vereinfachtes Vorgehen mit wenig zweckdienlichen Hinweisen. Mit dem *Player-Centered-Design* (Kumar und Herger 2013) entstand ein Modell, welches User-Centered-Design und

---

[4] http://www.yukaichou.com/gamification-examples/octalysis-complete-gamification-framework/.

Gamification zusammenführt. Es beschreibt wesentliche Aspekte eines Gamification-Projektes und stellt dabei ebenfalls den Nutzer ins Zentrum. Ein spanischer Dienstleister erweitert das bekannte Business Model Canvas (Osterwalder et al. 2011) mit einem formal-abstrakten MDA-Modell (Hunicke et al. 2004) als Leitfaden zur Einordnung von Projektideen. Allen gemein ist die Verankerung von Businesszielen und damit einer messbar funktionalen Ausrichtung zu Beginn des Projektes.

Die bislang bekannten Vorschläge aus der Wissenschaft sind dagegen fallbezogen oder auf ein sehr differenziertes Anwendungsgebiet ausgerichtet. Globalere Modelle und ein insgesamt einheitlicheres, erprobtes Vorgehen für Gamification-Vorhaben sind zwar Gegenstand von Diskussionen (Hamari et al. 2014), bislang jedoch nur in stärker etablierten Forschungsrichtungen, wie den Serious Games, zu finden (Freitas und Liarokapis 2011). Das hier vorgeschlagene Vorgehensmodell adressiert diesen Umstand auf Basis der Definition von Applied Games, denen auch Gamification zuzuordnen ist. Das Modell basiert auf langjährigen, konsolidierten Projekterfahrungen im Umfeld von Organisationen und Unternehmen und der Weiterentwicklung verwandter wissenschaftlicher Arbeiten der Autoren (Masuch et al. 2011; Herrmanny und Schmidt 2014).

2.3   Vorüberlegungen zu Nutzer und Kontext

Die *Bedeutsamkeit* einer Tätigkeit für den Nutzer sowie die Berücksichtigung persönlicher Präferenzen, Interessen, Ziele und Bedürfnislagen sind wichtige Aspekte des Designs (Nicholson 2015). Im beruflichen Kontext sind diese durchaus auf die aktuelle, funktionale Zweckerfüllung ausgerichtet (Anreiz), aber gleichzeitig Bestandteil des umfassenderen Zielkatalogs einer Person. Beispielsweise sind das Verstehen von Zusammenhängen, sichtbare Auswirkungen des eigenen Handelns sowie das positive *Erleben der Ausführung* (der Vollzug) Faktoren positiven Nutzererlebens. Viele Gamification-Beispiele aber konzentrieren sich auf virtuelle Anreizsysteme und Vergleichbarkeiten unter den Teilnehmern. Dieser signifikante Unterschied zur Gestaltung bedeutungsvoller Erfahrungswelten aus dem Game Design gehört zu den größten Kritikpunkten des Ansatzes (Deterding 2010; Bogost 2011; Ferrara 2013; Freyermuth 2015).

Daraus folgt, dass eine Anreicherung vorhandener Anwendungen oder Abläufe mit einfachen Game-Elementen, ohne die Anwendung selbst zu verändern, nur unter bestimmten Voraussetzungen Motivation und Leistung steigern wird (Mekler et al. 2013). Vielmehr muss eine Gesamtbetrachtung von Subjekt und Nutzer und deren Interaktion mit dem Kontext erfolgen (Richards et al. 2014). In einem Projekt zur Verbesserung der Compliance einer Zeiterfassung ist beispielsweise nicht auf die Erfassungssoftware und die Interaktion des Nutzers mit dieser begrenzt. Betrachtet werden sämtliche technische Abläufe und Tätigkeiten des Mitarbeiters im Zusammenhang mit der Erfassung von Arbeitszeiten, deren Auswirkungen auf die weiteren Abläufe im Unternehmen sowie die daraus folgenden Rückmeldungen und Optionen für den Mitarbeiter, wie Bonuszahlungen oder Ausgleichszeiten. Darüber hinaus werden Auffassungen, Moral und Austausch über das Thema unter den Mitarbeitern sowie individuelle Bedürfnisse soweit möglich erforscht. Erst durch diese systemische Betrachtung wird eine sinnvolle Suche nach Gründen des Problems und die Diskussion um Einflussbereich und Gestaltungsspielraum des Projektes ermöglicht (Schmidt et al. 2015).

Am Schluss der Betrachtungen zum Nutzen und zum Einflussbereich des Projektes erfolgt ein Aufruf an die *Verantwortung eines jeden Projektbeteiligten*. Mit der für sich genommen amoralischen Idee der Gamification bzw. der Applied Games werden durch eine Vielzahl von Beispielen häufig verhaltensbeeinflussende Ansprüche und Ziele gegenüber einer Nutzergruppe verbunden. Jedoch erst durch die Mitarbeit an der Umsetzung eines Projektes wird dies zur Realität und entfaltet seine technischen, moralischen und kulturellen Auswirkungen.

2.4   Das Vorgehensmodell

2.4.1   Aufbau

Das vorgestellte Modell (siehe Abb. 2.1) ist pro Phase nach einem „*Input – Throughput – Output*"-*Schema* aufgebaut und benennt jeweils die Ziele und Beteiligten. Die Phasen sind in ihrer Beziehung sequentiell und erben als Input den definierten Output der vorherigen Phase plus ggf. weitere Informationen und Ressourcen. Einige Inhalte, wie Dokumentation und Planung nächster Schritte, entsprechen zudem Grundsätzen guten Projektmanagements, werden vorausgesetzt und daher nur kurz erwähnt.

Das Vorgehen innerhalb einer Phase ist typischerweise iterativ. Der Output kann anhand von im Prozess definierten Qualitätskriterien bewertet werden und bestimmt somit, ob eine weitere Iteration der Phase, der Wechsel zur nächsten Phase oder gar ein Abbruch des Vorhabens angezeigt ist (Exit Points). Zum Output einer Phase gehört auch immer die Planung der nachfolgenden mit aktualisierten Planungsdokumenten (Zeit, Kosten, Risiko, Ressourcen).

Die inhaltliche Ausgestaltung der einzelnen Phasen ist hingegen am Vorgehen von Designdisziplinen und agilen Entwicklungsprozessen orientiert. Demgemäß erfolgt eine frühe Festlegung der *Funktionen und Ziele* des Projektergebnisses

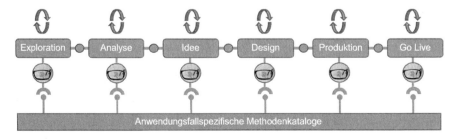

Abb. 2.1 Das Vorgehensmodell

(Phase 1). In den Phasen 2 bis 4 erfolgt dann die eigentliche Ideenfindung und Ausgestaltung. Die Phase 5 beschreibt eine klar definierbare Produktionsphase, gefolgt von einer Einführungs- und Evaluationsphase (Phase 6). Damit verfolgt das Modell über die Phasen hinweg einem stufenweisen Näherungsprinzip mit fortschreitender *Unsicherheitsreduktion*. Die Trennung von Kreation und Produktion schafft Raum für kreative Arbeit und Planungssicherheit für die Entwicklung. Diese Besonderheit gegenüber einer frühen Festlegung des Ergebnisses muss in der Projektgruppe und gegenüber der Organisation erklärt werden. Entsprechend empfehlen sich auch eine stufenweise Organisation der Mittelzuteilung und eine gewisse Flexibilität der Mittel insgesamt.

2.4.2 Stakeholder und Beteiligte

Die am Vorgehen beteiligten Gruppen werden wie folgt zusammengefasst: Die Gruppe *Business* bezeichnet führende Vertreter und Entscheider der Organisation. Sie entwickeln, definieren und beachten die strategische und operative Zielsetzung des Gesamtvorhabens und stimmen sich, je nach Organisation, mit internen Abteilungen wie Personal, Datenschutz oder Betriebsrat ab. *Konzept* sind Experten angewandter Spielformen und weiterer Disziplinen, je nach Erfordernis (z. B. Interaktionsdesigns, Pädagogik, Psychologie). *Domäne* fasst Beteiligte des Kontexts zusammen, besonders Nutzer und Domänenexperten, Prozessdesigner, Vorgesetzte. *Gewerke* umfasst die Gesamtheit ausführender Disziplinen der Medienproduktion und Medientechnik. In jeder der nachfolgend vorgestellten Phasen werden Gruppen durch Hervorhebung (Kursivsetzung) als führend herausgestellt. Diese Leitungsfunktion wechselt unter den Parteien, je nach den vorwiegend benötigten Kompetenzen und Verantwortung. Darüber ist noch ein Projektverantwortlicher zu bestimmen, der durch das Vorgehen führt, jedoch keine inhaltliche Position bekleidet.

2.4.3 Phase 1 – Exploration

Ziel ist der Aufbau eines Verständnisses über Vorhaben, Ziele und Funktionen, Zielkriterien, Erwartungen sowie eine Diskussion über die Motivation und den möglichen Nutzen eines Applied-Games-Ansatzes. Inhaltlich werden das vorgeschlagene stufenweise Vorgehen und die zusammenhängenden Modalitäten der finanziellen Abwicklung und der Gestaltungsspielraum besprochen (vgl. Abschn. 2.3 und 2.4.2). Darüber hinaus dient die Phase dem Vertrauensaufbau und Unsicherheitsabbau und bildet die Grundlage für die beiderseitige Entscheidung über ein Projekt.

Beteiligte *Business/Konzept*

Input Häufig bildet das Interesse einer Organisation oder innerhalb einer Organisation, oft von einzelnen Personen oder Abteilungen, den Ausgangspunkt für ein Applied-Games-Projekt. Dabei sind die Vorstellungen über die Möglichkeiten, aber auch Unterschiede des Mediums Spiel in Bezug auf organisationale und produktive Umgebungen zumeist vage und durch die individuellen Spielerfahrungen der Personen geprägt (vgl. Abb. 2.1).

Throughput Ausgehend von initialen Zielvorstellungen der Organisation ist es somit Kernaufgabe des Konzepts, zunächst die richtigen Fragen zu finden, um die gewünschten Funktionen eines Projektergebnisses zu ermitteln. Orientierung bieten dabei verschiedene Zielkategorien für angewandte Spielformen wie sie beispielsweise in Schmidt et al. (2015) definiert sind. Hierzu zählen die Erzeugung von Aufmerksamkeit und Motivation oder auch das Erlernen von Wissen oder Fähigkeiten. In Bezug auf das Vorgehen wird der nutzerzentrierte und von Nutzerbedürfnissen geleitete Designprozess diskutiert. Auch Fragen zum geplanten zeitlichen Einsatz des Projektergebnisses und der Frequenz und Dauer der Nutzung sind von Belang. Beispiele für konkrete Fragen sind: Was soll verändert/erreicht werden? Welche Motivlagen, Bedürfnisse, Pain Points werden angenommen oder sind definiert? Wie ist der jeweilige Nutzen der Anwendung für Business und Nutzer definiert? Was kann/darf/soll verändert werden? (vgl. Gestaltungsspielraum, Abschn. 2.3). Methodisch nutzen erfahrene Konzepter im Team bereits diese Phase für *Als-ob-Betrachtungen* aus einer Spielerperspektive (a.k.a. Game Thinking), um zu ersten innovativen Ideen für den Anwendungsfall zu kommen.

Output Als Folge der Exploration empfiehlt sich die Abstimmung eines Vision Statement und einer Reihe erster Ideenskizzen. Zusammen bestimmen diese die Eckpunkte und Ziele des Projekts, das Vorgehen sowie finanziellen Modalitäten für das weitere Vorgehen.

2.4.4 Phase 2 – Analyse

Nach der Entscheidung über ein gemeinsames Projekt steht die multiperspektivische Betrachtung des Anwendungsfalls, der umgebenden Prozesse und der Nutzer im Zentrum.

Beteiligte *Domäne*/Konzept

Input Dokumente, Kontakte und Vereinbarungen zur Vorbereitung von Nutzer- und Domänenuntersuchungen. Beispielsweise Beschreibungen eines zu bearbeitenden Anwendungsfalls, Anforderungsprofile beteiligter Mitarbeiter, Ethik- und Betriebsratsvereinbarungen für Nutzerbefragungen und Beobachtungen, Ergebnisse von Unternehmensumfragen, Einblick in projektbezogene, strategische Zielsetzungen, Kontakte zu wichtigen Stakeholdern der Organisation und Ähnliches.

Throughput Zentral für das Design einer überzeugenden Anwendung ist ein tiefgehendes Verständnis des Nutzers im Kontext. Die *User Research* hat dazu eine

Reihe von wissenschafts- und praxisorientierten Methoden,[5] wie Arbeitsplatzbeobachtungen, Aufgabenanalysen oder kontextbezogene Interviews entwickelt. Die inhaltliche Ausgestaltung der Methoden für Applied Games variiert entsprechend des Anwendungsfalls. Die übliche kontext- und zielorientierte Ausrichtung in Interviews oder Fragebögen sollte um Fragen und Informationen zu persönlichen Bedürfnissen und Spielvorlieben angereichert werden. Als Grundlage dazu empfehlen sich beispielsweise Eigenschaftenkataloge von Spielen (Malone 1982; Gee 2005) und einschlägige psychologische Betrachtungen (Kleinbeck und Kleinbeck 2009). Standarisierte Methoden speziell für Gamification bzw. Applied-Games-Anwendungen sind Gegenstand aktueller Forschungen und Entwicklungen. Beispielhaft werden Segmentierungsansätze der digitalen Spieleforschung, wie die Typisierung von Spielern (Tuunanen und Hamari 2012) in Ergänzung etablierter Persona-Konzepte aus der User-Experience-Forschung (Adlin und Pruitt 2008), als holistischer Ansatz diskutiert. Erste Ergebnisse dieser Forschungen in Form praxisnaher Werkzeuge und methodischer Vorschläge sind verfügbar (Scheja und Schmidt 2017; Schmidt et al. 2016a).

Output Ziel dieser Phase sind eine Reihe von Artefakten, die den Anwendungsfall, den Kontext und die Nutzer multiperspektivisch beschreiben. Neben den aus der Informatik bekannten Methoden der Anforderungserhebung, wie Use-Case-Szenarios und technischen Anforderungen, empfehlen sich Persona-Konstrukte und User Journeys. Für jede Nutzergruppe wird dabei eine erlebniszentrierte Geschichte der Interaktion mit dem Anwendungsfall beschrieben bzw. visualisiert. Wichtig ist zudem eine Definition der Laufzeit und wiederholten Nutzung des Anwendungsfalls durch dieselben Nutzer. Diese Angabe hat deutliche Auswirkungen auf das Design hinsichtlich einer Langzeitmotivation und möglichen Abnutzungseffekten.

2.4.5 Phase 3 – Idee und Konzept

Die Informationen aus Phase 2 werden in einem Designprozess mit den ersten Ideenskizzen, projektstrategischen Zielsetzungen und der Planung aus Phase 1 abgeglichen, validiert und wenn notwendig redigiert. Es ist nicht unüblich, die zuvor entstandenen Ideen aufgrund der gewonnenen Erkenntnisse vollständig zu ersetzen. In einem Gamification-Projekt der Autoren gab eine geplante Usability-Maßnahme Anlass zu einer Überarbeitung der Kundenschulungen. Entsprechend beinhaltet diese Phase eine deutliche Unsicherheitsreduktion für den weiteren Projektverlauf.

Beteiligte *Konzept*/Business/Domäne

Input Aufbereitete Informationen und Artefakte aus Phasen 1 und 2. Eine Reihe unterschiedlicher Spiele, Bewertungskriterien für Konzeptskizzen.

---

[5]Für Methodenkataloge siehe http://design4xperience.de, http://www.usetree.de/oder auch http://www.usability.gov.

Throughput Die Durchführung der Phase, im User-Centered-Design auch *Ideation* genannt, als Zusammensetzung aus dem englischen *Idea* und *Creation*, erfolgt in der Regel als Workshop(serie). Ziel ist, die durch Spielerlebnisse geprägte Erfahrung der Beteiligten als Quelle der Inspiration zu nutzen. Dieser Schritt ist Hauptaufgabe der Konzeptgruppe. Es kann Spaß machen und wertvoll sein, auch Business und Domäne auf diese Weise mit einzubinden. Um das entsprechende Mindset zu gewinnen, ist es durchaus angebracht zu Beginn der Session eine Vielfalt von Spielen auszugeben und im Anschluss eine Diskussion mit dem Fokus auf die erlebte Spielerfahrung zu führen. So schärft Spielen den Fokus auf das Ziel einer erlebniszentrierte Entwicklung, begünstigt einen notwendigen Abstand vom konkreten Anwendungsfall und dadurch die Entstehung innovativer Ideen.

Mit dem Versuch der Abbildung der Spielerfahrung und Spielmechaniken auf den Anwendungsfall vollzieht sich der erste von zwei Transferschritten (Schmidt et al. 2015). Dabei dienen die zuvor entwickelten Artefakte, besonders die Segmentierung und die User Journey als Richtschnur. Das Vorgehen ist im besten Sinne ein Designprozess und kann analog zur Designtheorie verstanden werden. In Heiz (2012) beschreibt der Autor das Wechselspiel aus Wahrnehmen und Ausdrücken. Die Wahrnehmung beschreibt die Aufnahme und das Verständnis einer Situation (hier des Anwendungsfalls). Der Ausdruck wird durch eine Reihe von Faktoren wie Persönlichkeit, Situation aber auch Mindset bestimmt. Das Spielen und der Austausch über Spiele prägt dieses Mindset und führt somit zu entsprechenden Ausdrücken – also Ideen und Visualisierungen für die Projektumsetzung, die über mehrere Iterationen entwickelt werden. Der folgende zweite Transferschritt ist die Ausgestaltung der Ideen in Phase 4.

Output Am Ende der Phase Idee und Konzept stehen eine Reihe bewerteter Konzeptpapiere mit inhaltlichen wie redigierten projektstrategischen Zielen und Informationen (Dauer, Wirkradius, Kosten, Risiken usw.). Die Dokumentationen enthalten zwingend auch grafische Darstellungen der Ideen zur Verdeutlichung. Eine redigierte Fassung des Business Case, der strategischen Zielsetzungen sowie der Qualitätskriterien rundet die Phase ab.

2.4.6 Phase 4 – Design

Die Designphase führt nach Entscheidung für ein Konzeptpapier die Idee zu einem vollständigen Designkonzept aus. Ein spielerisches Mindset ist erneut Grundlage dieser zweiten Transferphase, in der über Spielkonzepte und ihre Mechaniken und Elemente projektstrategische Ziele am Anwendungsfall operationalisiert werden. Wie die vorherige ist die Phase 4 vorwiegend eine Kreationsphase. Es entstehen iterativ Prototypen zur Bewertung und Annäherung an die inhaltlichen wie erlebnisorientieren Ziele.

Beteiligte *Konzept*/Gewerke/Domäne

Input Literatur, unterstützende Materialien und Anschauungsmaterial aus dem Game Design, Playful Design und der Anwendungsdomäne. Darunter fallen theoretische Modelle, beispielsweise die formalen und dramaturgischen Elemente eines Spiels (Fullerton 2014), verschiedene Designkarten-Decks (Schell 2014), als auch Visualisierungen und reale Modelle der Anwendungsdomäne wenn möglich und angebracht. Dem Konzeptteam hilft zusätzlich die Kenntnis wissenschaftlicher Theorien und Modelle, wie beispielsweise der Person-Environment Fit (Kristof-Brown et al. 2005), welcher Aspekte der Passung von Person zu Situation erläutert, oder die umfangreiche Literatur zu Lernvorgängen (Whitton und Moseley 2012) mit und in Spielen.

Throughput Erneut können und sollten Experten der Domäne zeitweise hinzugezogen werden. Nur sie kennen den Anwendungsfall im Detail und können eine genügende Berücksichtigung kontextueller Faktoren (Richards et al. 2014) sicherstellen. Jetzt werden auch die zu Beginn erwähnten Unterschiede zwischen Anwendungsdomäne und Spiel wieder in die Diskussion einbezogen (vgl. Abschn. 2.1). Spieltypische aber realweltlich schwierige Fragestellungen, wie die des *Scheitern dürfens* oder des *Grades der Selbstbestimmtheit* können interessante Diskussionen auslösen. Schwieriger ist hingegen die Auflösung eines möglichen Interessens- bzw. Zielkonfliktes zwischen Businesszielen und Nutzerbedürfnissen in Bezug auf den Projektgegenstand (Herrmanny und Schmidt 2014).

Aufgrund des schwer greifbaren, offenkreativen Designprozess versucht die Forschung diese Phase zunehmend mit Methoden, wie zum Beispiel *Design Lenses,* anzureichern. Eine Design Lens bezeichnet sprichwörtlich eine Brille oder Linse, die einen bestimmten Fokus erlaubt. Ein Beispiel wäre die Abbildung formaler Strukturen digitaler Spiele nach Fullerton (2014) oder das Denken in hierarchisch verknüpften Interaktionszyklen (Cook 2007). Beide können dem Vorgehen im Designprozess Führung geben. Designkarten-Decks dienen hingegen als Inspirationsquelle für Teilprobleme und zum kritischen Hinterfragen der Ausarbeitungen. Die Phase ist stark iterativ und überführt das Konzept schrittweise in konkrete Formen und Prototypen, die möglichst am Nutzer getestet werden können.

Output Designkonzept, das je nach Komplexität in mehreren Ebenen, Darstellungstiefen und Medien dokumentiert wird. Dazu gehören können Lastenheft (Was), ein Pflichtenheft (Wie) sowie unterschiedliche detaillierte Konzeptschreiben, Prototypen und projektplanerische Informationen, wie eine realistische Kosteneinschätzung. Am Ende der Phase steht ein Produktionsplan, mit dem in der Folge ein Produktionsteam zu definierten Konditionen gesucht werden kann.

2.4.7 Phase 5 – Produktion

Die Produktionsphase ist der Kreationsphase nachgelagert und beschreibt die Umsetzung des Designkonzepts in eine nutzbare und wirksame Lösung, beispielsweise eine Software oder ein Bildungskonzept. Durch die Vorarbeiten und Dokumente ist eine hohe Planbarkeit der Dauer und Kosten dieser Phase gegeben.

Beteiligte *Gewerke*/Konzept/Domäne

Input Je nach Vergabe oder interner Produktion, produktionsbedingte Ressourcen, Software (Programme, SDKs, Middleware), Produktionsworkflow, weitere Experten der unterschiedlichen Gewerke.

Throughput Die Durchführung der Produktion obliegt den individuellen Produktionsprozessen des Teams oder der Dienstleister. Dabei ist ein iteratives Vorgehen weitestgehend üblich. Falls noch nicht geschehen, muss parallel zur Produktion die Einführung des Produktes vorbereitet werden. Je nach Anwendungsfall kommen dadurch weitere Beteiligte, wie die Unternehmenskommunikation hinzu. In manchen Fällen kann es durchaus sinnvoll sein, die Einführung als regelrechten Veränderungsprozess und somit Aufgabe des Changemanagements zu begreifen und zu planen.

Output Das Produkt/Artefakt sowie die Dokumentation der Entwicklung und das Einführungskonzept.

2.4.8 Phase 6 – Go-Live und Evaluation

Die letzte Phase beschreibt die Einführung des Produktes in den Kontext und die Überprüfung der geplanten Ziele aus Phase 1, zudem Korrekturen und Aufgaben der Produktpflege.

Beteiligte *Business*/Konzept/Domäne/Gewerke

Input Einführungskonzept und die zu Beginn festgelegten Qualitätskriterien.

Throughput Die Ziel- und Erfolgsüberprüfung ist mehrschichtig zu sehen. Im Einklang mit einer gängigen Definition, die Spiele als regelbasierte, formale Systeme mit einem variablen, quantifizierbaren Ergebnis beschreibt, gibt es auch für Applied Games eine Anzahl direkt messbarer und damit leicht überprüfbarer Metriken, wie Nutzerzahlen und Nutzungsfrequenz.

Schwerer zu erfassen ist häufig die Qualität von Ergebnissen. So wird der Einsatz von Punktesystemen in Gamification-Anwendungen regelmäßig mit einer gesteigerte Nutzeraktivität in Verbindung gebracht.[6] Angaben zur Qualität der erzeugten Ergebnisse, zum Beispiel der Sinnhaftigkeit von Kommentaren in sozialen Netzwerken, fehlen jedoch zumeist oder werden indirekt über diskussionswürdige Bewertungssysteme im sozialen Kontext realisiert.

Psychologische und individuell erlebnisbezogene Faktoren, wie das Nutzererlebnis, Akzeptanz, Freude und Zufriedenheit, bilden eine weitere Ebene der Qualitätsüberprüfung. Für verlässliche Aussagen unter wissenschaftlichen Qualitätsansprüchen ist allerdings häufig kein Budget eingeplant. Neben der Erfolgskontrolle muss

---

[6] Siehe z. B. Beispiele unter http://www.enterprise-gamification.com.

auch ein Nachhaltigkeitskonzept erdacht und realisiert werden, welches technische, inhaltliche und ggf. weitere Maßnahmen definiert und Ressourcen dafür reserviert.

Output Reflexion des Projektverlaufs (Postmortem), Evaluationsergebnisse, Nachhaltigkeitskonzept.

2.5 Diskussion und Ausblick

Das Vorgehen in der Entwicklung von Applied Games ist von einem nutzer- und erlebnisorientierten Designansatz sowie dem Spielerlebnis und der Spielerfahrung als Leitidee und Mindset bestimmt. Konsequent durchgeführt und mit erfahrenen Teammitgliedern besetzt entwickelt das Modell ein starkes Innovationspotenzial im Kreativprozess und verlässliche Planbarkeit in der Produktion. Die methodische Ausgestaltung der einzelnen Phasen kann dabei je nach Anforderung des Anwendungsfalls variiert und erweitert werden. Die hier vorgeschlagenen Methoden und Verweise bieten dazu eine Grundlage. Für angewandte Spiele in Organisationen wurde zudem ein Erfolgsfaktorenmodell entwickelt, das sich am vorgestellten Prozess anlehnt (Schmidt et al. 2016b). Insgesamt besteht aber noch deutlicher Forschungsbedarf, beispielsweise zu Fragen der Segmentierung der Nutzer, weiterer Design Lenses und Design Pattern. Die zunehmende Zahl an Projekten und das interdisziplinäre Interesse sind dabei gute Voraussetzungen für weitere Fortschritte.

In der Praxis tendieren Applied Games zudem dazu übergreifende Fragestellungen aufzuwerfen. Wie systemisch ist beispielsweise der Blick auf Arbeitsprozesse und die persönlichen Bedürfnisse der ausführenden Organe in einer Organisation? Wie wird im digitalen Zeitalter mit Daten und Transparenz von Prozessen umgegangen? Welche Stellung darf und kann Spielen in modernen Organisationen einnehmen? Welche ethischen und moralischen Fragen müssen im Zusammenhang mit persuasiven Technologien gestellt und beantwortet werden?

Das hier dargestellte Modell ist eine Grundlage für weitere konkrete Vorhaben und trägt damit zu weiteren Projekten und der Beantwortung dieser und weiterer Fragen im Forschungs- und Arbeitsfeld angewandter Spielformen bei.

Danksagung Wir danken unseren Projektpartnern und Mitarbeitern für die Mitwirkung und konstruktiven Diskussionen zur Entstehung dieses Artikels. Wir danken außerdem dem Bundesministerium für Wirtschaft und Energie[7] sowie dem Projektträger und der Begleitforschung der Förderinitiative Mittelstand Digital[8] für die Unterstützung der Forschungsarbeiten im Rahmen des Projektes Playful Interaction Concepts.[9]

---

[7] http://www.bmwi.de/.

[8] http://www.mittelstand-digital.de/.

[9] http://www.playful-interaction-concepts.de.

Literatur

Abt CC (1975) Serious games, 5. Aufl. Viking Press, New York

Adlin T, Pruitt J (2008) Putting personas to work. In: Sears A, Jacko JA (Hrsg) The human-computer interaction handbook. Fundamentals, evolving technologies, and emerging applications, 2. Aufl. CRC Press/Erlbaum, New York, S 991–1016

Bogost I (2011) Notes on loyalty. Gamification and operational closure. http://www.bogost.com/blog/notes_on_loyalty.shtml. Zugegriffen am 01.08.2012

Cook D (2007) The chemistry of game design. http://www.gamasutra.com/view/feature/129948/the_chemistry_of_game_design.php. Zugegriffen am 02.02.2013

Deterding S (2010) Pawned. Gamification and its discontents. http://www.slideshare.net/dings/pawned-gamification-and-its-discontents. Zugegriffen am 03.03.2017

Deterding S, Dixon D, Khaled R, Nacke L (2011) From game design elements to gamefulness. Defining „Gamification". MindTrek '11. Proceedings of the 15th international academic conference on envisioning future media environments. ACM Press, New York

Ferrara J (2013) Games for persuasion: argumentation, procedurality, and the lie of gamification. Games Cult 8(4):289–304

Freitas SD, Liarokapis F (2011) Serious games: a new paradigm for education? In: Ma M, Oikonomou AV, Jain LC (Hrsg) Serious games and edutainment applications. Springer, London/New York, S 9–23

Freyermuth GS (2015) Games, game design, game studies. Eine Einführung. Transcript, Bielefeld, S 251–272

Fullerton T (2014) Game design workshop. A playcentric approach to creating innovative games, 3. Aufl. CRC Press, New York

Gee JP (2005) Good video games and good learning. Phi Kappa Phi Forum 85:33–37

Hamari J, Koivisto J, Sarsa H (2014) Does gamification work. A literature review of empirical studies on gamification. Proceedings of 47th Hawaii international conference on system sciences

Heiz AV (2012) Grundlagen der Gestaltung. Prozesse und Programme. Niggli Verlag, Sulgen

Herrmanny K, Schmidt R (2014) Ein Vorgehensmodell zur Entwicklung von Gameful Design für Unternehmen. In: Butz A, Koch M, Schlichter J (Hrsg) Mensch & Computer 2014 – Workshopband. 14. Fachübergreifende Konferenz für Interaktive und Kooperative Medien. De Gruyter, Berlin, S 369–378

Huizinga J (2004 (1956)) Homo ludens. Vom Ursprung der Kultur im Spiel, 19. Aufl. Rowohlt, Reinbek bei Hamburg

Hunicke R, LeBlanc M, Zubek R (2004) MDA: a formal approach to game design and game research. Proceedings of the challenges in Game AI Workshop. Nineteenth National Conference on Artificial Intelligence

Kleinbeck U, Kleinbeck T (2009) Arbeitsmotivation. Konzepte und Fördermaßnahmen. Pabst Science Publishers, Lengerich

Klimmt C (2006) Computerspielen als Handlung. Dimensionen und Determinanten des Erlebens interaktiver Unterhaltungsangebote. Herbert von Halem, Köln

Kristof-Brown AL, Zimmermann RD, Johnson EC (2005) Consequences of individual's fit at work: a meta-analysis of person-job, person-organzation, person-group and person-supervisor fit. Pers Psychol 58(2):281–342

Kumar J, Herger M (2013) Gamification at work. Designing engaging business software, 1. Aufl. Interaction Design Foundation, Aarhus

Malone TW (1980) What makes things fun to learn? Heuristics for designing instructional computer games. Proceedings of the 3rd ACM SIGSMALL symposium and the first SIGPC symposium on small systems. ACM Press, New York, S 162–169

Malone TW (1982) Heuristics for designing enjoyable user interfaces. Lessons from computer games. CHI '82. Proceedings of the 1982 conference on human factors in computing systems. ACM, New York, S 63–68

Masuch M, Schmidt R, Gerling K (2011) Serious Games im Unternehmenskontext: Besonderhei-
ten, Chancen und Herausforderungen der Entwicklung. In: Metz M, Theis F (Hrsg) Digitale
Lernwelt – Serious Games: Einsatz in der beruflichen Weiterbildung, 1. Aufl. Bertelsmann,
Bielefeld, S 27–38

Mekler ED, Brühlmann F, Opwis K, Tuch AN (2013) Do points, levels and leaderboards harm
intrinsic motivation? In: Nacke LE, Harrigan K, Randall N (Hrsg) Gamification '13. Proceedings of the first international conference on gameful design, research, and applications. ACM,
New York, S 66–73

Michael D, Chen S (2006) Serious games. Games that educate, train, and inform. Thompson
Course Technology, Boston, MA

Nicholson S (2015) A RECIPE for meaningful gamification. In: Reiners T, Wood LC (Hrsg)
Gamification in education and business. Springer, Cham, S 1–20

Osterwalder A, Pigneur Y, Wegberg JTA (2011) Business model generation. Ein Handbuch für
Visionäre, Spielveränderer und Herausforderer. Campus-Verlag, Frankfurt am Main

Richards C, Thompson CW, Graham N (2014) Beyond designing for motivation. The importance of
context in gamification. In: Nacke LE, Graham TN (Hrsg) Proceedings of the first ACM SIGCHI
annual symposium on computer-human interaction in play. ACM, New York, S 217–226

Ritterfeld U (Hrsg) (2009) Serious games. Mechanisms and effects. Routledge, New York

Schell J (2014) A deck of lenses, 2. Aufl. Schell Games LLC, Pittsburgh

Scheja S, Schmidt R (2017) Play-Persona – Ein Analyseansatz zum Design effektiver und erleb-
nisorientierter Anwendungen. Mittelstand-Digital Wissenschaft trifft Praxis 6:37–43

Schmidt R, Emmerich K, Schmidt B (2015) Applied games – in search of a new definition. In:
Chorianopoulos K, Divitini M, Baalsrud HJ, Jaccheri L, Malaka R (Hrsg) Proceedings of international conference on entertainment computing (ICEC). Springer, Berlin

Schmidt R, Brüsch E, Hoos S, Scheja S, Sykownik P, Wunderlich S, Masuch M (2016a) Playful
interaction concepts – gamification in Unternehmenssoftware. Projektbericht, Universität
Duisburg-Essen, Duisburg

Schmidt R, Zick M, Schmidt B, Masuch M (2016b) Success factors for applied game projects – an
exploratory framework for practitioners. In: Wallner G, Kriglstein S, Hlavacs H, Malaka R,
Lugmayr A, Yang HS (Hrsg) Proceedings of international conference on entertainment computing (ICEC). Springer, Berlin

Tuunanen J, Hamari J (2012) Meta-synthesis of player typologies. Proceedings of DiGRA Nordic
conference, 1. Aufl. Tampere, S 29–53

Werbach K, Hunter D (2012) For the win. How game thinking can revolutionize your business.
Wharton Digital Press, Philadelphia

Whitton N, Moseley A (Hrsg) (2012) Using games to enhance learning and teaching. A beginner's
guide. Routledge, New York

Gamifizierung mit BPMN

3

Benedikt Morschheuser, Christian Hrach, Rainer Alt
und Christoph Lefanczyk

Zusammenfassung

Der Einsatz von Gamification zur Förderung der Motivation bei der Nutzung von Informationstechnologie gewinnt in den letzten Jahren stark an Bedeutung in Wissenschaft und Praxis. Die Planung und Integration von Gamification-Elementen in bestehende Geschäftsprozesse stellt hierbei eine große Herausforderung dar. Bisher existieren nur sehr wenige konkrete Notationen und Sprachen zur Dokumentation und Kommunikation von Gamification-Ansätzen. Dieser Beitrag stellt eine BPMN-Notationserweiterung und Prozessmuster für Gamification vor, die auf einer Analyse mehrerer Gamification-Beispiele beruhen. Die Anwendung des Ansatzes in der Praxis sowie die Evaluation durch eine Expertenbefragung zeigen auf, dass das Ergebnis ein Hilfsmittel zur Planung, Kommunikation und Dokumentation von Gamification-Vorhaben darstellt.

Schlüsselwörter

Gamification • BPMN • Prozesse • Sprache • Modellierung

Überarbeiteter Beitrag basierend auf Morschheuser et al. (2015) Gamifizierung mit BPMN, HMD – Praxis der Wirtschaftsinformatik Heft 306, 52(6):840–850.
Elektronisches zusätzliches Material steht auf der Verlagsseite zum Buch zur Verfügung.

B. Morschheuser (✉)
Karlsruher Institut für Technologie, Karlsruhe, Deutschland
E-Mail: benedikt.morschheuser@partner.kit.edu

C. Hrach • R. Alt
Universität Leipzig, Leipzig, Deutschland
E-Mail: hrach@wifa.uni-leipzig.de; rainer.alt@uni-leipzig.de

C. Lefanczyk
Leipzig, Deutschland
E-Mail: christoph.lefanczyk@gmx.de

© Springer Fachmedien Wiesbaden GmbH 2017   31
S. Strahringer, C. Leyh (Hrsg.), *Gamification und Serious Games*, Edition HMD,
DOI 10.1007/978-3-658-16742-4_3

3.1   Gamification im Kontext der Prozessmodellierung

Während die Motivation der Nutzer bei Spielen häufig gegeben ist, lässt sich dies bei der Ausführung von Geschäftsprozessen nicht in gleicher Weise voraussetzen. Mit der Absicht Motivation von Menschen zu steigern hat in den letzten Jahren unter dem Begriff „Gamification" die Anwendung von Game-Design-Elementen in Nicht-Spielsituationen begonnen (Deterding et al. 2011; Blohm und Leimeister 2013; Hamari et al. 2014). Mittlerweile sind zahlreiche Anwendungsbeispiele für Gamification in der Unternehmenspraxis entstanden. Hierzu zählt der Einsatz in ERP-Systemen (Herzig et al. 2012b), in Innovationsportalen (Jung et al. 2010), in Intranets (Morschheuser et al. 2015), bei der virtuellen Zusammenarbeit (Thom et al. 2012) und im Projektmanagement (Schacht und Maedche 2015). Ebenfalls finden sich Beispiele zum Einsatz von Gamification bei Schulungen (Li et al. 2012) und im Marketing (Trachsel 2015). Zahlreiche Studien haben gezeigt, dass Gamification Motivation und Begeisterung bei Nutzern und Teilnehmern von Informationssystemen steigern kann (siehe Hamari et al. (2014) und Morschheuser et al. (2016) für eine Literaturübersicht).

Allerdings existieren auch Berichte, wonach Gamification-Projekte in der Praxis auf Grund von schlechter Planung und fehlendem Verständnis scheitern (Gartner 2012). Beispielsweise finden Spielelemente Einsatz, die weder zu den Nutzern noch zu den zugrunde liegenden Prozessen passen (Burke 2012; Gartner 2012). Ähnlich wie der betriebliche Prozessentwurf selbst, so erfordert auch Gamification eine systematische und durchdachte Gestaltung, wobei Fragen des Game-Designs, der Psychologie, der Informatik und Pädagogik sowie ökonomische Aspekte zu berücksichtigen sind. Bei der Entwicklung von Gamification-Projekten bietet es sich daher an, in interdisziplinären Teams zusammenzuarbeiten.

Während die Wirtschaftsinformatik seit längerem Spezifikationssprachen für Geschäftsprozesse entwickelt hat, um vergleichbare Entwicklungsprojekte zu unterstützen, existieren bisher nur wenige konkrete Notationen und Sprachen, welche die Planung und Implementierung von Gamification-Vorhaben mit interdisziplinären Teams unterstützen. Bisherige Ansätze konzentrieren sich auf die Entwicklung von Gamification-Software und das Design von Gamification-Mechanismen (z. B. Regeln der Punktvergabe). Hervorzuheben sind eine Beschreibungssprache (Game Modeling Language – GaML) zur maschinenlesbaren Beschreibung von Gamification-Konzepten (Herzig et al. 2013), „Machinations" als ein Online-Werkzeug zur visuellen Modellierung von Game- und Gamification-Mechanismen (Dormans 2013) und eine Referenzarchitektur zur Beschreibung von Gamification-Plattformen (Herzig et al. 2012a). Beide Ansätze von Herzig richten sich vornehmlich an erfahrene Software-Entwickler. Machinations hingegen ist eine Anwendung aus dem Game-Design zur Modellierung von Mechanismen und Regelwerken in Spielen. Des Weiteren bestehen Ansätze, welche die Beschreibung spezieller Spiele ermöglichen, z. B. Kartenspiele (Font et al. 2013).

Mit den bestehenden Ansätzen zur Modellierung von Game- und Gamification-Konzepten lässt sich gerade der Einsatz von Game-Elementen in Nicht-Spielesituationen nur bedingt erfassen. Ansätze zur Modellierung von Gamification-Konzepten mit bekannten Techniken der Geschäftsprozessmodellierung sind bisher nicht bekannt. Dieser Beitrag widmet sich diesem Problem und entwirft auf Basis untersuchter Gamification-Implementationen konkrete Prozessmuster für verschiedene Gamification-Elemente. Basierend darauf stellt er eine BPMN-Notationserweiterung vor, um Designer und Entwickler von gamifizierten Anwendungen bei der Planung und Kommunikation ihrer Ansätze zu unterstützen.

3.2   BPMN-Spracherweiterung und Prozessmuster für Gamification

Zur Modellierung von Geschäftsprozessen sind in der Wirtschaftsinformatik seit den 1990er-Jahren zahlreiche Ansätze entstanden. Sie konzentrieren sich auf die semi-formale Abbildung der Charakteristika von Prozessen, die als logisch zusammenhängende Kette von Aktivitäten definiert sind. Diese Aktivitäten sind in einer definierten Ablauffolge durchzuführen und auf die Erzeugung einer bestimmten Prozessleistung ausgerichtet. Zur Modellierung der ablauforganisatorischen Zusammenhänge bzw. der über verschiedene organisatorische Stellen verteilten Aufgabenausführung im zeitlichen Zusammenhang haben sich Modellierungssprachen wie die Business Process Model and Notation (BPMN) etabliert. Diese Notation ermöglicht die Abstrahierung komplexer Basis-Modelle in vereinfachte Prozessschaubilder, indem Ablauffolgen als Sub-Prozesse zusammengefasst und dann als singuläre Aktivitäten auf der nächsthöheren Granularitätsstufe modelliert werden. Damit lassen sich wiederkehrende Muster in Prozessabläufen kapseln und als sogenannte Prozessmuster bzw. „Process-Patterns" (Wohed et al. 2006) in Form von Sub-Prozessen modellieren. Der international verbreitete BPMN 2.0-Standard unterstützt diese Formalisierung von Prozessmustern zudem durch die Möglichkeit zur Erzeugung neuer Aktivitätstypen mittels Icons (Object Management Group 2011).

Die Verwendung von Game-Design-Elementen in Nicht-Spielsituationen lässt Raum für eine Vielzahl von Gamification-Ausprägungen. Bestehende Arbeiten haben jedoch gezeigt, dass bei konkreten Gamification-Implementierungen häufig vor allem Gamification-Elemente wie Points (Punkte), Badges (virtuelle Abzeichen), Rewards (materielle oder immaterielle Belohnungen, die gegenüber einem Badge weiterverwendbar sind), Level (einzelne Stufen bzw. Ränge, welche in einer verketteten, klar definierten Abfolge stehen) und Leaderboards (Bestenlisten, welche die Ergebnisse verschiedener Anwender in Relation setzen) Verwendung finden (Herzig et al. 2013; Herzig 2014; Hamari et al. 2014; Morschheuser et al. 2016; Seaborn und Fels 2015). Aus diesem Grund konzentriert sich die Entwicklung des Notationsansatzes auf diese Gamification-Elemente, wobei eine Erweiterung um weitere Gamification-Elemente möglich ist. In einem ersten Schritt fand eine explorative Suche nach Prozessmustern und Anwendungsbeispielen für diese Gamification-Elemente statt. Die Modellierung der Gamification-Elemente erfolgt anschließend in Fallstudien mit Hilfe von BPMN auf Basis der verfügbaren Informationen. Tab. 3.1 liefert einen Überblick von recherchierten Anwendungsbeispielen, welche als Grundlage für die entwickelte BPMN-Erweiterung dienten.

Tab. 3.1 Gamification-Elemente in den betrachteten Anwendungsbeispielen

Gamification-Element	Anwendungsbeispiele	Modelle
Points	(Farzan et al. 2008; Montola et al. 2009; Halan et al. 2010; Witt et al. 2011; Zichermann und Cunningham 2011; Andrae 2012; Guin et al. 2012; Li et al. 2012; Mehta und Kass 2012; Thom et al. 2012; Barata et al. 2013; Cheong et al. 2013; Denny 2013; Foster 2013; Lusher 2013)	A1, A3-A7, A9-A15, A17-A20
Rewards	(Gustafsson et al. 2009; Guin et al. 2012)	A8, A14
Badges	(Thom et al. 2012; Barata et al. 2013; Denny 2013; Hamari 2013)	A2, A5, A7, A18
Leaderboard	(Farzan et al. 2008; Gustafsson et al. 2009; Halan et al. 2010; Witt et al. 2011; Thom et al. 2012; Barata et al. 2013; Cheong et al. 2013; Denny 2013)	A3-A9, A18
Level	(Farzan et al. 2008; Andrae 2012; Thom et al. 2012; Barata et al. 2013; Foster 2013; Lusher 2013)	A4, A5, A12, A16, A18, A20

Für jedes dieser Beispiele entstand ein entsprechendes Prozessmodell mit BPMN. Die so entwickelten Modelle A1-A20 sind als Onlinematerial abrufbar. Durch Aggregation dieser Modelle wurden Prozessmuster für jedes der betrachteten Gamification-Elemente abgeleitet (Abb. 3.1). Schließlich wurde für jedes Prozessmuster ein neuer BPMN-Aktivitätstyp definiert (Tab. 3.2) und dadurch eine grafische BPMN-Notationserweiterung für Gamification entwickelt. In dieser Notationserweiterung repräsentieren die neuen Aktivitätstypen die zugehörigen und in Sub-Prozessen gekapselten Gamification-Prozessmuster. Durch sie lassen sich die hier vorgestellten und in Form von Prozessmustern standardisierten Gamification-Elemente einfach in bestehende oder neu entwickelte BPMN-Prozessmodelle integrieren.

Auf Basis der analysierten Anwendungsbeispiele wurden für die Modellierung die Funktionsweisen der einzelnen Gamification-Elemente definiert. Einzelne Gamification-Elemente wie Points, Badges, Rewards und Level sind meist konkreten Aufgaben zugeordnet. Eine *Aufgabe* entspricht einer in sich geschlossenen BPMN-Aktivität, deren erfolgreiche Ausführung an eine Bedingung geknüpft ist, die entweder erfüllt oder nicht erfüllt werden kann und somit ein binäres Ergebnis liefert. Eine teilweise Erfüllung von Aufgaben ist in der Modellierung nicht abgebildet, da dies in der Praxis kaum Anwendung findet. Es ist jedoch möglich, dass mehrere Aufgaben nötig sind (z. B. zweimal Kommentieren und einmal Bewerten), um eine Belohnung wie z. B. einen Badge oder einen Levelaufstieg zu erlangen. Dies ist mit den entwickelten Prozessmustern (Abb. 3.1) abbildbar. *Points* sind zählbare Metriken, wobei die Anzahl der erreichbaren Punkte üblicherweise unbeschränkt ist. Für die Erlangung von Punkten können beliebig viele und heterogene Aufgaben nacheinander absolviert werden. Ein *Badge* oder ein *Reward* kann jeweils eine oder mehrere heterogene Aufgaben umfassen, die in beliebiger Reihenfolge zu erfüllen sind, um die Belohnung zu erhalten. Mehrere Badges/Rewards sind voneinander unabhängig. *Level* ähneln einem Badge oder Reward, stehen jedoch für einen Schritt in einer durch das Levelsystem fest definierten Abfolge. Eine Aufgabe kann dabei zu mehreren Leveln eines Levelsystems gehören.

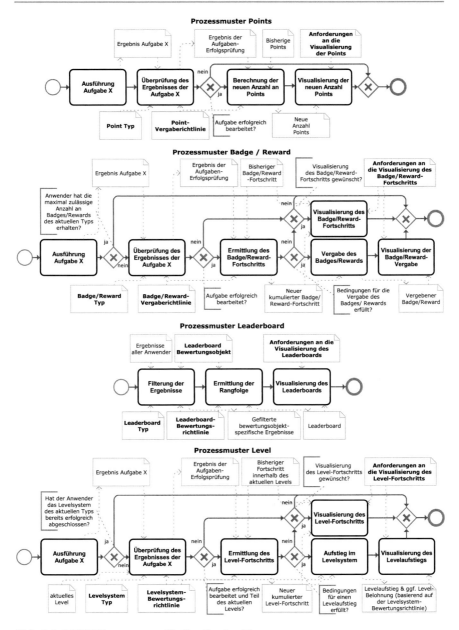

Abb. 3.1 BPMN-Prozessmuster für Gamification-Elemente

Wie in Tab. 3.2 angegeben, existieren je nach Gamification-Element mehrere Input-Datenobjekte, die Gamification-Designer zusätzlich im konkreten BPMN-Prozessmodell an den Aktivitätstyp annotieren sollten, um die Charakteristiken des Elements genauer zu beschreiben (vgl. Abb. 3.1).

Das Datenobjekt *Typ des Gamification-Elements* enthält den genauen Namen (z. B. „Explorer-Badge") oder einen Identifier zur eindeutigen Kennzeichnung des

Tab. 3.2 BPMN-Aktivitätstypen für Gamification-Elemente

Gamification-Element	Points	Rewards	Badges
BPMN-Aktivitätstyp	Aufgabe X ⊞	Aufgabe X ⊞	Aufgabe X ⊞
Input-Datenobjekte für das jeweilige Gamification-Element[a]	• **Point Typ** • **Point-Vergaberichtlinie** • **Anforderung an die Visualisierung der Points** • Bisherige Points	• **Reward Typ** • **Reward-Vergaberichtlinie** • **Anforderung an die Visualisierung des Reward-Fortschritts** • Bisheriger Reward-Fortschritt • Anzahl der bisher an den Anwender vergebenen Rewards	• **Badge Typ** • **Badge-Vergaberichtlinie** • **Anforderung an die Visualisierung des Badge-Fortschritts** • Bisheriger Badge-Fortschritt • Anzahl der bisher an den Anwender vergebenen Badges
Abgeleitet von den Modellen[b]	A1, A3-A7, A9-A15, A17-A20	A8, A14	A2, A5, A7, A18
Gamification-Element	Leaderboard	Level	
BPMN-Aktivitätstyp	Erstellung Leaderboard ⊞	Aufgabe X ⊞	
Input-Datenobjekte für das jeweilige Gamification-Element[a]	• **Leaderboard Typ** • **Leaderboard-Bewertungsrichtlinie** • **Anforderungen an die Visualisierung des Leaderboards** • **Leaderboard-Bewertungsobjekt** • Ergebnisse aller Anwender	• **Levelsystem Typ** • **Levelsystem-Bewertungsrichtlinie** • **Anforderung an die Visualisierung des Level-Fortschritts** • Aktuelles Level • Bisheriger Fortschritt innerhalb des aktuellen Levels	
Abgeleitet von den Modellen[b]	A3-A9, A18	A4, A5, A12, A16, A18, A20	

[a] Fett hervorgehobene Input-Datenobjekte müssen vom Prozessdesigner definiert werden und sind dem jeweiligen Gamification-Aktivitätstyp anzufügen. Alle nicht fett markierten Input-Datenobjekte verändern sich dynamisch während der Systemlaufzeit und werden für gewöhnlich vom System gesetzt.

[b] Diese Modelle finden sich im Onlinematerial.

Gamification-Elements. Leaderboards verfügen zusätzlich über ein *Leaderboard Bewertungsobjekt*. Dieses Datenobjekt definiert das zugrunde liegende Bewertungsobjekt für ein Leaderboard. Dieses Bewertungsobjekt kann ein Gamification-Element (z. B. „Experience Points"), aber auch ein anderes im System definiertes und zugleich bewertbares Objekt (z. B. Anzahl Kommentare) sein.

Vergabe- und Bewertungsrichtlinien enthalten sämtliche Regeln, welche die Vergabe bzw. Bewertung der Gamification-Elemente spezifizieren. Bei Points sind dies z. B. die bei erfolgreicher Erledigung einer spezifischen Aufgabe vergebenen Punkte. Bei Rewards und Badges wiederum sind es die Bedingungen, die an die Vergabe der Belohnung geknüpft sind (z. B. führe Aufgabe X1 zweimal aus und Aufgabe X2 einmal oder erspiele 50 Punkte). Auch lässt sich definieren, wie häufig ein Badge bzw. Reward erspielt werden kann. Die Bewertungsrichtlinie eines Leaderboards kann verschiedene Berechnungskriterien oder Beschränkungen (z. B. nur Berücksichtigung von Ergebnissen des letzten Monats) enthalten. Bei Levelsystemen, die mehrere Level zusammenfassen, enthält die Bewertungsrichtlinie Informationen zur Reihenfolge der aufeinander folgenden Level sowie die Bedingungen, welche an die jeweiligen Levelaufstiege geknüpft sind. Diese können sehr vielfältig sein und z. B. zu erzielende Punktwerte oder zu bewältigende Aufgaben umfassen. Ferner ist es möglich, dass über die Bewertungsrichtlinie zusätzliche Belohnungen an die erfolgreiche Absolvierung eines Levels geknüpft sind.

Anforderungen an die Visualisierung enthalten die jeweiligen Anforderungen für die Visualisierung der verschiedenen Gamification-Elemente. Darin enthalten sind Informationen, ob und wie der Fortschritt bei Points, Badges, Rewards oder Level dargestellt werden soll. Ebenfalls sind hier jeweils die Visualisierungsanforderungen für die Badge-/Rewardvergabe oder den Levelaufstieg vermerkt. Bei einem Leaderboard definieren diese Anforderungen z. B. die Sortierung der Einträge und wie viele Positionen ggf. angezeigt werden sollen.

Neben diesen explizit während der Modellierung anzugebenden Datenobjekten, welche die Eigenschaften der Gamification-Elemente genau beschreiben und über die verschiedenen Prozessinstanzen konstant bleiben, existieren weitere davon abgeleitete Datenobjekte, die für die Funktion des Gamification-Elements nötig sind und ebenfalls einen Input für den jeweiligen Subprozess darstellen. Die Werte dieser Objekte sind variabel und verändern sich zur Laufzeit des Systems. Bei Points sind dies z. B. die bislang erspielten Punkte eines Anwenders. Bei einem Leaderboard sind dies die Ergebnisse aller Anwender, welche als Grundlage zur Ermittlung der Rangfolge dienen.

Die entwickelte Spracherweiterung liefert einen ersten Ansatz zur Modellierung gamifizierter Prozesse in BPMN. Der Ansatz erhebt dabei keinen Anspruch auf Vollständigkeit, sondern ist das Ergebnis der Analyse mehrerer Gamification-Anwendungen. Praktiker und Forscher können zusätzliche Prozessmuster und entsprechende neue Aktivitätstypen für weitere Gamification-Elemente, wie zum Beispiel Missionen oder Avatare, definieren.

3.3   Erprobung und Evaluation

Im Rahmen eines Projekts mit einem Schweizer Finanzdienstleister hat eine erste Erprobung der praktischen Anwendbarkeit des entwickelten Ansatzes stattgefunden. Ein mit der Gamifizierung eines Innovationsmanagementsystems betrauter Projektleiter lieferte einen konkreten Anwendungsfall und ein von ihm entwickeltes Gamification-Konzept. In Zusammenarbeit ist auf dieser Basis ein BPMN-Prozessmodell des gamifizierten Innovationsprozesses mit den entwickelten Erweiterungen entstanden. Abb. 3.2 visualisiert einen Ausschnitt des erstellten Prozessmodells.

Die Modellierung zeigte, dass alle erforderlichen Anforderungen des Gamification-Konzepts umsetzbar waren. Interviews mit dem Projektteam machten deutlich, dass dieses die Flexibilität der entwickelten Notationserweiterung und die Kommunikationskraft des Ergebnisses besonders geschätzt hat. Ein Interviewpartner meinte dazu etwa: „Ich könnte dies auch dem Softwarelieferanten geben und sagen okay und jetzt mach deine ‚Rule-Engine' genau nach diesem Prozess". Als mögliche Schwachstelle wurde erwähnt, dass die zugrunde liegenden Musterprozesse ggf. zu erläutern oder mitzuliefern sind.

Neben der praktischen Erprobung mit Interviews hat eine strukturierte Expertenbefragung zur Ermittlung des Nutzens der BPMN-Erweiterung stattgefunden. Hierzu wurde eine Online-Befragung aufgesetzt, welche die Teilnehmer zufällig auf eine

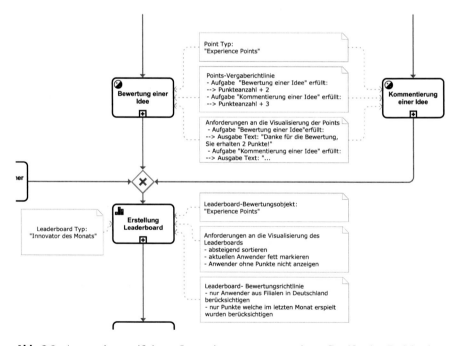

Abb. 3.2 Auszug des gamifizierten Innovationsprozesses aus einem Gamification-Projekt eines Schweizerischen Finanzdienstleisters

von drei Gruppen verteilte. Jeder Teilnehmer einer Gruppe durchlief folgende Schritte der Befragung: 1) Einführung, 2) Überprüfung des Wissens des Teilnehmers bzgl. Gamification und BPMN und ggf. Erläuterung von Grundlagen, 3) Bearbeitung von zwei Aufgaben mit einem Online-BPMN-Modellierungswerkzeug „bpmn.io",[1] 4) Fragen zur Person. Der Inhalt beider Aufgaben war es, jeweils einen in Textform beschriebenen Prozess zu modellieren und ausgewählte Gamification-Elemente zu integrieren. In der ersten Aufgabe ging es um die Integration eines Badges in einen Musterprozess, in der zweiten Aufgabe um die Integration von Points und eines Leaderboards in einen Musterprozess. Je nach zufällig zugewiesener Gruppe wurden dem Teilnehmer verschiedene Unterstützungen angeboten.

- Gruppe 1: Keine Unterstützung
- Gruppe 2: Vereinfachte Prozessmuster[2] für Badges, Points und Leaderboards wurden zur Verfügung gestellt und erläutert.
- Gruppe 3: Die eingefügten BPMN-Erweiterung für Badges, Points und Leaderboards und zugrunde liegende vereinfachte Prozessmuster wurden zur Verfügung gestellt und erläutert.[3]

Nach Bearbeitung der Aufgabe musste der Teilnehmer die empfundene Schwierigkeit der Aufgabe auf einer 5-stufigen Likert-Skala (sehr einfach – sehr schwer) bewerten.

Die Befragung lief vom 17.12.2014 bis 27.01.2015 über Onlineplattformen, auf welchen sich Gamification- und/oder BPMN-Experten treffen (z. B. das SAP SCN Network,[4] die LinkedIn Gruppe „Gamification Network"[5] und „Gamification in Business"[6]). Nach Durchführung der Befragung standen $N=32$ vollständig abgeschlossene Datensätze zur Verfügung (Gruppe 1 $N=10$, Gruppe 2 $N=10$, Gruppe 3 $N=12$). 81,25 % der Teilnehmer gaben an, über Kenntnisse in BPMN zu verfügen und 65,63 % über Gamification, wobei nur 18,75 % schon einmal ein System gamifiziert hatten. Der Vergleich der unabhängigen Gruppen (vgl. Abb. 3.3) zeigt, dass die die Modellierung unterstützenden Prozessmuster bzw. BPMN-Aktivitätstypen die empfundene Schwierigkeit der Aufgabe deutlich reduzierten. Auch lag die Bearbeitungszeit von Gruppe 3 im Mittel (3:65 Min. und 2:47 Min.) etwa 2 Min. unter der von Gruppe 1 (5:65 Min. und 4:35 Min.).

---

[1] http://www.bpmn.io/.

[2] Vergleichbar den hier vorgestellten, jedoch in einer Vorgängerversion.

[3] Die entwickelten Aktivitätstypen waren selbst nicht in http://www.bpmn.io/ integriert. Die Teilnehmer konnten jedoch durch Annotation auf die Aktivitätstypen verweisen z. B. „Points".

[4] http://scn.sap.com/thread/3670248.

[5] https://www.linkedin.com/grp/home?gid=3864839.

[6] https://www.linkedin.com/grp/home?gid=3299196.

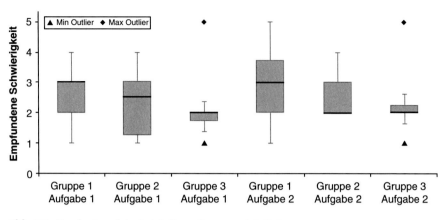

Abb. 3.3 Empfundene Schwierigkeit pro Gruppe und Aufgabe

3.4   Diskussion

Die zunehmende Beliebtheit von Gamification in der Praxis hat die Einbettung von Gamification in unterschiedlichsten Prozessen zur Folge. Wenngleich die Kreativität ein wichtiges Element bei der erfolgreichen Gamifizierung darstellt, so ist es in interdisziplinären Teams hilfreich, mit einem einheitlichen Verständnis und standardisierten Gamification-Elementen eine Basis für die gemeinsame Kommunikation zu schaffen. Standards, Sprachen und Hilfsmittel, welche die Gestaltung und Entwicklung gamifizierter Systeme unterstützen, sind ein Ansatz in diese Richtung. Der vorliegende Beitrag liefert durch die Spezifikation von Prozessmustern und die BPMN-Notationserweiterung einen solchen Vorschlag auf Prozessebene. Die Erprobung der Notation in einem Praxisprojekt sowie die Ergebnisse der Expertenbefragung deuten darauf hin, dass mit Hilfe des Ansatzes 1) insbesondere bei unerfahrenen Nutzern das Verständnis zur Funktionsweise sowie zur gegenseitigen Abgrenzung der Gamification-Elemente (z. B. Unterscheidung zwischen Badges und Levels) gesteigert, 2) durch die Spezifikation von jeweils notwendigen Input-Datenobjekten die Implementierung von Gamification-Elementen unterstützt und 3) der Zeitaufwand bei der Erstellung von Prozessmodellen gamifizierter Systeme reduziert werden kann. Die Stärke des Ansatzes liegt in der guten Verständlichkeit und Abstraktion, sodass sich Gamification vereinfacht in den Prozesskontext einbetten und in interdisziplinären Teams diskutieren lässt. Dadurch lassen sich auch komplexere „Nicht-Spielsituationen" (z. B. im Innovationsmanagement oder der Kundenberatung) gamifizieren, wie unser untersuchter Anwendungsfall zeigt.

Da die hier dargestellten Ergebnisse auf beispielhaften Praxisprozessen beruhen, sind die spezifizierten Prozessmuster als eine mögliche Darstellungsvariante anzusehen, die ohne weitergehende Überprüfung nicht von vornherein als vollständig und alle Varianten der Gamifizierung abdeckend, bezeichnet werden kann. Wie die Erprobung zeigt, bietet der entwickelte Ansatz jedoch eine Basis für die Verwendung der wichtigsten Gamification-Elemente, auf der auch komplexere Gamification-Vorhaben aufbauen können. Für die künftige Forschung wäre nicht nur von Interesse, ob die

Erweiterung in bestehende Werkzeuge der BPMN-Modellierung integriert werden kann, sondern insbesondere eine umfassendere Nutzenuntersuchung und Validierung zum Einsatz der hier entworfenen Notationserweiterung. Es ist davon auszugehen, dass mit der Verfügbarkeit der Erweiterungselemente in Modellierungswerkzeugen auch verstärkt kompatible Spielelemente im Geschäftskontext anzutreffen sind.

Literatur

Andrae M (2012) Einsatz von Gamification zur Motivation in Crowdsourcing-Projekten. Ruhr-Universität Bochum, Bochum

Barata G, Gama S, Fonseca MJ, Gonçalves D (2013) Improving student creativity with gamification and virtual worlds. In: Proceedings of the first international conference on gameful design, research, and applications – gamification '13. ACM Press, Stratford, S 95–98

Blohm I, Leimeister JM (2013) Gamification. Gestaltung IT-basierter Zusatzdienstleistungen zur Motivationsunterstützung und Verhaltensänderung. Wirtschaftsinformatik 55:275–278. doi:10.1007/s11576-013-0368-0

Burke B (2012) Gamification: designing for player-centricity, research note no. G00245861. Stanford

Cheong C, Cheong F, Filippou J (2013) Quick quiz: a gamified approach for enhancing learning. In: Proceedings of PACIS 2013. AIS, Jeju Island, S 1–14

Denny P (2013) The effect of virtual achievements on student engagement. In: Proceedings of the SIGCHI conference on human factors in computing systems – CHI '13. ACM Press, Paris, S 763–772

Deterding S, Dixon D, Khaled R, Nacke L (2011) From game design elements to gamefulness: defining „gamification". In: Proceedings of the 15th international academic MindTrek conference on envisioning future media environments – MindTrek '11. ACM, Tampere, S 9–11

Dormans J (2013) Machinations: game feedback diagrams. http://www.jorisdormans.nl/machinations/. Zugegriffen am 11.06.2015

Farzan R, DiMicco JM, Millen DR et al (2008) Results from deploying a participation incentive mechanism within the enterprise. In: Proceeding of the 26th annual CHI conference on human factors in computing systems – CHI '08. ACM Press, Florence, S 563–572

Font J, Mahlmann T, Manrique D, Togelius J (2013) A card game description language. In: Esparcia-Alcázar AI (Hrsg) Application of evolutionary computation. Springer, Berlin/Heidelberg, S 254–263

Foster M (2013) Gamified Zamzee boosts kids' physical activity by 59%. Redwood City. http://de.slideshare.net/mhfoster/bunchball-zamzee-casestudyfinal. Zugegriffen am 05.07.2014

Gartner (2012) Gartner says by 2014, 80 percent of current gamified applications will fail to meet business objectives primarily due to poor design. http://www.gartner.com/newsroom/id/2251015. Zugegriffen am 06.07.2013

Guin TD, Baker R, Mechling J, Ruylea E (2012) Myths and realities of respondent engagement in online surveys. Int J Mark Res 54:1–21. doi:10.2501/IJMR-54-5-000-000

Gustafsson A, Katzeff C, Bang M (2009) Evaluation of a pervasive game for domestic energy engagement among teenagers. Comput Entertain 7:19. doi:10.1145/1658866.1658873

Halan S, Rossen B, Cendan J, Lok B (2010) High score! – motivation strategies for user participation in virtual human development. In: Allbeck J, Badler N, Bickmore T et al (Hrsg) Intelligent virtual agents. Springer, Heidelberg, S 482–488

Hamari J (2013) Transforming homo economicus into homo ludens: a field experiment on gamification in a utilitarian peer-to-peer trading service. Electron Commer Res Appl 12:236–245. doi:10.1016/j.elerap.2013.01.004

Hamari J, Koivisto J, Sarsa H (2014) Does gamification work? – a literature review of empirical studies on gamification. In: Proceedings of the 47th Hawaii international conference on system sciences – HICSS. IEEE, Waikoloa, S 3025–3034

Herzig P (2014) Gamification as a service – conceptualization of a generic enterprise gamification platform. Technische Universität Dresden, Dresden

Herzig P, Ameling M, Schill A (2012a) A generic platform for enterprise gamification. In: Proceedings of the joint working conference on software architecture and 6th European conference on software architecture – WICSA/ECSA 2012. IEEE, Helsinki, S 219–223

Herzig P, Strahringer S, Ameling M (2012b) Gamification of ERP systems – exploring gamification effects on user acceptance constructs. In: Multikonferenz Wirtschaftsinformatik 2012 – Tagungsband der MKWI 2012. MKWI, Braunschweig, S 793–804

Herzig P, Jugel K, Momm C et al (2013) GaML – a modeling language for gamification. In: Proceedings of the 6th international conference on utility and cloud computing – UCC 2013. IEEE, Dresden, S 494–499

Jung JH, Schneider C, Valacich J (2010) Enhancing the motivational affordance of information systems: the effects of real-time performance feedback and goal setting in group collaboration environments. Manag Sci 56:724–742. doi:10.1287/mnsc.1090.1129

Li W, Grossman T, Fitzmaurice G (2012) GamiCAD. In: Proceedings of the 25th annual ACM symposium on user interface software and technology – UIST '12. ACM Press, Cambridge, S 103–112

Lusher C (2013) Case study: gamification at SAP community network. OVUM. https://www.bunchball.com/sites/default/files/case_study-gamification_sap_community_network-july2013.pdf. Zugegriffen am 03.08.2016

Mehta M, Kass A (2012) Scores, badges, leaderboards and beyond – gamification and sustainable behavior change. Accenture technology labs. http://www.accenture.com/SiteCollectionDocuments/PDF/Accenture-Gamification-Sustainable-Behavior-Change.pdf. Zugegriffen am 20.09.2014

Montola M, Nummenmaa T, Lucero A et al (2009) Applying game achievement systems to enhance user experience in a photo sharing service. In: Proceedings of the 13th international MindTrek conference: everyday life in the ubiquitous era on – MindTrek '09. ACM Press, Tampere, S 94

Morschheuser B, Henzi C, Alt R (2015) Increasing intranet usage through gamification – insights from an experiment in the banking industry. In: 48th Hawaii international conference on system sciences – HICSS. IEEE, Kauai, S 635–642

Morschheuser B, Hamari J, Koivisto J (2016) Gamification in crowdsourcing: a review. In: 49th Hawaii international conference on system sciences – HICSS. IEEE, Kauai, S 4375–4384

Object Management Group (2011) Business process model and notation (BPMN) version 2.0. OMG available specif

Schacht S, Maedche A (2015) Project knowledge management while simply playing! Gaming mechanics in project knowledge management systems. In: Reiners T, Wood LC (Hrsg) Gamification in education and business. Springer, Heidelberg, S 593–614

Seaborn K, Fels DI (2015) Gamification in theory and action: a survey. Int J Hum Comput Stud 74:14–31. doi:10.1016/j.ijhcs.2014.09.006

Thom J, Millen D, DiMicco J (2012) Removing gamification from an enterprise SNS. In: Proceedings of the ACM 2012 conference on computer supported cooperative work – CSCW '12. ACM, Seattle, S 1067–1070

Trachsel K (2015) Mit Spaß zum CRM-Erfolg. In: Seidel M, Liebetrau A (Hrsg) Banking & innovation 2015. Springer, Wiesbaden, S 159–164

Witt M, Scheiner C, Robra-Bissantz S (2011) Gamification of online idea competitions: insights from an explorative case. 41. Jahrestagung der Gesellschaft für Informatik – Informatik 2011. Berlin, S 1–15

Wohed P, van der Aalst WMP, Dumas M et al (2006) On the suitability of BPMN for business process modelling. In: Proceedings of the 4th international conference, BPM 2006. Springer, Wien, S 161–176

Zichermann G, Cunningham C (2011) Gamification by design: implementing game mechanics in web and mobile apps. O'Reilly, Sebastopol

Gamification als Change-Management-Methode im Prozessmanagement

4

Thomas Voit

Zusammenfassung

Gamification propagiert den Einsatz von Spielmechanismen in spielfremden Domänen. Aus Sicht der Wirtschaftsinformatik stellt sich die Frage, welchen Beitrag der Einsatz von Spielmechanismen bei der Gestaltung von Informationssystemen leisten kann, zumal diese als sozio-technische Systeme stets auch den Menschen als Aufgabenträger beinhalten.

Dieser Beitrag zeigt an einem Beispiel aus der Automobilindustrie, wie sich Gamification als Change-Management-Methode im Prozessmanagement nutzen lässt. Hierbei gelang es nach einer Organisationsveränderung, den überwiegenden Teil der Führungskräfte dazu zu motivieren, ihre neuen Führungsrollen innerhalb einer prozessorientierten Matrixorganisation anzunehmen und auszufüllen. Da der spielerische Ansatz allerdings nicht bei allen Führungskräften funktionierte, zeigt dieses Beispiel auch, an welche Grenzen der betriebliche Einsatz von Gamification stoßen kann.

Schlüsselwörter

Gamification • Prozessmanagement • Change Management • Layered Process Audit • Logistikorganisation

Unveränderter Original-Beitrag Voit (2015) Gamification als Change-Management-Methode im Prozessmanagement, HMD – Praxis der Wirtschaftsinformatik Heft 306, 52(6):903–914.

T. Voit (✉)
Technische Hochschule Nürnberg Georg Simon Ohm, Nürnberg, Deutschland
E-Mail: thomas.voit@th-nuernberg.de

© Springer Fachmedien Wiesbaden GmbH 2017
S. Strahringer, C. Leyh (Hrsg.), *Gamification und Serious Games*, Edition HMD,
DOI 10.1007/978-3-658-16742-4_4

4.1   Notwendigkeit eines erfolgreichen Change Managements

Stellt ein Unternehmen seine Aufbauorganisation infrage, geschieht dies meist in der Hoffnung, mit dem Wechsel zu einer prozessorientierten Organisationsform die Leistung der Unternehmensprozesse weiter zu steigern. Nach dem Wechsel in eine reine Prozess- oder Matrixorganisation stellt sich nicht selten heraus, dass die damit erhofften Vorteile zunächst ausbleiben. Der Grund hierfür liegt in der Regel weder an fehlerhaft gestalteten Prozessabläufen noch an den neu verteilten Zuständigkeiten der Matrixorganisation. Es ist vielmehr der Mensch als Mitarbeiter und Führungs-kraft, den es zu motivieren gilt, die in den Prozessmodellen und Organigrammen neu gestalteten Aufgaben und Verantwortlichkeiten anzunehmen und auszuführen. Für ein erfolgreiches Change Management sind daher die persönlichen und psycho-logischen Aspekte der Mitarbeiter samt ihrer motivationalen Einstellungen zu berücksichtigen (Kraus et al. 2006, S. 18).

An dieser Stelle offenbart sich eine Leerstelle im Werkzeug- und Methodenkasten des Wirtschaftsinformatikers. Diese Leerstelle zu füllen, ist die Aufgabe von so genannten Change Agents. Während sich der Wirtschaftsinformatiker mit methodi-scher Akribie den Prozessaspekten widmet und die Prozessabläufe optimieren soll, obliegt es ihnen, die Mitarbeiter mit einem zur angestrebten Veränderung passenden Narrativ von der neuen Organisation zu überzeugen. In der Praxis lässt sich diese Arbeitsteilung nicht immer umsetzen, weshalb die „harten" Methoden zur Prozess- und Organisationsgestaltung häufig nur unzureichend mit den „weichen" Methoden des Change Managements verzahnt werden. Das Worst-Case-Szenario besteht dann darin, dass die Organisationsveränderung frühzeitig zum Erfolg und für beendet erklärt wird, obwohl die Mitarbeiter insgeheim noch immer an ihren vertrauten Arbeitsweisen festhalten. Um die neue Organisation tatsächlich zum Leben zu erwecken, stellt sich die Frage, ob sich nicht mit Mitteln der Gamification die inhaltlichen Prozessaspekte besser auf die persönlichen und psychologischen Aspekte der Mitarbeiter abstimmen lassen.

4.2   Problemstellung: Einführung einer prozessorientierten Logistikorganisation

Vor dieser Herausforderung stand man 2011 auch in einem Produktionswerk eines Unternehmens aus der Automobilindustrie, dessen Logistikbereich sich kurz zuvor von seiner funktionalen Aufbauorganisation verabschiedet und eine prozessorien-tierte Logistikorganisation eingeführt hatte. Zentraler Ausgangspunkt für die Reor-ganisation war, dass es 2008 und 2009 im Zuge der Finanzkrise offensichtlich wurde, dass die Logistik nicht flexibel genug auf die auftretenden Marktschwankungen reagieren konnte. Als eine wesentliche Ursache wurden die hohen Koordinations- und Abstimmungsaufwände zwischen den Abteilungen der physischen Logistik und der Planungslogistik identifiziert. Abb. 4.1 zeigt schematisch, wie die Organi-sationseinheiten vor und nach der Reorganisation mit ihren Supply-Chain-Partnern bei der Kundenauftragsabwicklung interagierten.

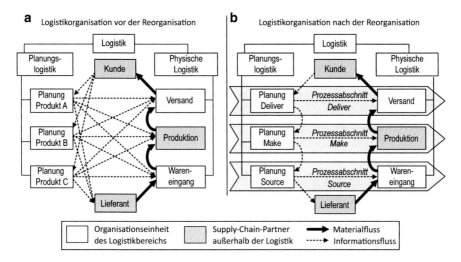

Abb. 4.1 Informations- und Materialflussbeziehungen bei der Kundenauftragsabwicklung

Vor der Reorganisation nahm jede Planungsgruppe die Kundenaufträge ihres Produktbereichs entgegen und steuerte anschließend den Versand sowie die Produktion mit entsprechenden Versandanweisungen und Produktionsaufträgen. Darüber hinaus koordinierte jede Planungsgruppe lieferantenseitig den Nachbezug und steuerte den physischen Wareneingang. Analog zu einem Fußballspiel gleicht jeder dieser steuernden Informationsflüsse einem Ballwechsel. Jedes informationellen Passspiel zwischen Sender und Empfänger birgt dabei die Gefahr, dass der Empfänger nicht anspielbereit ist, etwa wenn er durch andere Aufgaben abgelenkt ist. Ist die Information zudem unvollständig oder zu ungenau, landet der Ball im Spielfeldaus. Je mehr solche informationellen Pässe die Mitarbeiter für die Abwicklung der Kundenaufträge schlagen und annehmen müssen, desto höher ist in Summe der abteilungsübergreifende Koordinations- und Abstimmungsaufwand.

Um diese internen Transaktionskosten zu senken, wurde beschlossen, die Anzahl der Schnittstellen zwischen den Abteilungen zu reduzieren. In der neuen Aufbauorganisation stand jede Planungsgruppe nur noch mit einer internen Organisationseinheit aus dem physischen Materialfluss in Verbindung, wodurch sich die Anzahl der Informationsbeziehungen um knapp die Hälfte reduzierte (Abb. 4.1b). In den drei Prozessabschnitten Source, Make und Deliver sollten dadurch die planenden und ausführenden Aktivitäten beider Abteilungen besser aufeinander abgestimmt werden. Zu diesem Zweck nutzte man die neu entstandene Prozessstruktur als Grundlage für eine Matrixorganisation, die den Führungskräften unterschiedliche Rollen zuwies, je nachdem, ob jene ihre Mitarbeiter als Linienführungskraft disziplinarisch oder als Prozessführungskraft fachlich führten.

Während die Linienführungskräfte weiterhin dafür verantwortlich waren, die von den Teilprozessen benötigten Ressourcen wie Mitarbeiter, IT-Systeme sowie Maschinen und Anlagen bereitzustellen, war es jetzt die Aufgabe der Prozessführungskräfte, diese Prozessabläufe zu gestalten und die benötigten Ressourcen bei den Linienführungskräften einzufordern. Diese Unterscheidung in Prozess- und Ressourcenverantwortung folgte dem Konzept der geschäftsprozessorientierten Unternehmensarchitektur (Sinz 2004, S. 316).

Um die von den Mitarbeitern beider Abteilungen empfundenen Reibungsverluste zu reduzieren, wurde jedem Planungsgruppenleiter zusätzlich die Rolle des Prozessverantwortlichen zugewiesen. In dieser Funktion verantwortete er sowohl den planerischen als auch den physischen Teilprozess des jeweiligen Prozessabschnitts. Damit kam ihm die Schlüsselrolle zu, Planung und Ausführung auf der Prozessebene miteinander zu verbinden. Durch diese Form der personellen Aufgabenintegration lag die potenzielle Konfliktlinie nicht mehr zwischen den Abteilungen, sondern zwischen der Prozessgestaltung und der Ressourcenbereitstellung.

In der Praxis zeigte sich allerdings, dass insbesondere die Planungsgruppenleiter ihre neuen Rollen nur äußerst zögerlich ausfüllten. Während sich die Rolle ihrer Kollegen in der physischen Logistik darauf beschränkte, die zur Prozessausführung notwendigen Ressourcen zu organisieren, befanden sie sich als Prozess- und Linienführungskraft in einer Doppelrolle. Mit der neuen Rolle noch nicht vertraut, zogen sie sich auf ihre noch aus der alten Organisation bekannten Rollen zurück, indem sie beispielsweise die Gestaltung der physischen Teilprozesse vernachlässigten. Hinter der prozessorientierten Organisation zeichnete sich noch immer deutlich die alte funktionale Aufbauorganisation ab. Die neue Organisation war in der Praxis noch nicht angekommen und es war abzusehen, dass der eigentlich intendierte Brückenschlag zwischen Planung und Ausführung ein Schlag ins Wasser werden könnte.

4.3   Problemlösung: Gamification als Change-Management-Methode

4.3.1   Grundannahmen der Lösungssuche

Zusammen mit dem Logistikleiter, der sich als Prozesseigner und Bereichsleiter ebenfalls in einer Doppelrolle befand, wurde nach einer Lösung gesucht. Die Lösungssuche basierte auf folgenden Grundannahmen:

Alle Führungskräfte wurden als grundsätzlich geeignet betrachtet, ihre neu zugewiesenen Rollen auszufüllen. Dass dies nicht oder nur unvollständig geschah, wurde auf motivationale Defizite zurückgeführt, die sich wiederum aus dem Arbeitsumfeld ergaben, in dem die Führungskräfte agierten. Ihr Arbeitsumfeld bot für die Rollenausübung scheinbar keine bzw. zu wenig positive Resonanzerlebnisse, so dass sie nicht motiviert waren, die mir ihren Rollen verbundenen Aufgaben konsequent auszuführen. Es war daher entscheidend, dass die Führungskräfte bei der Ausübung ihrer Rollen mehr positive Resonanz erlebten. Resonanzerlebnisse lassen sich in drei Kategorien einteilen (Bauer 2013, S. 14 ff.):

- *Resonanz mit der Welt*: Man hat das Gefühl, dass man mit seiner Tätigkeit etwas ausrichtet, wodurch sich die Welt bzw. die unmittelbare Umwelt zum Positiven hin verändert.

- *Resonanz mit sich selbst*: Man erlebt sich bei der Ausübung seiner Tätigkeit als zunehmend kompetent und kann seine Fähigkeiten optimal einsetzen und weiterentwickeln.
- *Resonanz mit anderen*: Man erlebt soziale Zugehörigkeit zu einer Gruppe und erfährt im Wettbewerb oder im gemeinsamen Streben nach einem Ziel Respekt und Anerkennung für die eigene Leistung.

Ziel war es, das Arbeitsumfeld der Führungskräfte so umzugestalten, dass diese bei der Ausübung ihrer Rollen mehr positive als negative Resonanzerlebnisse erleben konnten. Um dies mit den Mitteln der Gamification zu erreichen, wurde bewusst der „chocolate covered broccoli approach" (Kumar und Herger 2013, S. 12) vermieden. Dieser hätte darin bestanden, Spielmechanismen ebenso unreflektiert einzusetzen, als wenn man pauschal davon ausgehen würde, jedes Lebensmittels würde mit einer Schokoladenglasur besser schmecken. Vor der Auswahl der Spielelemente stand daher die Analyse der motivationalen Defizite. Nur so lassen sich die Spielmechanismen gezielt auf die Resonanzbedürfnisse der Zielgruppe abstimmen (Werbach und Hunter 2012, S. 82).

4.3.2 Analyse der motivationalen Defizite

Um die Frage zu beantworten, warum die Führungskräfte ihre neuen Rollen nicht oder nur unzureichend ausfüllten, wurden diese befragt und in drei Gruppen eingeteilt:

Gruppe A, die Verunsicherten
Den Führungskräften sind die Anforderungen, die an sie als Prozessmanager gestellt wurden, zwar bekannt, allerdings gelingt es ihnen nicht, diese in konkrete Tätigkeiten zu übersetzen. Ihnen fehlt es vor allem an Resonanz mit sich selbst, da sie sich aufgrund ihres diffusen Rollenverständnisses im Kontext der neuen Organisation nicht als kompetent erleben können. Die Lösung muss ihnen daher einerseits Sicherheit darüber geben, was von ihnen konkret erwartet wird, andererseits es ihnen ermöglichen, sich als kompetente Führungskraft zu erleben.

Gruppe B, die Opportunisten
Den Führungskräften sind die mit ihrer Rolle verbundenen Führungs- und Managementaufgaben bekannt, sie zügeln ihr Engagement aber bewusst, da es aus ihrer Sicht nach wie vor andere Tätigkeiten sind, die für ihre weitere Karriere im Konzern von Bedeutung sind, etwa sich als durchsetzungsfähiger Krisenmanager in Engpasssituationen zu profilieren. Ihnen fehlt es an Resonanz mit anderen, die in diesem Fall die in der Hierarchie höhergestellten Vorgesetzten sind. Daher sollte die Lösung dafür sorgen, dass ihr Engagement für die Prozessorganisation von den aus ihrer Sicht wichtigen Stellen erkannt und anerkannt werden kann.

Gruppe C, die Verhinderten
Die Führungskräfte sind sich über ihre neuen Aufgaben im Klaren und haben diese zum Teil auch von Beginn an umgesetzt. Allerdings haben sie nach anfänglichem

Engagement erfahren, dass sie alleine nicht mehr ausrichten können, da sie, z. B. bei der Gestaltung der Prozessschnittstellen, auf die Kooperation mit den anderen Führungskräften angewiesen sind. Ihnen fehlt es daher zum einen an Resonanz mit der Umwelt, zum anderen fehlt es ihnen an Resonanz mit ihren Kollegen, auf deren Kooperation sie in der Rollenausübung angewiesen sind. Die Lösung muss ihnen daher die Zuversicht geben, dass sie mit ihrem Engagement weiterhin wirksam sind und hierbei auf die Kooperation mit ihren Kollegen vertrauen können.

4.3.3 Auswahl motivierender Spielelemente

Im zweiten Schritt ging es darum, die Spielelemente auszuwählen. Analog zu einem guten Spiel, das mit einer Kombination aus verschiedenen Spielelementen unterschiedliche Spielergruppen anspricht, sollte auch die Gamification-Lösung den Resonanzbedürfnissen aller drei Gruppen gerecht werden. Für die drei Gruppen wurden folgende Spielelemente als geeignet identifiziert:

Freiwilligkeit ist ein Kennzeichen für spielerisches Handeln und Voraussetzung für die motivierende Wirkung aller Spielelemente (Huizinga 2009, S. 16). „Was man tun muss, kann nicht befriedigend sein" (Csikszentmihalyi 2010, S. 12). Aus diesem Grund darf die Beteiligung an dem Spiel nicht erzwungen werden.

Spielregeln legen den Raum möglicher Spielhandlungen fest. Den Verunsicherten aus Gruppe A kann mithilfe der Spielregeln vermittelt werden, welche rollenspezifischen Aufgaben in welcher Situation zur Verfügung stehen. Indem sich alle Spieler denselben Spielregeln unterwerfen, erzeugt dies auch Resonanz mit anderen und man fühlt sich als Teil einer Spielgemeinschaft (Huizinga 2009, S. 21). Daher profitieren von Spielregeln auch die Mitglieder der Gruppe C.

Wahlfreiheit drückt sich aus, indem die Spieler in einem gewissen Maß selbst über den weiteren Spielverlauf entscheiden dürfen. Innerhalb des durch die Spielregeln abgesteckten Rahmens sorgen die Wahlmöglichkeiten dafür, dass das Spielergebnis offen bleibt. Diese Offenheit ist ebenfalls ein Kennzeichen für spielerisches Handeln (Huizinga 2009, S. 234) und kann bei den Mitgliedern der Gruppe A das Kompetenzerleben fördern, da die Wahlfreiheit die Identifikation mit dem eigenen Spielerfolg fördert.

Punkte geben den Spielern einerseits Orientierung, indem damit bestimmte Tätigkeiten als wünschenswert markiert werden, andererseits informieren sie die Spieler über ihre Leistungsfähigkeit. Gerade in Situationen, wo sich die Wirkung einer Aufgabe nur zeitverzögert einstellt bzw. sich vom Spieler nicht direkt wahrnehmen lässt, übernehmen Punkte eine Art Surrogatfunktion. Als sofort sichtbares Resultat eignen sich Punkte somit für die Verunsicherten aus Gruppe A, denen sie die Wahrnehmung ihrer Kompetenz erleichtern (McGonigal 2012, S. 80).

Levels zeigen ebenfalls die Leistung an, da das Schwierigkeitsniveau mit jedem Level ansteigt. Levels eigenen sich daher besonders für die Mitglieder der Gruppe A, denen die Levelstruktur einen leichten Einstieg ermöglicht. Außerdem bieten ihnen Levels eine narrative Gesamtstruktur, an der sie ablesen können, wann sie sich welchen Aufgaben widmen müssen, um ihre Rollen auszufüllen (Salen und Zimmermann 2004, S. 386).

Leaderboards sind ebenfalls ein Leistungsindikator, indem sie die eigene Leistung ins Verhältnis zur Leistung anderer Spieler setzen. Damit ist allerdings die Gefahr eines motivationalen Nullsummenspiels gegeben, falls die Spielerfähigkeiten zu stark divergieren und die Motivation der starken Spieler nur auf Kosten der Demotivation schwacher Spieler gelingt (Werbach und Hunter 2012, S. 76). Richtig eingesetzt, können Leaderboards nicht nur den Verunsicherten aus Gruppe A ihre Leistungsfähigkeit widerspiegeln, sondern auch den Opportunisten aus Gruppe B die Zuversicht geben, dass ihr Engagement von der Hierarchie über ihnen wahrgenommen und anerkannt wird.

Kooperation unterscheidet sich von anderen Spielformen dadurch, dass sich die Spieler zumindest zeitweise unterstützen. Kooperation beruht häufig auf Gegenseitigkeit, z. B. wenn die Spieler zur Erreichung ihrer eigenen Ziele voneinander abhängen. Eine solche, auf wechselseitige Abhängigkeit beruhende Kooperation würde den Führungskräften aus Gruppe C helfen, da sie auf die Zusammenarbeit mit ihren Kollegen vertrauen könnten.

4.3.4 Entwicklung der grundlegenden Spielidee

Diese sieben Spielmechanismen wurden im dritten Schritt zu folgender Spielidee kombiniert:

Mithilfe von Punkten soll die erfolgreiche Durchführung von Führungs- und Managementaufgaben belohnt werden. Welche Aufgaben das sind, sollen die Spielregeln festlegen. Die Reihenfolge der Aufgabendurchführung wird durch die Levelstruktur vorgegeben. So beginnt das erste Level mit einfachen Aufgaben, an die die schwierigeren Aufgaben der nachfolgenden Levels anknüpfen. Um ein Level abzuschließen, sollen die Führungskräfte nicht alle Aufgaben eines Levels erledigen müssen. Stattdessen können sie wählen, auf welche Aufgaben sie sich konzentrieren. Sobald ein bestimmter Punktestand in einem Level erreicht ist, sollen die Führungskräften selbst entscheiden, ob sie sich dem nächsten Level und somit schwierigeren Aufgaben zuwenden. Alternativ können sie sich den verbleibenden Aufgaben des aktuellen Levels widmen und Bonuspunkte erhalten. Mit einem Leaderboard, das sowohl den Punkte- als auch den individuellen Levelfortschritt anzeigt, soll während des Spielverlaufs darüber informiert werden, inwieweit es den Führungskräften gelingt, ihre neue Rolle in der Prozessorganisation auszufüllen. Der Kooperationsaspekt soll dadurch berücksichtigt werden, dass sich bestimmte Aufgaben nur im Team durchführen lassen.

4.3.5 Umsetzung in der spielfremden Domäne

Aufgrund der Tatsache, dass sich das hier betrachtete Unternehmen durch ein eher konservatives Führungs- und Managementverständnis auszeichnet, wurde bei der Umsetzung der Spielidee bewusst darauf verzichtet, die Lösungsidee als Gamification zu bezeichnen. Als zu groß wurde das Risiko bewertet, dass die Lösung alleine aufgrund ihres „spielerischen Vokabulars" abgelehnt worden wäre. Zur

Umsetzung der Lösung benötigte man daher eine Art trojanisches Pferd, das den Führungskräften das Spielkonzept in einer ihnen vertrauten Sprache vermittelt. Zu diesem Zweck wurde auf das Konzept des Layered Process Audits zurückgegriffen, das in dem Unternehmen zwar bekannt, aber im Logistikbereich des Produktionswerks noch nicht angewandt wurde.

Bei einem Layered Process Audit handelt es sich um ein Prozessaudit, mit dem die Führungskräfte regelmäßig mithilfe einer Checkliste die Einhaltung operativer Prozessstandards überprüfen (Zeller 2013, S. 2). An einem Layered Process Audit beteiligen sich mehrerer Hierarchieebenen, indem jede Führungskraft zusätzlich kontrolliert, ob die ihr direkt unterstellten Führungskräfte ihr eigenes Audit korrekt durchführen. Abb. 4.2 zeigt schematisch, wie die Spielidee als gamifiziertes Layered Process Audit umgesetzt wurde.

Ein *Level* wurde als *Prozessreifegrad* bezeichnet und vier Reifegradstufen unterschieden. Während die Führungskräfte ihrem auditierten Prozess erst dann die erste Reifegradstufe attestieren dürfen, wenn quantitative Prozessstandards (z. B. benötigte Anzahl der Prozessmitarbeiter) spezifiziert sind, ist die Bedingung für Reifegrad zwei, dass diese Standards auch eingehalten werden. Erst wenn dies der Fall ist, widmen sich die Reifegradstufen drei und vier der Spezifikation und Einhaltung der qualitativen Prozessstandards (z. B. Art und Qualifikationsniveau der Prozessmitarbeiter).

Die *Freiwilligkeit* und *Wahlfreiheit* der Führungskräfte bestand in der Entscheidung, ob und welchen ihrer Teilprozesse sie auditieren wollten. Zusätzlich mussten sie die Prozessstandards auswählen, auf die sie sich fokussieren wollten. Die zur Auswahl stehenden Standards wurden zentral vom Qualitätsmanagement vorgegeben und in insgesamt zehn Kategorien unterteilt. Jede Führungskraft durfte allerdings nur zwischen den Kategorien wählen, deren Standards sie in ihrer Rolle setzen

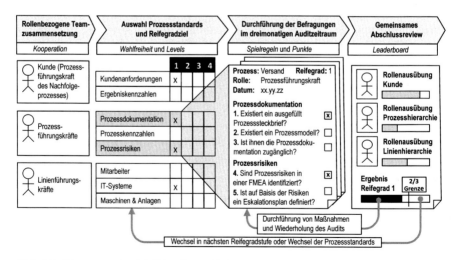

Abb. 4.2 Umsetzung der Spielidee als gamifiziertes Layerd Process Audit

und umsetzen musste. Ein Prozess wurde daher aus drei rollenspezifischen Perspektiven auditiert:

- Eine *Linienführungskraft* (Bereichsleiter, Abteilungsleiter, Gruppenleiter/Meister) betrachtet den Prozess aus der Innenperspektive. Ihr Blick fällt auf die Ressourcen, für deren Bereitstellung und effizienten Einsatz sie verantwortlich ist. Die Einteilung der Standards orientierte sich an den Ressourcenarten der Unternehmensarchitektur der SOM-Methodik: Mitarbeiter, IT-Systeme sowie Maschinen und Anlagen (Ferstl und Sinz 2013, S. 195).
- Eine *Prozessführungskraft* (Prozesseigner, Prozessverantwortlicher, Prozessbetreuer) betrachtet den Prozess ebenfalls aus der Innenperspektive, allerdings richtet sich ihr Blick auf den Prozessablauf. Die Prozessstandards, für die sie zu sorgen hat, unterteilen sich die Kategorien Prozessdokumentation, Prozesskennzahlen und Prozessrisiken.
- Als *Kunde* beteiligt sich die Prozessführungskraft des nachfolgenden Prozesses an dem Audit, da dieser von der Prozessleistung profitiert. Der Kunde betrachtet den Prozess aus der Außenperspektive und hat die Aufgabe, die Erfüllung seiner Kundenanforderungen anhand von Ergebniskennzahlen zu überwachen, die jeweils eine eigene Auditkategorie bilden.

Mit der Auswahl der Kategorien waren gleichzeitig die rollenspezifischen Fragebögen festgelegt. Jeder Fragebogen bestand aus maximal 15 Ja/Nein-Fragen, die direkt an die Mitarbeiter zu richten waren. Da jede Befragung eines Mitarbeiters nicht länger als 15 min dauern sollte, mussten sich die Führungskräfte auf die aus ihrer Sicht relevantesten Kategorien beschränken. Folgende vier Fragen waren beispielsweise in der Kategorie Prozessdokumentation von einer Prozessführungskraft im Verlauf der vier Reifegradstufen an die Mitarbeiter zu adressieren:

- *Stufe 1*: „Existiert ein Prozessmodell?"
- *Stufe 2*: „Können Sie den im Prozessmodell beschriebenen Ablauf einhalten?"
- *Stufe 3*: „Sind die qualitativen Anforderungen an die Prozessausführung beschrieben (z. B. Durchlaufzeit) und kommuniziert?"
- *Stufe 4*: „Können Sie die qualitativen Anforderungen an die Prozessausführung einhalten?"

Punkte wurden für jede Frage vergeben, die ein Mitarbeiter mit „Ja" beantwortete. Neben den inhaltlichen Auditfragen mussten die Führungskräfte die Frage beantworten, ob die Führungskraft der darunter liegenden Ebene ihre letzten x Audits durchgeführt hat. Das x entsprach der jeweiligen Reifegradstufe, wodurch sich die Disziplinanforderung mit jedem Reifegrad erhöhte.

Damit es zwischen den Führungskräften zur erwünschten *Kooperation* kam, gaben die Auditrichtlinien als *Spielregeln* vor, dass ein Prozess nur dann auditiert werden darf, wenn in dem Auditzeitraum jede der drei Rollen besetzt ist. Der Auditzeitraum wurde pro Reifegradstufe auf drei Monate begrenzt und für jede Hierarchieebene die einzuhaltende Auditfrequenz festgelegt. Wurde eine Befragung versäumt, bedeutete dies automatisch einen Punkteverlust, der die Führungskräfte zu regelmäßigen Befragungen der Mitarbeiter motivieren sollte.

Am Ende des Auditzeitraums fand ein obligatorisches Abschlussreview statt. Allen am Audit beteiligten Führungskräften wurde das Abschlussergebnis in Form eines *Leaderboards* bekannt gegeben. Um den angestrebten Prozessreifegrad zu erreichen, mussten mindestens zwei Drittel aller im Auditzeitraum zu stellenden Einzelfragen mit „Ja" beantwortet werden. War dies der Fall, stand es dem Team frei zu entscheiden, ob sie im nächsten Auditzeitraum andere Kategorien desselben Reifegrads oder dieselben Kategorien des nächsthöheren Reifegrads auditieren wollten. Wurde das Zwei-Drittel-Ziel unterschritten, mussten sich die Führungskräfte auf Maßnahmen einigen, deren Wirksamkeit sie nach ihrer Umsetzung im darauffolgenden Auditzeitraum überprüfen konnten.

4.3.6 Ergebnisse

Obwohl es den Führungskräften frei stand, die Methode des Layered Process Audits anzuwenden, meldeten sich schon bald nach Bekanntgabe der Methode zwei Teams, die die Methode ausprobieren wollten. Die Führungskräfte des einen Teams waren für den Versandprozess zuständig und eindeutig der Gruppe A zuzuordnen. Als jedoch der prozessverantwortliche Gruppenleiter anhand des Auditfragebogens zum ersten Mal erkannte, welche konkreten Aufgaben an seine Rolle geknüpft sind, hatte er Hemmungen, mit dem Audit zu beginnen. Um ein allzu schlechtes Auditergebnis zu vermeiden, wollte er zusammen mit den anderen Teammitgliedern vorher zumindest einen Teil seiner rollenspezifischen Aufgaben durchführen. Trotz dieser gezielten Vorbereitung lag das erste Team schließlich unter der erforderlichen Zwei-Drittel-Marke.

Die Führungskräfte des zweiten Teams stammten aus Gruppe C und waren in einer anderen Ausgangssituation. Sie sahen in dem Audit die Chance, ihr bereits geleistetes Engagement mit guten Auditergebnissen dokumentieren zu können. Und so konnten sie dem Beschaffungsplanungsprozess bereits im ersten Durchgang die erste Reifegradstufe attestieren und in das zweite Level wechseln. In der Regel verzichteten die Teams darauf, ihre Rollen schon vor Auditbeginn auszufüllen. Sie wollten sich vom Auditergebnis überraschen lassen und erst im Anschluss entscheiden, welchen Prozessstandards sie sich in ihrer Rolle schwerpunktmäßig widmen wollten. Diese spielerische Herangehensweise beruhte auf der Freiwilligkeit und Wahlfreiheit, die den Führungskräften zugestanden wurde. Es entstand zwischen den Teams zwar keine Rivalität, jedoch setzte vor allem das Leaderboard eine rege Diskussion zwischen und innerhalb der Teams darüber in Gang, mit welchen Maßnahmen welche Prozesse welche Punktzahl erreicht hatten.

Allerdings gab es selbst 12 Monate nach der Einführung noch einzelne Führungskräfte, die darauf verzichteten, ihre Teilprozesse einem Layered Process Audit zu unterziehen. Sie gehörten zur Gruppe B, deren Mitglieder das Spielkonzept nicht wie erwartet motivieren konnte. Der Grund war jedoch rückblickend leicht nachvollziehbar: Schon bald nach Beginn der ersten Audits wurde der Nachfolger des

Logistikbereichsleiters bekannt gegeben. Mit dem angekündigten Führungswechsel an der Spitze der Prozess- und Linienhierarchie lohnte es sich aus Sicht dieser Gruppe scheinbar nicht mehr, mit dem Audit zu starten, solange der Nachfolger noch nicht im Amt war. Dies zeigt, dass man mit den Mitteln der Gamification nur einen begrenzten Ausschnitt der betrieblichen Sphäre gestalten kann und Veränderungen außerhalb dieser Sphäre die motivationale Wirkung des Spielkonzepts dennoch maßgeblich beeinflussen können.

Abschließend lässt sich festhalten, dass es für alle Führungskräfte aus den Gruppen A und B gelungen ist, sie auf spielerische Art und Weise zur Ausübung ihrer neuen Rollen zu bringen. Ein wichtiger Erfolgsfaktor war sicher, dass sich das Layered Process Audit sehr gut als Trägerkonzept für die Gamifizierung eignete, da es die Führungskräfte in mehrfacher Hinsicht dazu animierte, rollenspezifisch zu agieren. Hinzu kam, dass sie mit jeder Befragung von den Mitarbeitern ein direktes Feedback darüber erhielten, in welchem Maß sie in ihre Rolle bereits wirksam waren. Der originäre Beitrag der Gamifizierung war es hingegen, dass die Auditsystematik erst durch den Einsatz von Spielelementen gezielt auf die motivationalen Defizite der Führungskräfte abgestimmt werden konnte.

4.3.7 Übertragbarkeit auf andere Kontexte

Hinsichtlich der Frage, ob sich die geschilderte Gamification-Lösung verallgemeinern und auf andere Kontexte übertragen lässt, ist zu klären, inwieweit bei der Konzeption und Umsetzung dieser Lösung auf spezifische Gegebenheiten des Beispielkontextes eingegangen wurde. Die hier skizzierte Gamification-Lösung weist drei wesentliche Kontextabhängigkeiten auf:

- *Zielgruppenabhängigkeit*: Die Spielmechanismen wurden gezielt im Hinblick auf die motivationalen Defizite der Führungskräfte ausgewählt.
- *Problemabhängigkeit*: Auf Basis der Spielmechanismen wurde eine konkrete Spielidee entwickelt, die auf die Lösung einer konkreten Problemstellung abzielte. Diese bestand darin, dass die Führungskräfte nicht ausreichend motiviert waren, ihre mit der neuen Organisationsform einhergehenden Rollen anzunehmen und auszufüllen.
- *Kulturelle Abhängigkeit*: Bei der Umsetzung in die spielfremde Domäne wurde die konservative Firmenkultur berücksichtigt, indem die Spielidee mit dem in dem Unternehmen bereits bekannten Konzept des Layered Process Audits verknüpft wurde.

Um die Gamification-Lösung auf einen anderen Kontext zu übertragen, sind die Spielmechanismen, die Spielidee sowie das Trägerkonzept so anzupassen, dass sie der Zielgruppe, der Problemstellung bzw. dem kulturellen Umfeld des neuen Kontextes gerecht werden. In einem weniger hierarchisch geprägten Unternehmen wäre dies kein geeignetes Trägerkonzept gewesen. Diese Kontextabhängigkeiten mögen auf den ersten Blick enttäuschen, da sie einem einfachen Plug-and-Play-Szenario im Wege stehen. Auf den zweiten Blick ist anzunehmen, dass sich der erforderliche Anpassungsaufwand in Grenzen hält. Zum einen, da sowohl die motivationalen Defizite der Zielgruppe als auch das Problem der zögerlichen Übernahme prozessbezogener Führungsrollen nicht nur in dem Produktionsunternehmen, sondern in vielen Unternehmen anzutreffen sein werden. Zum anderen lässt sich der Anpassungsaufwand reduzieren, wenn es gelingt, den Designprozess zur Gamifizierung methodisch besser zu fundieren.

Hier verfügt die Wirtschaftsinformatik über unterschiedliche Methoden, etwa aus dem Bereich des Software Engineering, von deren Einsatz der Designprozess zur Gamifizierung profitieren könnte. Denn trotz einiger Ansätze zur Strukturierung dieses Designprozesses (Burke 2014, S. 90; Wendel 2014, S. 154) offenbart sich an dieser Stelle weiterer Forschungsbedarf. Neben dem Prototyping oder agilen bzw. iterativen Vorgehensmodellen verspricht vor allem das Konzept der Mustersprache (Alexander et al. 1977; Gamma et al. 1995), den Umgang mit den Kontextabhängigkeiten in der Praxis zu vereinfachen. Die einer solchen Mustersprache zugrunde liegenden Entwurfsmuster lassen sich allerdings nicht *top down*, sondern nur *bottom up* entwickeln, was die empirische Analyse zahlreicher Gamification-Projekte voraussetzt. Hierzu ist es notwendig, dass in den Unternehmen die Bereitschaft wächst, auch über weniger erfolgreiche Gamification-Projekte zu berichten.

Literatur

Alexander C, Ishikawa S, Silverstein M (1977) A pattern language. Towns, buildings, construction. Oxford University Press, New York
Bauer J (2013) Arbeit. Warum unser Glück von ihr abhängt und wie sie uns krank macht. Blessing, München
Burke B (2014) Gamify. How gamification motivates people to do extraordinary things. Bibliomotion, Brookline
Csikszentmihalyi M (2010) Das flow-Erlebnis. Klett-Cotta, Stuttgart
Ferstl OK, Sinz EJ (2013) Grundlagen der Wirtschaftsinformatik. Oldenbourg, München
Gamma E, Helm R, Johnson R, Vlissides J (1995) Design patterns. Elements of reusable object-oriented software. Addison-Wesley, Reading
Huizinga J (2009) Homo ludens. Rowohlt, Reinbek
Kraus G, Becker-Kolle C, Fischer T (2006) Handbuch Change-Management. Cornelsen, Berlin
Kumar J, Herger M (2013) Gamification at work. Designing engaging business software. The International Design Foundation, Aarhus
McGonigal J (2012) Besser als die Wirklichkeit. Warum wir von Computerspielen profitieren und wie sie die Welt verändern. Heyne, München
Salen K, Zimmerman E (2004) Rules of play. Game design fundamentals. MIT Press, Cambridge
Sinz E (2004) Unternehmensarchitekturen in der Praxis – Architekturdesign am Reißbrett vs. situationsbedingte Realisierung von Informationssystemen. Wirtschaftsinformatik 46:315–316, ISSN: 0937-6429
Wendel S (2014) Designing for behaviour change. Applying psychology and behavioural economics. O'Reilly, Sebastopol
Werbach K, Hunter D (2012) For the win. How game thinking can revolutionize your business. Wharton Digital Press, Philadelphia
Zeller E (2013) Layered process audit (LPA). Leitfaden zur Umsetzung. Hanser, München

Projekterfahrungen spielend einfach mit der ProjectWorld! – Ein gamifiziertes Projektwissensmanagementsystem

5

Silvia Schacht, Anton Reindl, Stefan Morana und Alexander Mädche

Zusammenfassung

Wissensmanagement ist eine komplexe Aufgabe, welche oftmals von existierenden Wissensmanagementsystemen nur unzureichend unterstützt wird. Insbesondere in Projekten, in welchen Projektmitarbeiter meist einen heterogenen Hintergrund haben und nur für eine begrenzte Zeit zusammenarbeiten, ist das Wissensmanagement eine große Herausforderung. Projektwissen wird nur selten dokumentiert und noch seltener wiederverwendet, da die Projektmitglieder keine Zeit und wenig Motivation für dessen Dokumentation haben. Als Konsequenz daraus werden oftmals bereits bekannte Lösungen gefunden und Projektteams machen die gleichen Fehler wie ihre Vorgänger. Gamification stellt eine Lösung für dieses Problem dar, da es darauf abzielt, die aktive Teilnahme in Anwendungssystemen zu motivieren. Der vorliegende Beitrag beschreibt die Gestaltung und Umsetzung eines gamifizierten Projektwissensmanagementsystems, genannt ProjectWorld, in einem Unternehmen. Die ProjectWorld zielt darauf ab, Mitarbeiter zu motivieren, sich dauerhaft am Wissensmanagement zu beteiligen und ihr Wissen mit anderen Mitarbeitern zu teilen. Obwohl noch keine konkreten, empirisch fundierten Ergebnisse bezüglich langfristiger Effekte auf die

Unveränderter Original-Beitrag Schacht et al. (2015) Projekterfahrungen spielend einfach mit der ProjectWorld! – Ein gamifiziertes Projektwissensmanagementsystem, HMD – Praxis der Wirtschaftsinformatik Heft 306, 52(6):878–890.

S. Schacht (✉) • S. Morana • A. Mädche
Karlsruhe Institute of Technology (KIT), Karlsruhe, Deutschland
E-Mail: silvia.schacht@partner.kit.edu; stefan.morana@kit.edu; alexander.maedche@kit.edu

A. Reindl
Universität Mannheim, Mannheim, Deutschland
E-Mail: toni.reindl@web.de

© Springer Fachmedien Wiesbaden GmbH 2017
S. Strahringer, C. Leyh (Hrsg.), *Gamification und Serious Games*, Edition HMD,
DOI 10.1007/978-3-658-16742-4_5

Wissensdokumentation und –wiederverwendung vorliegen, kann man, basierend auf qualitative Aussagen der potenziellen Nutzer, positive Auswirkungen auf das Projektwissensmanagement im Unternehmen annehmen.

Schlüsselwörter
Gamification • Wissensmanagement • Projekte • Motivation • Informationssysteme

5.1   Projekte und Projektwissensmanagement

Mit der wachsenden Zahl an projekt-organisierten Unternehmen stehen immer mehr Manager vor der Herausforderung, Projekte zum Erfolg zu führen und kontinuierlich dabei zu lernen. Während das Projektmanagement an sich schon eine komplexe Aufgabe ist, ist das Management von Projektwissen mit dem Ziel dieses zu konservieren und wiederzuverwenden um ein Vielfaches komplexer. Aus der Perspektive des Wissensmanagements ist vor allem die Heterogenität der Projektteams eine wesentliche Ursache für die Schwierigkeiten, Projektwissen zu dokumentieren und bereits bekannte Erfahrungen wiederzuverwenden (Petter und Randolph 2009). Für die Bearbeitung eines Projektes wird häufig ein Team zusammengestellt, in dem die Mitarbeiter unterschiedliche Erfahrungen und Kompetenzen mitbringen und abdecken sollen. Da die Projekte zeitlich begrenzt sind, ist die Bildung gemeinsamer mentaler Modelle – also eine gemeinsame Sicht auf die Welt, das Projekt und dessen Vorgehen – nur begrenzt möglich. Sind die mentalen Modelle eines Projektteams sehr ausgeprägt, so nennt man dies ein transaktives Gedächtnis (transactive memory), bei dem jedes Teammitglied weiß, wer im Team über welches Wissen verfügt. Je ausgeprägter das transaktive Gedächtnis eines Projektteams ist, desto effektiver kann es zusammenarbeiten und seine Aufgaben und Ziele erfüllen (Hsu et al. 2012). Aufgrund der Beschaffenheit von Projektteams ist es allerdings schwierig, ein solches transaktives Gedächtnis aufzubauen, da nicht nur Mitarbeiter mit unterschiedlichen Hintergründen für eine begrenzte Zeit in den Projekten involviert sind, sondern häufig auch eine Fluktuation im Team herrscht. Insbesondere in größeren Projekten werden Projektmitarbeiter nur für einzelne Phasen eingesetzt, so dass während der Laufzeit eines Projektes einige Mitarbeiter das Team verlassen und andere zum Team hinzukommen. Immer wenn ein Mitarbeiter das Projekt verlässt, nimmt dieser sein Wissen mit, oftmals ohne dieses zuvor zu dokumentieren. Somit geht im Laufe eines Projektes Wissen verloren und kann folglich von anderen Projekten nicht wiederverwendet werden. Als Konsequenz werden in Projekten immer wieder ähnliche Lösungen gefunden, die gleichen Fehler gemacht und das Rad neu erfunden (Petter und Randolph 2009).

Um auf die Herausforderungen des Wissensmanagements in Projekten zu reagieren, fordern viele Unternehmen die Durchführung von „Lessons Learned"-Workshops oder das Erstellen von Projektreports von ihren Mitarbeitern. Der Erfolg, mit solchen Managementansätzen Wissen zu extrahieren und für zukünftige Projekte wiederzuverwenden, ist jedoch begrenzt. Die Gründe dafür sind genauso vielfältig wie offensichtlich. Projektmitglieder verlassen das Team zum Beispiel vor dem eigentlichen Projektende und sind somit für einen „Lessons Learned"-Workshop nicht mehr verfügbar. Oftmals ist das Projekt zum angedachten Zeitpunkt der Wissensdokumentation bereits abgeschlossen und dessen Mitarbeiter bereits in anderen Projekten involviert, was wiederum zu einem Mangel an Zeit und Motivation zur Teilnahme führt. Weiterhin erkennt das Projektteam, welches seine Erkenntnisse zusammentragen und dokumentieren soll, nur einen geringen Eigennutzen im Verhältnis zum hohen Aufwand. Summa summarum, ein geringer empfundener Nutzen, hoher Aufwand und mangelnde Motivation führen zu keiner oder minderwertiger Dokumentation von Projektwissen und somit zu geringem organisationalem Lernen.

5.2 Die Historie und Entwicklung von Wissensmanagementsystemen

Mit der Erkenntnis, dass Wissensmanagement in Unternehmen im Allgemeinen und speziell in Projekten ein schwieriges Unterfangen ist, und der Entwicklung der Informationstechnologie haben Wissenschaftler und Softwarehersteller verstärkt in die Gestaltung und Implementierung von Wissensmanagementsystemen investiert. Existierende Wissensmanagementsysteme können in zwei Generationen unterteilt werden (Firestone und McElroy 2003): Die *erste Generation* umfasst traditionelle Wissensmanagementsysteme wie Dokumentenablagesysteme, in denen unstrukturierte Wissensdokumente in unterschiedlichen Formaten und in hierarchischen Strukturen gespeichert werden können. Primär fokussieren Wissensmanagementsysteme der ersten Generation auf die Dokumentation, Ablage und zentrale Speicherung von Wissen. Im Laufe der Zeit ist man zu der Erkenntnis gekommen, dass die Suche und somit auch die Wiederverwendung solcher Wissensdokumente mit wachsenden hierarchischen Strukturen und Komplexität immer schwieriger und ineffizienter werden.

Mit der Entwicklung neuer Kommunikationstechnologien wie beispielsweise Blogs und Wikis entstand die *zweite Generation* von Wissensmanagementsystemen. Anstelle der alleinigen Sammlung, Dokumentation und Speicherung von Wissen, fokussiert die zweite Generation auf die Verbindung von Wissensträgern mit Personen, welche Wissen suchen. Neue Funktionen wie Content-to-Page-Mapping, Hyperlinks oder Indizierungen reduzieren die Systemkomplexität und somit den Umgang mit wachsenden, hierarchischen Strukturen. Obwohl die Technologie nicht mehr als Lösung von Wissensmanagementproblemen sondern als Unterstützung des Wissensmanagements an sich betrachtet werden kann, haben auch die Systeme der zweiten Generationen mit Nutzungsproblemen zu kämpfen. Eine Problematik moderner, sozialer Medien ist die erforderliche, kritische Masse von Nutzern, welche aktiv Inhalte beisteuern. So können die Nutzer vieler sozialer Plattformen in drei Gruppen unterteilt werden, welche der 90-9-1 Regel unterliegen. 90 % der Nutzer einer sozialen Plattform sind reine Konsumenten, welche die Inhalte lesen und für ihre Zwecke nutzen. 9 % der Nutzer erstellen einen geringen

Anteil der Inhalte und nur 1 % der Nutzer verfasst den Löwenanteil der Inhalte
(Palmisano 2009). Neben dem Ungleichgewicht von Inhaltskonsumenten und -pro-
duzenten können Probleme unterschiedlicher Art als Ursache für die nur unzurei-
chende Umsetzung von Wissensmanagementsystemen der zweiten Generation in
Unternehmen identifiziert werden: (1) *Bedenken des Managements* wie die Abfla-
chung von Hierarchien durch soziale Medien, welche eine Verlagerung des Macht-
verhältnisses nach sich ziehen, (2) *Bedenken sozialer Art* wie die dort gepflegte
„Netikette" sowie (3) *rechtliche Bedenken* zu den geistigen Eigentumsrechten der
Inhalte (Hasan und Pfaff 2006).

Es hat den Anschein, als ob beide Systemgenerationen unterschiedliche Probleme des Wissensmanagements adressieren aber nicht vollständig lösen können.
Insbesondere in Projekten, welche durch Mitarbeiterfluktuationen, mangelnder
Zeit und Ressourcen sowie einer geringen Ausprägung des transaktivem Gedächt-
nisses gekennzeichnet sind, werden Wissensmanagementsysteme nicht effizient
genutzt oder selten auch nur eingesetzt. Die Ursache hierfür liegt jedoch nicht nur
an der (nicht) genutzten Technologie. Vielmehr ist der Mensch eine der Hauptur-
sachen für mangelnde Wissensdokumentation und –wiederverwendung. Daher ist
es für kommende Generationen von Wissensmanagementsystemen von Bedeutung, nicht nur eine zentrale Ablage für Wissensdokumente oder die Vernetzung
von Wissensträgern mit Projektteams zu ermöglichen, sondern auch Anreize für
die Nutzer der Systeme zu schaffen, aktiv Inhalte beizutragen, zu bewerten und
wiederzuverwenden. Aufgrund des Einsatzes verschiedener Mechanismen, welche Qualität und Quantität von Inhalten verbessern können, kann Gamification als
ein Schritt hin zur dritten Generation von Wissensmanagementsystemen betrachtet werden.

5.3   Wie Gamification die Welt des Wissensmanagements ändern kann

Aufgrund unzureichender Wissensmanagementstrategien geht wertvolles Projektwissen in Unternehmen immer wieder verloren. Aus dieser Erkenntnis heraus entstand die Idee des gamifizierten Wissensmanagementsystems für Projekte, welches
in Kooperation mit der Movilitas Consulting GmbH[1] entwickelt wird. Mit mehr als
150 Mitarbeitern agiert Movilitas heute in 13 Ländern. Hauptgeschäftsfeld des
Unternehmens ist die Unterstützung ihrer Kunden bei der Durchführung von Track
& Trace Projekten mit SAP Anwendungen. Track & Trace ist die Serialisierung und
Nachverfolgung von Produkten über die komplette Lieferkette. In jedem dieser Projekte wird Wissen genutzt und in neues Wissen umgewandelt, welches für das
nächste Projekt von Bedeutung sein kann. Das Unternehmen wurde im Jahr 2006
gegründet, befindet sich seit jeher im Wachstum und konnte seine Marktführerschaft
im Geschäftsbereich Track & Trace durch die Übernahme eines Mitbewerbers zuletzt

---

[1] http://www.movilitas.com.

weiter steigern. Mit dem Wachstum des Unternehmens erkannte die Unternehmensleitung einen gesteigerten Bedarf an einer ausgereiften Strategie für effektives und effizientes Wissensmanagement. Dies beinhaltet neben der Förderung der sozialen Interaktion der Mitarbeiter auch den Einsatz eines zentralen Wissensmanagementsystems.

5.3.1 Die Idee der „ProjectWorld"

Betrachtet man Bus- und Bahnhaltestellen oder Wartezimmer, entdeckt man viele Menschen, welche auf ihren Mobilgeräten Spiele wie Bejeweled oder Tiny Death Star spielen, in denen sie repetitive und monotone Aufgaben erfüllen müssen. Was also motiviert Menschen dazu, langfristig ihre Zeit in Aufgaben zu investieren, in denen Edelsteine gesammelt oder die Bewohner des Todessterns mit dem Fahrstuhl von einer Etage in eine andere transportiert werden müssen? Warum können sich Menschen für repetitive Aufgaben ohne konkreten Mehrwert in einem Spiel begeistern, aber nicht für ähnlich geartete Aufgaben an ihrem Arbeitsplatz?

Die Dokumentation von Projektwissen wird oft als eine lästige Aufgabe betrachtet, die keine Freude bereitet und auch nur begrenzten Nutzen für den Verfasser beinhaltet. Um dennoch Projektteams zur Dokumentation ihres Wissens und ihrer Erfahrungen zu motivieren, wurde die *ProjectWorld* gestaltet – ein gamifiziertes Wissensmanagementsystem für Projekte. Über den Einsatz von Spielemechanismen sollen die Mitglieder von Projektteams dazu motiviert werden, ihre Erfahrungen zu dokumentieren und zu bewerten.

Die Gestaltung des gamifizierten Projektwissensmanagementsystems folgt dem wissenschaftlichen Ansatz des Action Design Research (Sein et al. 2011), welcher eine enge Kooperation zwischen der Praxis (also einem oder mehreren Unternehmen) und der Wissenschaft in der Durchführung eines Forschungsvorhabens vorsieht. Ziel eines Action Design Forschungsprojektes ist die Entwicklung eines Lösungsansatzes in Form eines konkreten Artefaktes, welcher eine wissenschaftliche Problemstellung adressiert. Durch eine solche Kooperation soll sichergestellt werden, dass das gestaltete Artefakt nicht nur eine theoretisch-wissenschaftliche Grundlage hat, sondern auch für die Praxis von Relevanz ist. Innerhalb des Action Design Research Projektes wurden daher mit der Unterstützung von verschiedenen Unternehmen die Anforderungen an ein Wissensmanagementsystem für Projekte erhoben. Basierend auf den Anforderungen wurden Gestaltungsprinzipien ermittelt, welche die Anforderungen auf einer höheren Abstraktionsebene repräsentieren und somit für die gesamte Klasse von Projektwissensmanagementsystemen in unterschiedlichen Anwendungsbereichen gültig sind. Während die Gestaltungsprinzipien unterschiedliche Aspekte des gesamten Wissensmanagementsystems für Projekte adressieren (also sowohl soziale als auch technische), richtet sich das sechste Prinzip im Besonderen an die Entwicklung eines Systems, welches das Verhalten der Nutzer positiv beeinflussen soll. Für den Überblick wurden alle Gestaltungsprinzipien in Tab. 5.1 aufgelistet.

Tab. 5.1 Gestaltungsprinzipien für Projektwissensmanagementsysteme (Schacht et al. 2015)

Gestaltungsprinzipien	
Prinzip 1	Sicherstellung des Zugriffs auf Wissen und Wissensträger für alle Mitarbeiter
Prinzip 2	Erweiterung des Projektteams mit einem Wissensintermediär als Unterstützung für das Projektwissensmanagement
Prinzip 3	Bereitstellung von kontextbezogenem und gebündeltem Wissen in strukturierten Dokumenten unter Verwendung einer Terminologie, die für Experten und Nicht-Experten verständlich ist
Prinzip 4	Sicherstellung der Wartung von Projektwissen mittels Feedback-Mechanismen zur Nützlichkeit und Aktualität des Projektwissens
Prinzip 5	Dokumentation und Wiederverwendung von Projektwissen in allen Projektphasen
Prinzip 6	**Motivation von Projektwissensmanagement durch die Einbindung von Funktionen, welche Emotionen erzeugen und motivieren**

Die Gestaltungsprinzipien dienen als Empfehlung, welche die Entwicklung eines Projektwissensmanagementsystems in unterschiedlichen Kontexten unterstützen sollen. Basierend auf den Prinzipien wurde eine Instanz eines Projektwissensmanagementsystems implementiert, indem die grafische Oberfläche, Architektur und die Funktionalitäten erst in Form von Modellen, Skizzen und Mockups modelliert und anschließend im System umgesetzt wurden. Als Resultat entstand die Project-World.

Bei der Gestaltung der grafischen Oberfläche der ProjectWorld wurde insbesondere darauf geachtet, dass „Spieler" auf einen Blick alle wesentliche Projektinformationen erhalten und mit nur einem Klick Zugriff auf relevante Dokumente, Erfahrungen und Meta-Informationen des Projektes bekommen. Durch den Einsatz von Funktionalitäten wie der Hoover-Funktion soll dieses Ziel des einfachen und schnellen Zugriffs, ohne unnötig viele Mausklicks, erreicht und so die Gebrauchstauglichkeit der Anwendung gesteigert werden. Weiterhin wurde das gesamte Design an das Corporate Design der Movilitas angelehnt, so dass bei den Mitarbeitern ein hoher Wiedererkennungswert erzielt werden kann. Die Ziele und Anforderungen an das gamifizierte Projektwissensmanagementsystem wurden mittels regelmäßigen Abstimmungen mit verschiedenen Mitarbeitern sowie der Leitung des Unternehmens ermittelt und sind in das Design der Anwendung eingeflossen.

Für die konkrete Gestaltung der ProjectWorld wurden existierende Erkenntnisse aus der Wissenschaft über Wissensmanagement und Gamification zusammengetragen und auf ihre Umsetzbarkeit und Relevanz für das Forschungsprojekt geprüft. Eine detaillierte Zusammenfassung der Ergebnisse der systematischen Literaturstudie sowie der Anforderungserhebung kann in unseren Vorarbeiten nachgelesen werden (siehe Schacht et al. 2014, 2015). Ein wesentlicher Kritikpunkt bisheriger, gamifizierter Anwendungen ist eine Überbetonung von Punkten, Badges und Ranglisten, was häufig auch als Pointification bezeichnet wird (Sjöklint et al. 2013). Obwohl aufgrund dieser Mechanismen durchaus ein positiver Effekt auf die Partizipation von Nutzern nachgewiesen werden kann, so ist der Effekt nicht von Dauer und kann die ursprüngliche, intrinsische Motivation des Nutzers sogar untergraben (Thom et al. 2012). Vielmehr fordern Wissenschaftler wie Laschke und Hassenzahl

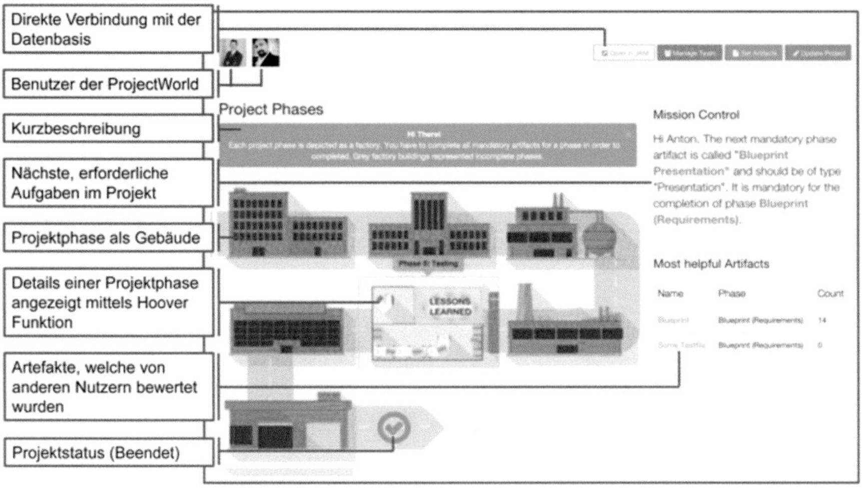

| Direkte Verbindung mit der Datenbasis |
| Benutzer der ProjectWorld |
| Kurzbeschreibung |
| Nächste, erforderliche Aufgaben im Projekt |
| Projektphase als Gebäude |
| Details einer Projektphase angezeigt mittels Hoover Funktion |
| Artefakte, welche von anderen Nutzern bewertet wurden |
| Projektstatus (Beendet) |

Abb. 5.1 Projektüberblick in der ProjectWorld

(2011) verstärkt die Umsetzung einer Geschichte, welche zum einen die Nutzer der Anwendung auf ihren Verlauf neugierig machen soll und zum anderen die Ziele des Unternehmens und der Mitarbeiter berücksichtigen soll.

Inspiriert von der Vielzahl unterschiedlicher Spiele wie Bejeweled oder Tiny Death Star, wurde ProjectWorld in der Art eines Aufbauspiels gestaltet, in dem die Spielwelt im Verlauf der Zeit durch die Erledigung verschiedener Aufgaben entdeckt und weiter entwickelt wird. Ziel des Spiels ist die gemeinschaftliche Gestaltung des Projektes in einer Projektwelt. Da das für die Movilitas zentrale Dienstleistungsangebot die Einführung und Anpassung von SAP-basierten Track & Trace Lösungen ist, welche die Nachverfolgung von Produkten ermöglichen sollen, wurde das Projekt in Form mehrerer Gebäude entlang einer Straße (wie an einem Fließband) dargestellt (vgl. Abb. 5.1). Jedes Gebäude in der Spielwelt entspricht dabei den einzelnen Phasen eines Projektes und besteht aus drei Räumen. Der erste Raum wird durch einen *Meeting Raum* symbolisiert, in dem die Erfahrungen und das Wissen der Projektmitarbeiter abgelegt werden. Im Meeting Raum der jeweiligen Projektphase kann der Nutzer nach bereits dokumentierten Projekterfahrungen suchen oder neues Wissen dokumentieren. Für die Dokumentation der Projekterfahrungen wurde auf die Problematik eingegangen, dass Projektmitglieder häufig nicht wissen, wie sie ihre Erfahrungen dokumentieren sollen. Welche Inhalte sollen aufgenommen werden? In welchem Format soll das Wissen festgehalten werden? Oftmals wissen die Projektmitglieder nicht, wie sie vorgehen sollen und fordern daher eine semi-strukturierte Vorlage als Unterstützung. Diese Forderung spiegelt sich insbesondere im dritten Gestaltungsprinzip (siehe Tab. 5.1) wider. Dabei ist es nicht nur erforderlich, dass der Nutzer mittels einer Vorstrukturierung klare Anweisungen zur Erstellung der Inhalte erhält, sondern auch der Kontext der Erfahrung erfasst wird. Durch eine Kurzbeschreibung des Hintergrunds der Projekterfahrung kann ein anderer Nutzer, welcher diese liest, schnell und einfach entscheiden, ob das jeweilige Wissen für dessen Projekt relevant ist. In der ProjectWorld wird die Dokumentation von Projektwissen durch ein Formular realisiert, in dem die Nutzer fünf Felder ausfüllen müssen:

(1) Kurztitel der dokumentierten Projekterfahrung
(2) Perspektive des Verfassers auf die Projekterfahrung durch dessen organisationale Rolle
(3) Kurzbeschreibung des Hintergrunds der Erfahrung (was war das Problem)
(4) Kurzbeschreibung des Lösungsansatzes (wie wurde das Problem gelöst)
(5) Kurzbeschreibung der wesentlichen Schlüsselelemente der Projekterfahrung (was hat man aus der Situation gelernt)

Zusätzlich zu der Kurzbeschreibung des Hintergrunds der Projekterfahrung erhält der Nutzer auch einen schnellen Einblick in die wesentlichen Details des Projektes wie den Projektplan, den Status oder die Projektmitglieder. Diese Informationen werden in aggregierter Form im zweiten Raum einer Projektphase – dem *Büro* – dargestellt. Dieser Bereich sollte vor allem vom Projektleiter gepflegt werden. Alle im Büro abgelegten Dokumente und gesammelten Informationen werden für die Aufbereitung eines Projekt-Dashboards als Überblick für die Unternehmensleitung genutzt. Der dritte Raum ist eine *Fertigungsanlage*, in welchem die Arbeitspakete der jeweiligen Projektphase abgearbeitet und dokumentiert werden. Hier werden Aktivitäten, welche von den Teammitgliedern abgearbeitet werden müssen, vom Projektleiter angelegt. Diese Aktivitäten werden in Form von Paketen auf einem Fließband dargestellt. Des Weiteren können die Teammitglieder des Projektes auch eigene Pakete anlegen, in denen zusätzliche Ergebnisse und Dokumente abgelegt werden können. Offene sowie abgearbeitete Pakete werden über einen entsprechenden „Stempel" markiert. Die einzelnen Räume einer Projektphase sind in Abb. 5.2 dargestellt.

Alle in der ProjectWorld abgelegten Unterlagen – vom Projektwissen, welches über ein Formular erfasst wird, bis hin zu den einzelnen Artefakten eines Projektes

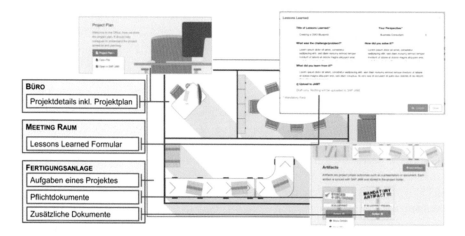

Abb. 5.2 Elemente einer Projektphase in ProjectWorld

(z. B. Präsentation, Source-Code, etc.) – können in unterschiedlichen Formaten in der Datenbasis abgelegt werden und sind somit für jeden Mitarbeiter jederzeit verfügbar. Hierbei muss allerdings auch erwähnt werden, dass einige Projekte strengen Vertraulichkeitsauflagen unterliegen und daher nur die Projektmitglieder Zugriff auf die im Projekt erstellten Unterlagen haben dürfen. Der Zugriff auf die einzelnen Artefakte wird durch ein zugrunde liegendes Rollenmodell gesteuert.

Zusammenfassend kann man feststellen, dass durch die Anwendung des Action Design Research Ansatzes die Berücksichtigung der organisationalen Gegebenheiten sowie der Kultur und Ziele des Unternehmens die Gestaltung der ProjectWorld einem design-getriebenen Prozess folgt. Die Verfolgung eines design-getriebenen Prozesses wird von einigen Wissenschaftlern im Bereich des Gamification gefordert (z. B. Paharia 2012), um reines Pointification zu verhindern und das gesamte Potenzial des Gamification-Ansatzes zu ermöglichen.

5.3.2 Ohne Punkte geht es nicht

Durch die Integration bestehender Anwendungen und die Gestaltung der Project-World als ein Aufbauspiel, welches sich an die Produkte und das Corporate Design der Movilitas anlehnt, folgt die ProjectWorld bereits dem Aufruf der Gestaltung von gamifizierten Anwendungen mit sinnhaftem Hintergrund (z. B. Laschke und Hassenzahl 2011). Nichtsdestotrotz scheint im Bereich des Projektwissensmanagements die Umsetzung einer gamifizierten Anwendung gänzlich ohne Punkte, Badges und Ranglisten kaum möglich. Insbesondere in der Einführungsphase, in dem das System noch eine kritische Masse an Nutzern und Inhalten erreichen muss, können Punkte, Badges und Ranglisten eine motivierende Wirkung bei den Systemnutzern haben (Li et al. 2012). Vor allem um die Aktualität, Nützlichkeit und Qualität des dokumentieren Wissens zu gewährleisten, sollten die Nutzer der ProjectWorld in der Lage sein, die erfassten Projekterfahrungen zu bewerten. Über Bewertungs- und Feedback-Mechanismen können wertvolle und aktuelle Beiträge von den weniger wertvollen oder veralteten Inhalten getrennt und somit das organisationale Wissen effektiv verwaltet werden. Hierbei wurde insbesondere darauf geachtet, die Bewertung auf die Erfahrungen und Artefakte des Projektes zu beziehen und nicht auf deren Verfasser. Die Bewertung kann von den Nutzern anonym mit Hilfe eines „Like"-Buttons durchgeführt werden. Somit kann dokumentiertes Wissen, welches sich als wertvoll erwiesen hat, entsprechend hervorgehoben werden. Von einer negativen Bewertung der Wissensdokumente haben wir abgesehen, um demotivierendes Feedback zu vermeiden. An dieser Stelle wollen wir jedoch anmerken, dass Technologie allein nicht die Lösung aller Wissensmanagementprobleme bedeutet. Wie bereits viele andere Wissenschaftler festgestellt haben (siehe Petter und Randolph 2009), ist Wissensmanagement ein sozialer Prozess, der zu einem erheblichen Maß auch aus direkter Interaktion zwischen den beteiligten Personen besteht. Die Wissensdokumentation und -wiederverwendung sowie die Verwaltung von dokumentiertem Wissen in der ProjectWorld bedürfen weiterhin der Unterstützung von zentralen, organisationalen Rollen. Im Rahmen des Action Design Research Projektes haben wir diese Rolle *Wissensintermediär* genannt und

dessen Notwendigkeit im zweiten Gestaltungsprinzip (vgl. Tab. 5.1) festgehalten.
Die Feedback- und Bewertungsmechanismen erleichtern jedoch die Arbeit des Wissensintermediär, da dieser besonders relevantes Wissen schneller identifizieren und von weniger relevantem oder veraltetem Wissen abgrenzen kann. Die Aufgaben und Verantwortlichkeiten eines Wissensintermediärs als sozialer Teil des sozio-technischen Wissensmanagementsystems wird detailliert in unserer Vorarbeit (Schacht et al. 2015) beschrieben.

Die Bewertungsmechanismen sollen jedoch nicht nur für die Verwaltung des dokumentierten Wissens dienen, sondern auch – vor allem in der Einführungsphase – die Nutzer motivieren, Inhalte in der ProjectWorld beizutragen. Für die Erstellung von Beiträgen, wie das Anlegen eines neuen Projektes, das Hochladen von projekt-bezogenen Dokumenten oder auch das Erstellen und Bereitstellen von Wissen können die Nutzer Punkte sammeln, welche sich in ihrem Spielerlevel widerspiegeln. Der jeweilige Level des Nutzers wird in dessen Arbeitsbereich innerhalb der ProjectWorld über eine Fortschrittsanzeige dargestellt. Zusätzlich zu den Punkten können Nutzer für ihre Aktivitäten auch Badges sammeln. Es wurden zwei verschiedene Badges in der ProjectWorld umgesetzt. Zum einen erhalten Nutzer unterschiedliche Badges für das Erstellen von Wissensdokumenten. Je mehr Projekterfahrungen dokumentiert und bereitgestellt werden, desto höherwertiger ist das dafür erhaltene Badge. Ein zweites Badge erhalten die Nutzer der Anwendung für die Bewertung der Projekterfahrungen anderer Nutzer. Wer Feedback zu Nützlichkeit, Aktualität und Qualität der Wissensdokumente bereitstellt erhält ein Badge, welches ebenfalls durch häufiges Bereitstellen von Feedback verbessert werden kann. Jeder Nutzer kann seinen eigenen Fortschritt und den seiner Kollegen in einem entsprechenden Nutzerprofil beobachten. Durch die Transparenz der erhaltenen Badges und Punkte für alle Benutzer der ProjectWorld soll die Motivation gesteigert werden, Feedback bereitzustellen und Wissen zu dokumentieren. Eine Profilübersicht sowie die erhaltenen und möglichen Badges sind in Abb. 5.3 dargestellt.

Abb. 5.3 Badges in der ProjectWorld

Feedback zu den Projekterfahrungen nutzt nicht nur dem Sammler von Feedback-Badges, sondern vielmehr auch dessen Verfasser. Ein Mitarbeiter sagte während eines Interviews diesbezüglich: „Wenn jemand zu dir sagt ‚Ich habe die Lessons Learned gelesen und dank dir wurde das Problem für uns sichtbar', dann – denke ich – ist das Anerkennung genug." Weiterhin wird basierend auf dem Feedback auf die Projekterfahrung eine entsprechende Rangliste erstellt, in dem besser bewertete Erfahrungen in der Rangliste aufsteigen. Die Rangliste wird ebenfalls im Arbeitsbereich der Nutzer angezeigt und ermöglicht einen schellen Einblick in das wertvollste Projektwissen.

5.3.3 Architektur und Implementierung der „ProjectWorld"

Als Grundlage der ProjectWorld und somit auch als Datenbasis wurde die bereits von der Movilitas genutzte, soziale Netzwerk-Softwareplattform SAP JAM[2] verwendet. Hauptbestandteil von SAP JAM ist die geteilte Wissensverwaltung in Gruppen über eine Dokumentenablage. Um die Erweiterung von SAP JAM so einfach wie möglich zu gestalten, wurde die ProjectWorld als eigenständige Webanwendung konzipiert, welche SAP JAM als darunterliegende Datenbasis und Nutzerverwaltung verwendet. Die Authentifizierung und Autorisierung von Nutzern erfolgt durch SAP JAM über die von JAM bereitgestellte OAuth-Schnittstelle. Diese ermöglicht die nur einmalige Anmeldung durch den Nutzer (Single Sign-On) und minimiert so Einstiegshürden für die Benutzer. Über eine OData-Schnittstelle können Daten aus externen Systemen in SAP JAM integriert werden. Jedes in der ProjectWorld verwaltete Projekt wird durch einen Ordner in der JAM Dokumentenablage repräsentiert. Das Anlegen der Ordner erfolgt automatisiert beim Erstellen eines neuen Projekts in der ProjectWorld. Dabei folgt jedes Track & Trace Projekt einem von Movilitas vordefinierten Projektphasen-Standard mit sieben allgemeinen Projektphasen. Für jede dieser Phasen wird zusätzlich ein Unterordner in SAP JAM angelegt, um die geordnete Ablage von Phasenergebnissen im Projektordner zu ermöglichen. Alle inhaltlich relevanten Dokumente und Projekterfahrungen werden durch die ProjectWorld automatisch, an logisch geordneten Punkten in SAP JAM abgelegt. Dadurch wird die nachhaltige und zentrale Nutzung des Wissens ermöglicht und der Mehrwert von SAP JAM als unternehmensweite Plattform gesteigert.

ProjectWorld bietet weiterhin ein dynamisches, AJAX-basiertes User-Interface (UI) mit Fokus auf Übersichtlichkeit und intuitiver Bedienung. Durch die Verwendung des freien UI-Frameworks Bootstrap konnten bekannte Bedienkonzepte aus modernen Web-Anwendungen effizient umgesetzt werden. Um die speziellen Anforderungen der ProjectWorld umzusetzen, wurde Bootstrap erweitert und das Design an die Movilitas Corporate Identity angepasst. Backend und Frontend wurden entkoppelt und über eine interne REST-API als Drei-Schichten-Architektur konzipiert. Um die gewünschte Dynamik der Anwendung zu erreichen, wurde JavaScript eingesetzt und ein besonderer Fokus auf eine client-seitige Validierung

---

[2] http://www.sap.com/pc/tech/cloud/software/enterprise-social-networking/collaboration/index.html.

und Verarbeitung gelegt. Durch das AJAX-Frontend werden schnelle Antwortzeiten erreicht, da lediglich bestimmte Komponenten der Anwendung asynchron nachgeladen werden. Die Grundstruktur der ProjectWorld unterteilt sich in Projekte und Projektphasen. Jede Projektphase unterteilt sich wiederum in die Komponenten Artefakte, Projektplan und Projekterfahrungen. Alle hochgeladenen Dokumente werden in Echtzeit an SAP JAM übertragen und in den zuvor angelegten Phasen-Ordnern abgelegt.

5.4   Die ProjectWorld bei Movilitas – Ein Ausblick

Nach der prototypischen Entwicklung wurde ProjectWorld phasenweise in einer Abteilung der Movilitas eingeführt. Seit August 2015 wird die Anwendung primär von den Mitarbeitern aus den Track & Trace Projekten der Movilitas genutzt. Weitere Abteilungen haben jedoch auch Interesse an dem gamifizierten Wissensmanagementsystem bekundet. Um das gesamte Potenzial von Gamification in der Anwendung auszuschöpfen, wurden existierende Gestaltungsprinzipien und bisherige Erkenntnisse aus Wissenschaft und Praxis einbezogen. Das Bedürfnis von Personen, Teil eines Größeren zu sein (im englischen „epic meaning"), wurde in der ProjectWorld durch das detaillierte Design des spielerischen Kontexts berücksichtigt. Hierfür wurden nicht nur die Ziele und Anforderungen des Unternehmens eingebunden, sondern auch die der Mitarbeiter. Beim Design der ProjectWorld haben wir uns an dem Hauptprodukt der Movilitas – SAP Track & Trace, zur Nachverfolgung von Fertigungsprodukten – orientiert. Durch die Umsetzung des Designs als Fertigungsanlage schaffen wir eine visuelle Analogie, welche den Mitarbeitern helfen soll, sich zum einen besser in der ProjectWorld zurechtzufinden und zum anderen einen hohen Wiedererkennungswert zu schaffen. Über die Anpassung der grafischen Oberfläche an das Corporate Design der Movilitas kann eine Bindung der Mitarbeiter zur Anwendung und zum Unternehmen ermöglicht werden. Diese Wiedererkennung kann wiederum dazu beitragen, dass die Bedeutung und Sinnhaftigkeit der ProjectWorld von den Mitarbeitern anerkannt und das System kontinuierlich genutzt wird (Laschke und Hassenzahl 2011).

Weiterhin wurden extrinsische Motivatoren wie Punkte, Levels, Badges und Ranglisten insbesondere zum Zweck der anfänglichen Motivation eingeführt, um eine kritische Masse an Nutzern und Inhalten zu erzielen. Wie bereits erwähnt haben diese extrinsischen Motivatoren einen eher geringen Einfluss auf die langfristige Motivation der Mitarbeiter. Um das Potenzial dieser extrinsischen Motivatoren zu erhöhen, wurde das Punkte- und Feedback-System der ProjectWorld so gestaltet, dass die Inhalte statt deren Verfasser bewertet und honoriert werden, um die Qualität und Aktualität der Beiträge zu gewährleisten. Die daraus resultierende Rangliste verschiedener Projekterfahrungen verhindert somit auch potenzielle negative, soziale Effekte, da bewusst nicht die Verfasser der Erfahrungen bewertet werden. Die Mitarbeiter können damit die Nützlichkeit der einzelnen Wissenselemente bewerten und besonders hilfreiche Elemente für alle Nutzer hervorheben. Durch die Entscheidung gegen eine direkte Bewertung der Mitarbeiter wird verhindert, dass ein sozialer Druck mit möglichen negativen Auswirkungen bei den Mitarbeitern der Movilitas entstehen kann. Weiterhin soll potenzieller sozialer Druck durch die Integration von SAP JAM herausgenommen werden, da die Nutzung der ProjectWorld den Mitarbeitern freigestellt ist (Lee und Hammer 2011). Das Design und die Architektur der ProjectWorld ermöglicht die Nutzung des gesammelten Projektwissens auch unabhängig von der ProjectWorld. Durch die tiefe und nahtlose Integration in das SAP JAM sind alle gespeicherten Wissenselemente auch aus SAP JAM direkt zugreifbar. Dadurch können auch Mitarbeiter, welche die ProjectWorld nicht nutzen wollen oder können, Wissensinhalte nutzen und vorhanden Erfahrungen in ihren Projekten wiederverwenden. Zusammenfassend kann für eine junge und innovative Firma wie Movilitas dieser neuartige Ansatz für das Management von Projektwissen die Wahrscheinlichkeit steigern, dass die ProjectWorld – also das gamifizierte Projektwissensmanagementsystem – von den Mitarbeitern effektiv genutzt und somit Wissen dokumentiert und auch wiederverwendet wird.

Nach der Konzeption und Implementierung der ProjectWorld ist der nächste Schritt die Durchführung einer fundierten Evaluation der ProjectWorld. Hierfür werden systematisch die langfristigen Auswirkungen der ProjectWorld auf das Dokumentieren und auch das Wiederverwenden von Wissen untersucht. Darüber hinaus soll die geplante Langzeitstudie zeigen, ob durch die Nutzung der Project-World tatsächlich positive Auswirkungen auf die Projektdurchführung bei der Movilitas erzielt werden. Auch wenn das System erst seit kurzer Zeit zur Verfügung steht, so gibt es bereits erste, positive Anzeichen für den Erfolg der ProjectWorld. Ein neuer Mitarbeiter der Movilitas, ein Junior Consultant für Track & Trace, beurteilt die ProjectWorld folgendermaßen: „ProjectWorld ermöglicht vor allem mir als neuem Mitarbeiter, mich schnell und einfach über abgeschlossene Projekte zu informieren und auch Zugriff auf Erfahrungen von anderen Mitarbeitern zu bekommen. Die Nutzung von ProjectWorld ist sehr effizient und macht mir richtig Spaß!".

Danksagung Unser herzlichster Dank gilt Stefan Hofbauer (München) für die Unterstützung bei der Gestaltung der grafischen Benutzeroberfläche der ProjectWorld. Ohne seine Liebe zum Detail und Geduld bei unseren vielen, kleinen Anpassungen wäre die Gestaltung nicht in der jetzigen Form und Qualität gelungen. Zudem gilt unserer Dank der Firma Movilitas (Mannheim), besonders Stefan Hockenberger und Alexander Popp, für die freundliche Unterstützung und die gelungene Zusammenarbeit. Ihr Vertrauen in unsere Arbeit hat die Umsetzung des Projekts in der Form überhaupt erst ermöglicht.

Literatur

Firestone JM, McElroy MW (2003) Key issues in the new knowledge management. KMCI Press, Butterworth-Heinemann, Boston
Hasan H, Pfaff CC (2006) The Wiki. In: Proceedings of the 20th conference of the Computer-Human Interaction Special Interest Group (CHISIG) of Australia on computer-human interaction: design, activities, artefacts and environments – OZCHI '06, S 377–380
Hsu JS-C, Shih S-P, Chiang JC, Liu JYC (2012) The impact of transactive memory systems on IS development teams' coordination, communication, and performance. Int J Proj Manag 30(3):329–340

Laschke M, Hassenzahl M (2011) Mayor or patron? The difference between a badge and a meaningful story. In: Proceedings of the CHI 2011 Workshop on Gamification, S 72–75

Lee JJ, Hammer J (2011) Gamification in education: what, how, why bother? Acad Exch Q 15(2):1–5

Li Z, Huang K, Cavusoglu H (2012) Quantifying the impact of badges on user engagement in online Q & A communities. In: Conference proceedings of the 2012 international conference on information systems (ICIS 2012)

Paharia R (2012) Gamification means amplifying intrinsic value. Interactions 19(4):17

Palmisano J (2009) Motivating knowledge contribution in virtual communities of practice: roots, progress and needs. In: Proceedings of the 2009 Americas conference on information systems (AMCIS 2009), Artikel 198

Petter S, Randolph AB (2009) Developing soft skills to manage user expectations in IT projects: knowledge reuse among IT project managers. Proj Manag J 40(4):45–59

Schacht S, Morana S, Maedche A (2014). The projectWorld – gamification in project knowledge management. In: Conference proceedings of the 2014 European conference on information systems (ECIS 2014)

Schacht S, Morana S, Maedche A (2015). The evolution of design principles enabling knowledge reuse for projects – an action design research project. J Technol Theory Appl (JITTA) 16(2) Artikel 1 (i E.)

Sein MK, Henfridsson O, Purao S, Rossi M, Lindgren R (2011) Action design research. MIS Q 35(1):37–56

Sjöklint M, Constantiou I, Trier M (2013) Numerical representations and user behaviour in social networking sites: towards a multi- theoretical research framework. In: Proceedings of the 2013 European conference on information systems (ECIS 2013), Artikel 167

Thom J, Millen D, DiMicco J (2012) Removing gamification from an enterprise SNS. In: Proceedings of the ACM 2012 conference on computer supported cooperative work – CSCW '12. ACM Press, S 1067–1070

Gamification und Crowdfunding im Innovationsmanagement – Entwicklung und Einführung einer SharePoint-basierten Anwendung

6

Paul Drews, Till Schomborg und Carina Leue-Bensch

Zusammenfassung

In vielen Unternehmen ist das Innovationsmanagement inzwischen als eine betriebliche Funktion mit strategischer Bedeutung etabliert. Die Generierung, Auswahl, Bewertung und Realisierung von Produkt- und Prozessinnovationen soll systematisch durchgeführt und gefördert werden, um die Wettbewerbsfähigkeit des Unternehmens zu erhalten und zu fördern. Eine Herausforderung des Innovationsmanagements besteht darin, Mitarbeiterinnen und Mitarbeiter sowie externe Akteure dafür zu gewinnen, an dem Prozess teilzunehmen und einen Beitrag zu leisten. In diesem Artikel beschreiben wir, wie eine auf den Prinzipien der Gamification und des Crowdfundings basierende Softwareunterstützung für das Innovationsmanagement iterativ entwickelt, evaluiert und eingeführt wurde. Das entwickelte System sieht unter anderem die Nutzung einer virtuellen Währung vor, die verwendet werden kann, um Innovationsideen zu fördern (Idea Sponsoring/Project Funding). Für erfolgreich realisierte Innovationen erhalten Ideengeber und Förderer eine Gewinnbeteiligung in der virtuellen Währung. Als Basis für die Entwicklung des Systems wurde Microsoft SharePoint 2013

Überarbeiteter Beitrag basierend auf Drews et al. (2015) Gamification und Crowdfunding im Innovationsmanagement – Entwicklung und Einführung einer SharePoint-basierten Anwendung, HMD – Praxis der Wirtschaftsinformatik Heft 306, 52(6):891–902.

P. Drews (✉)
Leuphana Universität Lüneburg, Lüneburg, Deutschland
E-Mail: paul.drews@leuphana.de

T. Schomborg
Lufthansa Industry Solutions GmbH & Co. KG, Norderstedt, Deutschland
E-Mail: till.schomborg@lhind.dlh.de

C. Leue-Bensch
Lufthansa Systems GmbH & Co. KG, Raunheim, Deutschland
E-Mail: carina.leue@lhsystems.com

© Springer Fachmedien Wiesbaden GmbH 2017
S. Strahringer, C. Leyh (Hrsg.), *Gamification und Serious Games*, Edition HMD,
DOI 10.1007/978-3-658-16742-4_6

genutzt. Der Prototyp wurde in einem gestaltungsorientierten Vorgehen in vier Iterationen entwickelt und evaluiert. Er wurde anschließend im Unternehmen weiterentwickelt und unternehmensweit ausgerollt.

Schlüsselwörter
Gamification • Innovationsmanagement • Crowdfunding • SharePoint • Virtuelle Währung

6.1 Steigerung der Beteiligung an Innovationsprozessen durch Gamification

Die Globalisierung, der technische Fortschritt und eine gestiegene Erwartungshaltung der Kunden führen dazu, dass viele Unternehmen danach streben, ihre Produkte und Dienstleistungen zu verbessern und neue zu entwickeln. Die Entwicklung und Aneignung von Innovationen haben eine zu große Bedeutung, als dass sie dem Zufall überlassen werden sollten. Um Innovationen systematisch entwickeln und in die Nutzung überführen zu können, bedarf es eines systematischen Innovationsmanagements (Hauschildt und Salomo 2010; Vahs und Brehm 2015). Zur Operationalisierung und zur Unterstützung des Innovationsmanagements sind aus der Literatur und der Praxis verschiedene Innovationsprozesse und Werkzeuge bekannt (ebd.). Im Folgenden wird die Entwicklung einer neuartigen Anwendung für das Innovationsmanagement beschrieben, die auf den Prinzipien der Gamification und des Crowdfundings basiert.

Gamification wird dabei verstanden als „the use of game design elements in nongame contexts" (Deterding et al. 2011, S. 10). In der Literatur werden verschiedene Dynamiken, Mechaniken und Komponenten beschrieben, die für die Entwicklung der Anwendung verwendet wurden (Deterding et al. 2011; Werbach und Hunter 2012; Zichermann und Cunnigham 2011; Blohm und Leimeister 2013). Das Innovationsmanagement ist als Anwendungsgebiet für Gamification besonders geeignet, da im Innovationsprozess Kreativität und spielerische Anreize als willkommene Elemente angesehen werden.

Crowdfunding hat als neues Modell für die Finanzierung innovativer Vorhaben in den letzten Jahren an Bedeutung gewonnen. Bekannt geworden ist das Modell vor allem durch Plattformen wie Kickstarter, Indiegogo und Startnext, auf denen Ideen oder Initiativen vorgestellt werden, die auf der Suche nach Investoren bzw. Spendern sind (Belleflamme et al. 2012; Leimeister 2012).

Die Kernidee für die im Folgenden beschriebene Entwicklung einer neuen Anwendung für das Innovationsmanagement war es, die Ansätze Gamification und Crowdfunding miteinander zu verbinden. Die Mitarbeiterinnen und Mitarbeiter sollen die Möglichkeit erhalten, mit einer virtuellen Währung Innovationsvorhaben zu finanzieren. Die an erfolgreichen Vorhaben beteiligten Ideengeber und Investoren sollen nach dem Abschluss und der Bewertung eine Gratifikation in einer virtuellen Währung erhalten, die auf einem Gutschriftkonto abgelegt wird. Diese Gutschriften können gegen Belohnungen eingetauscht werden.

Ausgangspunkt für die in diesem Artikel beschriebene Anwendungsentwicklung war das Ziel des Unternehmens Lufthansa Systems, mit einem neuen Prozess und geeigneter Softwareunterstützung das Innovationsmanagement weiterzuentwickeln. Zu hoher administrativer Aufwand, langwierige Bearbeitungszeiten der Ideen sowie der Wunsch nach einer stärkeren Mitarbeitereinbindung gaben Anlass zur Überarbeitung des bestehenden Prozesses, der eng an dem Stage Gate Modell orientiert war. Dabei hat das Schwesterunternehmen Lufthansa Industry Solutions in Form von Beratung und Applikationsentwicklung unterstützt.

Zunächst werden die Methode und das Vorgehen bei der Entwicklung der Anwendung beschrieben. Im Hauptteil werden der Innovationsprozess sowie die Anwendung für das Innovationsmanagement beschrieben. Der Artikel schließt mit einem Ausblick.

6.2 Iterative Entwicklung und Evaluation

Die Entwicklung des neuen Innovationsprozesses und der diesen Prozess unterstützenden Anwendung kann in drei Phasen unterteilt werden. Zunächst erfolgte die Entwicklung eines Zielbildes für einen neuen Innovationsprozess. Hierfür wurden auch bestehende Systeme und Prozesse untersucht. In einer zweiten Phase wurde in einem Action Design Research-Projekt (Sein et al. 2011) in mehreren Iterationen ein Prototyp entwickelt. Ausgangspunkt hierfür waren leitfadengestützte Experteninterviews, deren Ergebnisse als User Stories dokumentiert wurden. Während der Implementierung wurde die initiale Idee des Innovationsprozesses durch die bei der Realisierung gewonnenen Einsichten weiterentwickelt. Nach der Realisierung von 43 von 50 User Stories und mehreren erfolgreichen Zwischenevaluationen wurde entschieden, dass der Prototyp weiterentwickelt und in die Nutzung überführt werden sollte. Für die Evaluation kamen unter anderem die Thinking Aloud-Methode während der Nutzertests (Nielsen 1993) sowie die System Usability Scale nach Brooke (1996) zum Einsatz. Der Prototyp wurde in einem agilen Projekt zu einem erweiterten Prototyp weiterentwickelt. Der Schwerpunkt lag dabei auf der fachlichen Reife, der technischen Stabilität sowie der Verbesserung der Benutzeroberfläche. Anschließend wurde der erweiterte Prototyp zu einer Unternehmensanwendung weiterentwickelt. Der Fokus lag dabei auf der Usability und dem Design sowie auf der Robustheit der Anwendung. Für weitere Evaluationen in dieser Phase wurden Workshops mit Nutzerinnen und Nutzern durchgeführt, die bereits in die früheren Entwicklungsphasen eingebunden waren. Ergänzende Verbesserungsvorschläge wurden von einer Analyse der großen Crowdfunding-Plattformen abgeleitet. Zusätzlich wurde die Roll-Out-Fähigkeit der Anwendung hergestellt und weitere Tests mit Anwendern in den Fachabteilungen durchgeführt. Inzwischen ist die Anwendung im Live-Betrieb und kann nach einer Pilotphase mit 200 Führungskräften von allen Mitarbeiterinnen und Mitarbeitern genutzt werden. Die Anwendung wird seit der Einführung kontinuierlich weiterentwickelt und wird inzwischen kommerziell als Produkt angeboten.

6.3   inventIT – eine Anwendung für das Innovationsmanagement

Die entwickelte Anwendung inventIT beruht auf einem neu konzipierten Innovationsprozess. Ziel des Prozesses ist, die Ideenquantität und -qualität zu steigern sowie die Mitarbeitereinbindung im Innovationsprozess zu erhöhen. Weitere Anforderungen an den neuen Prozess sind 1) kurze Entscheidungsprozesse, 2) die Integration spielerischer Anreize zur Steigerung der Beteiligung, 3) eine interdisziplinäre Kollaboration und Interaktion, 4) die Förderung des Intrapreneurship-Gedankens, 5) eine zielgerichtete Ideensuche sowie 6) die Unterstützung durch eine in die bestehende IT-Landschaft integrierte Anwendung.

6.3.1   Innovationsprozess

Ausgangspunkt für den entwickelten Innovationsprozess (siehe Abb. 6.1) ist eine Herausforderung (Challenge), die mit einer Frage ein Problemfeld proklamiert und alle Mitarbeiterinnen und Mitarbeiter zum Einbringen von Lösungsideen aufruft. Der fachliche Ansprechpartner und Verantwortliche einer solchen Challenge ist der Challenge Manager.

Die eingebrachten Ideen sollen im Rahmen des Idea Sponsorings diskutiert und mittels interaktiver Wertschöpfung bzw. Crowdsourcing weiterentwickelt und verbessert werden. Elementar ist in dieser Phase das Sponsoring, bei dem 20 Mitarbeiterinnen oder Mitarbeiter jeweils 50 Einheiten ihres Investitionskapitals („Meilen") für die weitere Verfolgung der Idee investieren müssen. Jede Mitarbeiterin und jeder Mitarbeiter erhält hierfür beispielsweise 1000 Meilen pro Jahr. Das Konzept sieht derzeit vor, dass eine Meile einem Euro entspricht. Die Höhe des virtuellen Kapitals aller Mitarbeiterinnen und Mitarbeiter orientiert sich an dem tatsächlichen Investitionsvolumen für Innovationsprojekte, welches das Unternehmen pro Jahr investieren möchte. Dieses Volumen wird in die virtuelle Währung umgemünzt und gleichmäßig auf die Mitarbeiter verteilt. Wird die erforderliche Summe von 1000 Meilen nicht erreicht, wandert die Idee in das Archiv. Bereits in dieser Phase kann die Belegschaft durch das Crowdfunding Ideen vorantreiben. Die Investition erfolgt im Sinne des Crowddonatings als Spende. Der Unterschied zum Crowdvoting besteht darin, dass die einsetzbaren Mittel über verschiedene Ideen hinweg begrenzt sind.

In der Idea Conception-Phase kann der Ideengebende seine Idee unter Zuhilfenahme von Personen aus den Fachbereichen oder eines Mitglieds des Innovationsmanagements in ein Konzept für ein Realisierungsprojekt transformieren. Hierfür sind detaillierte Planungen für das Budget, den Zeitraum, den Projektumfang und Teilprojekte erforderlich. Der monetäre Aufwand für diese Phase wird auf ca. 1000 € geschätzt, weshalb diese Summe in der Sponsoring-Phase eingenommen werden muss. Im Verlauf der Optimierung des Innovationsprozesses wurde die Phase Pre-Evaluation ergänzt. In dieser Phase beurteilt der jeweilige Challenge Manager die fachliche Indikation des Ideenkonzeptes. Unabhängig von seiner

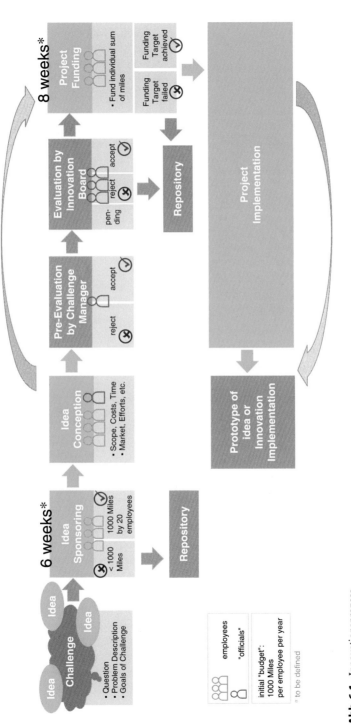

Abb. 6.1 Innovationsprozess

Entscheidung gelangt das Konzept weiter in die folgende Phase der Evaluation. Diese zusätzliche Phase soll erstens dazu dienen, die fachliche Bewertung des Challenge Managers einzuholen, da das in der folgenden Phase zusammentretende Innovation Board auf strategischer Ebene entscheiden soll. Besonders erfolgsversprechende Ideen können bereits in dieser Phase von den Challenge Managern und dem Innovation Board aus dem Prozess herausgenommen und sofort realisiert werden.

In der Phase Evaluation tritt das Innovation Board zusammen, das eine definierte Gruppe von Personen aus der Managementebene ist. Das Board beurteilt dann die Projektidee aus rein strategischer Sicht und kann sie entweder annehmen, sie ablehnen oder sie für eine erneute Konzipierung zurückweisen.

Es folgt die Project Funding-Phase, in der das Finanzierungsziel, das dem realen Projektvolumen entspricht, nach dem Alles-oder-Nichts-Prinzip durch Crowdfunding erreicht werden muss. Wird die erforderliche Summe für ein Projekt durch die Mitarbeiterinnen und Mitarbeiter nicht aufgebracht, so wird das Projekt nicht realisiert. Die Idee und der Projektvorschlag werden archiviert. Die Investoren erhalten ihr investiertes Geld nicht zurück. Sofern das Finanzierungsziel durch die Investitionen der Mitarbeiterinnen und Mitarbeiter erreicht wird, gibt das Unternehmen die realen Mittel für die Projektumsetzung frei. Wenn das Projekt erfolgreich realisiert wird, erhalten die Investoren eine Rückzahlung, die abhängig vom Investitionszeitpunkt (je früher desto höher die Ausschüttung) und dem Projekterfolg ist. Die höhere Rückzahlung für Investoren, die zu einem früheren Zeitpunkt auf ein erfolgreiches Projekt setzen, soll Personen belohnen, die früh den Erfolg und den Nutzen eines Projektes prognostiziert haben. Wenn die Investition erst sehr spät erfolgt, hat der Investor möglicherweise auf ein Ideenumsetzungsprojekt gesetzt, bei dem das bereits getätigte hohe Investitionsvolumen als Indikator für die garantierte Projektumsetzung interpretiert werden kann. Die Rückzahlung fällt bei später Investition geringer aus. Die Auszahlung erfolgt ebenfalls in der virtuellen Währung Meilen.

Die im Falle eines Projekterfolges erzielte Gutschrift (c) berechnet sich aus der Investitionssumme (i), einem Rückzahlungsfaktor (p) und dem Projekterfolgsfaktor (s). Der Rückzahlungsfaktor variiert in einem Intervall von 1,3 bis 0,8, um die frühen Investoren zu belohnen. Der Projekterfolgsfaktor setzt sich aus den klassischen Determinanten eines Projektes zusammen: Ergebnis (Inhalt), Budget und Zeit. Sollte das Realisierungsprojekt nicht „in time" oder „in budget" umgesetzt werden, kann von dem Basiswert 1 jeweils 0,05 abgezogen werden und wenn das Projektziel nicht zu 100 % erreicht wird, kann zusätzlich 0,1 vom Basiswert abgezogen werden. Der Projekterfolgsfaktor variiert dementsprechend im Intervall 0,8 bis 1,0. Der Rückzahlungsfaktor p ist abhängig vom Investitionszeitpunkt bzw. der bis dahin bereits gesammelten Geldsumme f.

Insgesamt wird in diesem Modell zwischen den zwei Investitionsphasen Early Funding und Late Funding unterschieden. Die jeweilige Phase definiert sich aus einem Intervall von I_L bis I_H. Das Early Funding erstreckt sich über dem abgeschlossenen Intervall [0; 0,75], während das Late Funding dem offenen Intervall (0,75; 1) zugeordnet ist. Zum Investitionszeitpunkt wird aus der Division von der bis dahin finanzierten Summe f_s und dem Finanzierungsziel f_t der Wert f berechnet, aus dem die jeweilige Phase abgeleitet werden kann. Abhängig von der Phase ist auch das Intervall des Rückzahlungsfaktors – R_{Min} und R_{Max}. Personen, die in der Early Funding-Phase investieren, sollen belohnt werden, weshalb hier das offene Intervall (1; 1,3) gewählt wurde. Personen, die später investieren, sollen weniger als ihre Investitionssumme ausgezahlt bekommen. Deswegen erstreckt sich der Rückzahlungsfaktor in der Late Funding-Phase im halb offenen Intervall [0:8; 1].

Zur Berechnung des Rückzahlungsfaktors p ergeben sich unter Berücksichtigung der gerade erläuterten Faktoren folgende Formeln:

$$Early\,Funding\left(0 \leq f \leq 0{,}75\right),\left(1 \leq p \leq 1{,}3\right)$$

$$p = \left(\left(1 - \frac{f}{I_{Delta}}\right) \cdot R_{Delta}\right) + R_{Min})$$

$$Late\,Funding\left(0{,}75 < f < 1\right),\left(0{,}8 \leq p \leq 1\right)$$

$$p = \left(\frac{1-f}{I_{Delta}} \cdot R_{Delta}\right) + R_{Min})$$

$$f = \frac{f_s}{f_t}$$

$$I_{Delta} = I_H - I_L$$

$$R_{Delta} = R_{Max} - R_{Min}$$

Abschließend ergibt sich folgende Formel für die Berechnung der Gutschrift:

$$c = i \cdot p \cdot s$$

Als Ergebnis der Phase Project Implementation wird meistens eine prototypische Realisierung oder sogar eine vollständige Implementierung der Invention erzielt, womit der Prozess hier endet. Falls eine komplexere Idee mit mehreren Teilprojekten vorliegt, werden die Phasen ab der Idea Conception erneut durchlaufen, indem das Folgeprojekt konzipiert wird.

6.3.2 Gamification-Elemente im Innovationsprozess

Neben dem integrierten Crowdfunding-Konzept ist zur weiteren Unterstützung des Innovationsprozesses und insbesondere zur weiteren Steigerung der Motivation der Mitarbeiterinnen und Mitarbeiter auch das Gamification-Konzept berücksichtigt worden. Als Grundlage dient das Framework von Werbach und Hunter (2012). Aus diesem Framework wurden für den Kontext passende Spielelemente (Dynamiken, Mechaniken und Komponenten) ausgewählt. Ziele des Einsatzes von Gamification-Elementen sind im vorliegenden Fall der Fortschritt bzw. die persönliche Entwicklung des Mitarbeiters (Progression), das Hervorrufen von Emotionen (Emotions) und der soziale Austausch unter den Mitarbeitern (Relationships). Herzstück dieser Dynamiken sind die Aufforderungen (Challenges) und Wettbewerbe (Competitions), die zur Ideeneingabe anregen und Emotionen wie Freude, Neugierde und vor allem Ehrgeiz in den Mitarbeitern hervorrufen sollen.

Darüber hinaus sollen kollaborativ und durch gegenseitiges Feedback qualitativ hochwertige Lösungsideen entwickelt werden (Collaboration und Feedback). Dieses wird durch die Komponenten Punkte (Points) und Abzeichen (Badges) unterstützt, die durch die aktive Teilnahme erworben werden können und damit als Anreiz dienen. So erhalten die Nutzer jeweils 50 Punkte für die Ideeneingabe und 5 Punkte für das Diskutieren bzw. Verfassen von Beiträgen zu Ideen. Für den Fall, dass die eigene Idee ein Like erhält oder ein Diskussionsbeitrag als sehr gut bzw. wertvoll markiert wird, bekommt der- oder diejenige immerhin 1 bzw. für letzteres sogar 15 Punkte (vgl. Tab. 6.1). Durch das Sammeln dieser Punkte können fünf unterschiedliche Level erreicht werden, welche die Leistung und Aktivität hervorheben sollen. Diese äußern sich auch in der Statusanzeige des Nutzers in der Applikation und sollen außerdem durch zusätzliches Investitionskapital incentiviert werden (vgl. Tab. 6.2). Mit diesen Belohnungen und dem transparenten Leistungsfortschritt, der außerdem über eine Rangliste (Leaderboard) einsehbar ist, sollen der Ehrgeiz und der Wettbewerb unter den Mitarbeitern gefördert werden.

In Tab. 6.2 sind Abzeichen oder Status aufgelistet, welche die Nutzer einnehmen können. Darüber hinaus ist es möglich, dass Moderatoren weitere Abzeichen definieren und verteilen. Idea Author of the Month, Professional Investor, Most Active User, Innovation Expert und weitere sind vorgesehene Abzeichen, womit das Engagement einiger Mitarbeiter belohnt und hervorgehoben werden soll. Durch die zeitliche Begrenzung der Challenges und den abgesteckten Finanzierungszeitraum beim Crowdfunding soll eine regelmäßige und stetig aktive Teilnahme gefördert werden (Time Pressure).

Tab. 6.1 Punktevergabe

Action	Points
Adding an idea	+50
Adding a comment to an idea or to a project	+5
Idea comment gets marked as valuable	+15
Like/Unlike Idea or Project	+1/−1
Idea gets sponsored successfully	+50

Tab. 6.2 Gamification Level, Status, Badge, Incentives

Points	Level	Status/Badge	Incentive
0–99	1	Innovation Starter	–
100–249	2	Innovation Pioneer	+10 Investment Miles
250–499	3	Innovation Trendsetter	+25 Investment Miles
500–999	4	Innovation Stylist	+50 Investment Miles
1000–2499	5	Innovation Expert	+100 Investment Miles
2500–4999	6	Innovation Professional	+250 Investment Miles
5000–9999	7	Innovation Specialist	+500 Investment Miles
10000	8	Innovation Guru	+1000 Investment Miles

Das Crowdfunding-Konzept wird genutzt, um den Ehrgeiz und den Spieltrieb der Mitarbeiterinnen und Mitarbeiter zu wecken. Es soll ein Anreiz entstehen, die Ideen in der Idea Sponsoring-Phase und deren Realisierung im Rahmen des Project Fundings voranzutreiben. Außerdem stellt es eine attraktive Alternative für die Personen dar, die unter Umständen nicht so kreativ in der Ideengenerierung und -diskussion sind, aber sich gerne an dem Prozess der Innovationsentwicklung beteiligen wollen.

Durch das Crowdfunding sind virtuelle Güter integriert, die ebenfalls den Ehrgeiz des Sammelns bzw. erfolgreichen Investierens (Resource Acquisition) wecken sollen, da die besten Investoren ausgezeichnet werden und außerdem die Möglichkeit besteht, die gesammelten Gutschriften gegen Sachprämien o. ä. einzutauschen. An dieser Stelle wird die Brücke zwischen Gamification und Crowdfunding geschlagen, indem das Spielelement der virtuellen Währung in den Innovationsprozess integriert wird und das Crowdfunding den spezifischen Rahmen für den Umgang mit diesem Element vorgibt. Jeder Mitarbeiter verfügt frei über dieses virtuelle Geld und kann dieses investieren, um attraktive Ideen voranzutreiben und um diesen mehr Aufmerksamkeit zu verleihen. Das Geld kann aber auch platziert werden, um potenzielle Innovationsprojekte zur Realisierung zu bringen, wovon der Mitarbeiter bei erfolgreicher Umsetzung gleichzeitig profitieren kann. Durch den Einsatz dieses Spielelements in Verbindung mit dem Crowdfunding-Konzept soll letztendlich ein Anreiz für ein erhöhtes Engagement des Mitarbeiters geschaffen werden, woraus gleichzeitig die Innovationsentwicklung einen erheblichen Nutzen ziehen kann.

Um den Innovationsprozess für die gesamte Belegschaft attraktiv zu gestalten, wurde bei der detaillierteren Gestaltung des Prozesses und der Gamification-Aspekte auf die Player Type Theory von Bartle (2004) zurückgegriffen. Durch die Berücksichtigung verschiedener Typen von Spielern sollen die Bedürfnisse und Interessen aller Mitarbeiter erfüllt werden. So kann der Socializer durch seine aktive Beteiligung an der Ideengenerierung kollaborativ mit anderen Kollegen innovative Lösungsideen entwickeln, während der Achiever diesen Prozess eher nutzen würde, um möglichst viele Punkte zu sammeln und im Level sowie Status zu steigen. Der Killer könnte seine Erfüllung auch hier durch aktive Beteiligung erlangen und sich mit den anderen Ideengebenden messen, aber primär sollte sein Fokus auf der Project Funding-Phase liegen, wo er mit cleveren Kapitaleinsätzen sehr viel Profit erzielen und sich somit zum besten Investor krönen könnte. Für den Explorer ist der Prozess im Prinzip so interessant konzipiert worden, dass er von der Ideeneingabe bis zum erfolgreichen Projekt mitwirken kann, indem er jeden Winkel einer Phase und die Hintergründe der einzelnen Mechanismen hinterfragt und damit den Prozess von einer kleinen Idee bis zur Innovation vollständig erkunden kann.

6.3.3 Technische Realisierung in Microsoft SharePoint 2013

Für den auf Gamification und Crowdfunding basierenden Innovationsprozess wurde eine unterstützende Unternehmensanwendung entwickelt. Als technische Grundlage wurde Microsoft SharePoint 2013 ausgewählt, da dieses zur Produktstrategie im

Unternehmen passt und mit der aktuellen Version verschiedene Funktionen zur Unterstützung von Gamification ausgeliefert werden.

Die entwickelte Anwendung bietet den Nutzern einen offenen Markt für Ideen, auf dem zu jeder Zeit Ideenvorschläge zu vorgegebenen Challenges eingereicht, diskutiert und bewertet werden können. Somit sind die interaktive Wertschöpfung und die kollaborative Arbeit zur Ideenentwicklung gewährleistet. Diesbezüglich konnte erfolgreich auf die Elemente der Community Site zurückgegriffen werden, indem das Diskussionsforum und die darin enthaltenen Gamification-Funktionalitäten mit in den abgebildeten Innovationsprozess integriert wurden. So werden die Nutzer für ihre Aktivitäten belohnt und können dies auch auf einer Rangliste nachverfolgen. Zur Abbildung der einzelnen Prozessphasen wurden diese Standardelemente um kontextspezifisch angepasste Listen (Custom Lists) und Dokumentbibliotheken ergänzt. Entsprechende Workflows auf der Basis von Nintex Workflow sorgen für den sauberen Ablauf zwischen den einzelnen Prozessphasen, indem sie zu den definierten Zeitpunkten die Bedingungen für das Erreichen einer nächsten Phase überprüfen und ggf. einleiten. Bei positiver Überprüfung der Bedingungen werden Listenelemente – die Ideen- und Projektelemente – per Workflow in die Zielliste übertragen bzw. entsprechend aktualisiert.

Die Nutzeraktionen ‚Liken', Kommentieren, das Sponsoring sowie das Funding wurden mithilfe von JavaScript und unter Zuhilfenahme der SharePoint API realisiert. Damit ist es möglich, die fachlichen Datensätze aus den Listen und Bibliotheken abzufragen und unter der Verwendung von HTML5 und CSS grafisch aufzubereiten sowie anzuzeigen (vgl. Screenshots in Kap. 6.3.4). Insgesamt unterstützt die Applikation damit den konzipierten Innovationsprozess von der Ideeneingabe bis zum erfolgreichen Innovationsprojekt und bietet außerdem eine vollständige Transparenz, indem der gesamte Lebenszyklus einer Idee nachverfolgt werden kann. Im Sinne des Open Innovation Paradigmas ist auch vorgesehen, zukünftig externen Personen den Zugang zum Tool mit einer eingeschränkten Sicht und begrenzten Berechtigungen zu ermöglichen.

6.3.4 Die Benutzeroberfläche

Nachfolgend werden Screenshots der Anwendung und ausgewählte Implementierungsdetails vorgestellt. In Abb. 6.2 ist die Startseite illustriert, welche u. a. die aktuellen Challenges sowie eine Auswahl der Top 3 Ideen bzw. Projekte beinhaltet.

Die Challenges werden in einem sogenannten Slider-Webpart angezeigt. Hier werden die Problemfelder nacheinander mit Titel und Beschreibung aufgelistet. Zusätzlich werden für jede Challenge Kontextinformationen (Anzahl an Ideen und Projekte, gespendete Meilen, verbleibende Laufzeit) und Actionbuttons (Add Idea, View Challenge) eingeblendet. Die Top Ideen bzw. Projekte können nach den drei Kriterien New, Popular, Most sponsored & funded oder Countdown gefiltert werden. Die Ideen- bzw. Projektelemente werden in größeren Kacheln mit Titel, Beschreibung, Challenge, einem individuellen Bild und weiteren Kontextinformationen (Finanzierungsstatus, Anzahl Likes, Anzahl Kommentare, Laufzeit)

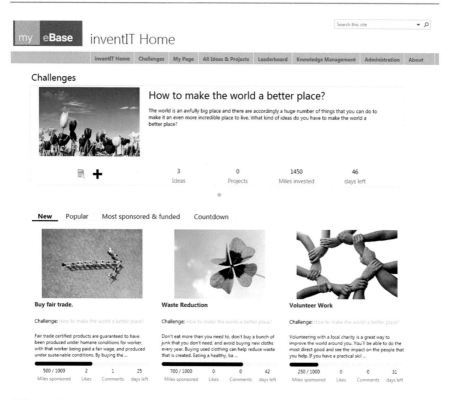

Abb. 6.2 Startseite der Anwendung

visualisiert. Durch die Challenges soll sofort zur Ideeneingabe eingeladen und mit den letzten drei veröffentlichten Ideen eine Inspiration für neue Ideen gegeben bzw. das Interesse zur Diskussion und Entwicklung geweckt werden. In Abb. 6.3 ist beispielhaft die Seite einer Idee abgebildet. Neben dem Titel, der Beschreibung und dem Ideengeber mit Status wird auch das zu der Idee hochgeladene Bild angezeigt. Ideengeber können neben dem Titelbild auch mehrere Bilder oder sogar ein Video beifügen, das im Browser abgespielt werden kann. Unterhalb des Bildes oder Videos sind die Funktionen durch Image-Icons dargestellt. Lediglich dem Ideengebenden ist es hier vorbehalten, die Editierfunktion aufzurufen. Allen Anwendern wird die Like-, Sponsor-/Fund-, Share- und Alert-Funktion angeboten. Die Share-Funktion ermöglicht es, Nachrichten an Kolleginnen und Kollegen zu versenden, um auf die Idee bzw. das Projekt aufmerksam zu machen. Die Alert-Funktion sendet Mails bei jeder Veränderung des Elements an die Nutzerin bzw. den Nutzer. Unterhalb des Ideenfensters werden die Kommentare der Community-Mitglieder angezeigt, die vom Ideengeber durch Klick auf den Stern als wertvoll markiert werden können.

Rechts an der Seite werden durch das „My Membership"-Webpart eigene Statusinformationen angezeigt. Hier werden sowohl beide Meilenkonten mit dem Investitionskapital und dem gutgeschriebenen Kapital sowie die gesammelten Punkte, das erreichte Level und der aktuelle Status bzw. das Abzeichen aufgelistet.

Abb. 6.3 Eine Ideenseite

Diese beschriebenen grafischen Elemente sind alle mit HTML5 und CSS realisiert, womit einerseits der Anforderung der Cross-Browserfähigkeit entgegen gekommen wurde und ein Grundstein für die zukünftige mobile Nutzung der Applikation gelegt wurde.

In der Anwendung werden der Nutzerin und dem Nutzer über die Navigation insgesamt sieben unterschiedliche Hauptseiten (Home, Challenges, My Page, All Ideas & Projects, Leaderboard, Knowledge Management, About) und dem Administrator eine zusätzliche Konfigurationsseite (Administration) bereitgestellt. Für jede Challenge, jede Idee und jedes Projekt existiert jeweils eine eigene Seite.

6.4 Überführung in den Echtbetrieb

Die Idee der Nutzung von Gamification- und Crowdfunding-Elementen im Innovationsprozess konnte in mehreren Iterationen zu einem neuen Prozess für das Innovationsmanagement sowie zu einer geeigneten IT-Unterstützung weiterentwickelt werden. Die intensive Einbindung von Nutzerinnen und Nutzern am Ende jeder Entwicklungsphase hat dazu geführt, dass in kurzer Zeit eine Anwendung entwickelt werden konnte, die in den Echtbetrieb überführt werden konnte. In einer Pilotphase nutzten 25 % der 200 Pilotanwenderinnen und -anwender das System. Anschließend wurde die Anwendung im gesamten Unternehmen ausgerollt. Die erste Zwischenbilanz zum Produktivbetrieb fällt positiv aus: Die Mitarbeitereinbindung und -beteiligung konnten gestärkt und die Prozessgeschwindigkeit konnte erhöht werden. Um eine noch höhere Nutzungsintensität zu erzielen, soll die neue Anwendung weiter beworben werden.

Begleitend zur Einführung und dem Betrieb finden eine kontinuierliche Weiterentwicklung und Verbesserung der Anwendung statt. Eine wesentliche Quelle für die Weiterentwicklung ist das Feedback der Nutzerinnen und Nutzer. In den folgenden Monaten wird die Nutzung der Anwendung intensiv beobachtet und evaluiert.

Literatur

Bartle RA (2004) Designing virtual worlds. New Riders, Indianapolis
Belleflamme P, Lambert T, Schwienbacher A (2012) Crowdfunding: tapping the right crowd. J Bus Venturing 29(5):585–609
Blohm I, Leimeister JM (2013) Gamification: design of IT-based enhancing services for motivational support and behavioral change. Bus Inf Sys Eng 5(4):275–278
Brooke J (1996) SUS: a „quick and dirty" usability scale. In: Jordan PW, Thomas B, McClelland IL, Weerdmeester B (Hrsg) Usability evaluation in industry. Taylor & Francis, London, S 189–194
Deterding S, Dixon D, Khaled E, Nacke L (2011) From game design elements to gamefulness: defining „Gamification". In: Lugmayr A, Franssila H, Safran C, Hammouda I (Hrsg) Proceedings of the 15th international academic MindTrek conference envisioning future media environments. ACM, New York, S 9–15
Hauschildt J, Salomo S (2010) Innovationsmanagement, 5. Aufl. Vahlen, München
Leimeister JM (2012) Crowdsourcing: crowdfunding, crowdvoting, crowdcreation. Zeitschrift für Controlling Management 56:388–392
Nielsen J (1993) Usability engineering. AP Professional, Cambridge
Sein M, Henfridsson O, Purao S, Rossi M, Lindgren R (2011) Action design research. MIS Quart 35(1):37–56
Vahs D, Brem A (2015) Innovationsmanagement: Von der Idee zur erfolgreichen Vermarktung, 5. Aufl. Schäffer-Poeschel, Stuttgart
Werbach K, Hunter D (2012) For the win: how game thinking can revolutionize your business. Wharton Digital Press, Philadelphia
Zichermann G, Cunningham C (2011) Gamification by design: implementing game mechanics in web and mobile apps. O'Reilly Media, Sebastopol

G-Learning – Gamification im Kontext von betrieblichem eLearning

Benjamin Heilbrunn und Isabel Sammet

Zusammenfassung

eLearning als Werkzeug zur Wissensvermittlung gewinnt innerhalb von Unternehmen an Bedeutung. Eine Herausforderung von eLearning-Kursen, die meistens parallel zur regulären Arbeit von Mitarbeitern stattfinden, besteht darin, die Teilnehmer über die gesamte Kursdauer zu motivieren. In diesem Artikel stellen wir G-Learning vor. G-Learning ist ein innovatives Kursformat, welches seit 2013 bei SAP eingesetzt und weiterentwickelt wird. Es nutzt Gamification-Elemente, um Teilnehmer zu motivieren und nachhaltigen Lernerfolg zu fördern. Die Befragung der Teilnehmer zeigt, dass Gamification als sehr positives und motivierendes Element wahrgenommen wird. Damit leistet Gamification einen Beitrag zur Erzielung der sehr guten durchschnittlichen Abschlussquote von 70 %.

Schlüsselwörter

Gamification • eLearning • Wissen • Lernerfolg • Weiterbildung

Unveränderter Original-Beitrag Heilbrunn & Sammet (2015) G-Learning – Gamification im Kontext von betrieblichem eLearning, HMD – Praxis der Wirtschaftsinformatik Heft 306, 52(6):866–877.

B. Heilbrunn (✉)
SAP SE, Potsdam, Deutschland
E-Mail: benjamin.heilbrunn@sap.com

I. Sammet
SAP SE, Walldorf, Deutschland
E-Mail: isabel.sammet@sap.com

7.1   Betriebliches eLearning

Wissen spielt wirtschaftlich eine immer größere Bedeutung. Der „Produktionsfaktor
Wissen stellt in der modernen Unternehmenspraxis neben den klassischen betriebswirtschaftlichen Produktionsfaktoren Personal, Werkstoffe und Betriebsmittel die
für den Erfolg des Unternehmens entscheidende Ressource dar" (Häberle 2008). In
vielen Bereichen, wie zum Beispiel der Software-Branche, ist Wissen sogar heute
schon der dominierende Produktionsfaktor. Die Entwicklung und Weiterbildung der
Mitarbeiter wird damit zu einem entscheidenden Faktor für den nachhaltigen Erfolg
eines Unternehmens. Mit eLearning steht ein Werkzeug zur Verfügung, um Wissen
effizienter innerhalb der Organisation zu verbreiten und damit einen Wettbewerbs-
vorteil gegenüber konkurrierenden Unternehmen zu erlangen.

eLearning erfreut sich steigender Beliebtheit. Schon heute haben die fünf größten offenen eLearning-Plattformen in Summe mehr als 15 Mio. registrierte Lerner.
Das Angebot umfasst mehrere tausend Kurse, aus welchen interessierte Lerner frei
wählen können (Shah 2014). eLearning-Kurse zeichnen sich vor allem durch große
Freiheit für Lerner aus. Sie wählen, was sie interessiert, wann sie lernen, wo sie
lernen, und wie schnell sie lernen. Auch im unternehmerischen Bereich ist das
Potential von eLearning seit einiger Zeit bekannt (Derouin et al. 2005) und wird
zunehmend durch konkrete Angebote umgesetzt (Kraemer 2001).

Die anfänglichen Hauptmotivatoren von Lernern in offenen eLearning-Kursen
sind vor allem der erwartete Wissensgewinn und die persönliche Herausforderung
(DeBoer et al. 2013). Eine Studie von Skillsoft (2004) zeigt ein ähnliches Bild für
betriebliches eLearning. Demnach nehmen mindestens 69 % der Mitarbeiter aus
Eigenmotivation an Kursen teil. Nur 20 % der befragten Kursteilnehmer gaben an,
dass ihre Teilnahme verpflichtend war. Die Skillsoft-Studie zeigt darüber hinaus
auch die Effektivität von betrieblichem eLearning. So gaben 87 % der Teilnehmer
an, dass sie das erworbene Wissen bereits nutzen beziehungsweise praktisch umsetzen konnten.

Den großen Chancen von betrieblichem eLearning stehen jedoch auch Risiken
gegenüber. So besteht eine der Herausforderungen von offenen eLearning-Kursen
darin, die anfängliche Motivation von Teilnehmern über die gesamte Kursdauer aufrecht zu erhalten. In der Praxis ist es üblich, dass nur etwa 15 % der Teilnehmer
einen Kurs auch wirklich erfolgreich abschließen (Jordan 2015). Mitarbeiter, die
einen Kurs zwar beginnen, diesen aber wegen zu wenig Engagement nicht abschließen, verursachen dem Unternehmen gleich doppelten Verlust. Der Nutzen der
Investition in den Kurs wird gesenkt und die bezahlte Arbeitszeit des Mitarbeiters
führt zu keinem Wissenszuwachs. Zuletzt entstehen dem Unternehmen auch Oppor-
tunitätskosten, da der wertschaffende Einsatz des Wissens unwahrscheinlicher wird.

7.2   Einführung in G-Learning

G-Learning ist ein innovatives eLearning-Konzept, welches seit 2013 von SAP
entwickelt und intern zu Weiterbildungszwecken eingesetzt wird. G-Learning soll
Mitarbeitern weltweit die Möglichkeit geben neues Wissen zu erwerben, ohne

dabei auf ein Klassenraumtraining in ihrer Nähe angewiesen zu sein. Eines der Hauptziele von G-Learning liegt in der Maximierung der Teilnehmermotivation zur Sicherstellung eines nachhaltigen Lernerfolgs. Hierfür kommen vorrangig Gamification-Elemente zum Einsatz. Inhaltlich stellt G-Learning mehrere Kurse zur Verfügung, welche mehrmals pro Jahr zu festgelegten Daten über typischerweise acht Wochen hinweg stattfinden. Die verfügbaren Kurse richten sich bisher vor allem an IT-Experten. Das Konzept hinter G-Learning kann jedoch auch zur Vermittlung beliebiger anderer Inhalte genutzt werden. Die Teilnahme an G-Learning ist für alle Mitarbeiter offen und erfolgt aus Eigenmotivation. Die Kurse finden parallel zum normalen Arbeitsalltag statt und bestehen typischerweise aus etwa 30 Teilnehmern. Die genaue Zeiteinteilung ist dabei jedem Mitarbeiter selbst überlassen. Gerade deshalb ist es auch wichtig, dass G-Learning als ansprechendes und motivierendes Kurskonzept wahrgenommen wird. Im Folgenden möchten wir auf die Besonderheiten von G-Learning eingehen, welche das Konzept einzigartig machen.

Lernteams
Teilnehmer von G-Learning werden in Teams von drei bis fünf Teilnehmern eingeteilt, wobei Präferenzen bei der Teambildung berücksichtigt werden. Bevorzugt werden Teams an einem Standort gebildet, aber auch überregionale Teams sind möglich und nicht unüblich. Das Element der Teambildung soll eine soziale Komponente in der Lernerfahrung erzeugen. Der Kursteilnehmer ist damit nicht anonymer Teil einer Gesamtmasse, sondern steht von Anfang an in engem Kontakt mit mehreren anderen Lernern, die sein Interesse und seine Lernziele teilen. Die Teams bestimmen jeweils einen Teamnamen und einen Teamleiter oder eine Teamleiterin, welche das Team gegenüber der Kursleitung und anderen Teams repräsentieren. Zu den Aufgaben der Teamleitung gehört es ebenfalls, wöchentlich den Fortschritt des Teams an die Kursleitung zu kommunizieren.

Bereitstellung von Kommunikations- und Kollaborationstools
Für die Dauer des Kurses steht den Teilnehmern ein in die Lernplattform integriertes Chat-System zur Verfügung. Hiermit können sie sich einfach und unkompliziert innerhalb der Kursgruppe austauschen. Zu Kollaborationszwecken steht den Teilnehmern SAP Jam zur Verfügung. Darin können sie sich in Gruppen organisieren, Informationen und Dokumente austauschen, Arbeitsaufgaben verwalten sowie deren Fortschritt dokumentieren.

Begleitung des Kurses durch Experten
Jeder G-Learning-Kurs wird von einer Gruppe von Experten des jeweiligen Kursthemas begleitet. Sie dienen sowohl als Mentoren als auch als Jury für die Bewertung der Arbeitsergebnisse der Kursteams.

Gamification und spielähnliches Design
G-Learning greift in seinem Design massiv auf spielähnliche Elemente zurück. Aus der Sicht des Teilnehmers ist der Kurs eine Reise um die Welt (Abb. 7.1), in welcher er darüber entscheiden kann, wohin er als nächstes reist. Um Lerner nachhaltig zu

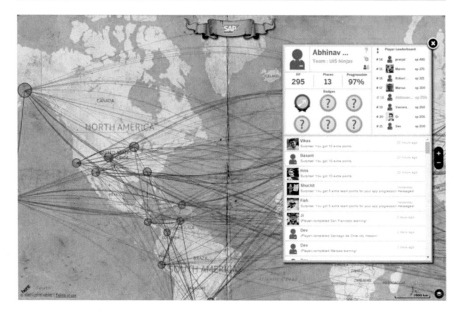

Abb. 7.1 Übersichtsseite von G-Learning für den Lerner

motivieren, ist eine Vielzahl von Gamification-Elementen und Feedbackmechanismen integriert. Im folgenden Abschnitt werden wir diese detailliert vorstellen.

7.3   Gamification-Design und Motivationselemente

7.3.1   Nutzungserlebnis und Kursablauf

Das Nutzererlebnis von G-Learning ist sehr spielähnlich. Der Startpunkt des Lerners ist eine Weltkarte, auf der die Kurseinheiten in Form von Städten dargestellt werden. Durch Klick auf eine Stadt gelangt der Teilnehmer zur entsprechenden Lerneinheit. Der gesamte Kurs entspricht damit metaphorisch einer Reise um die Welt. Das Kursdesign ist kaum sequenziell und erlaubt dem Lerner die freie Wahl seiner nächsten Lektion. Nur in seltenen Fällen ist der Zugang zu Lektionen unter bestimmten Vorbedingungen gesperrt – zum Beispiel für Lektionen, welche erst für die Schlussphase des Kurses relevant werden.

Im Aufbau von Lektionen unterscheidet sich G-Learning kaum von konventionellen eLearning-Formaten. Die Lektionen bestehen aus dem Lerninhalt selbst (Abb. 7.2 links) und einem anschließenden Quiz (Abb. 7.2 rechts). Der Lerninhalt wird üblicherweise mit Hilfe von Videos oder Dokumenten transportiert. Der positive Abschluss des anschließenden Quiz führt zum erfolgreichen Abschluss der Lektion. Parallel zum eLearning-Kurs bekommen die Lerner wöchentliche Zwischenaufgaben und eine große Aufgabe, welche bis zum Schluss des gesamten Kurses zu bearbeiten ist. Bei einem Training zur Entwicklung von Android-Apps ist das zum Beispiel die Entwicklung und Präsentation einer eigenen App.

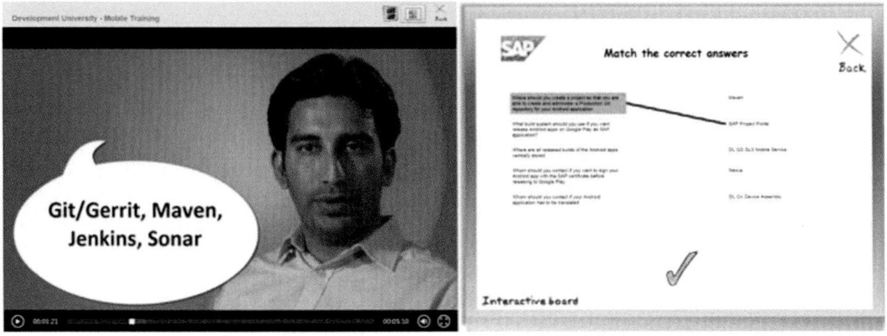

Abb. 7.2 Video Lektion und Quiz in G-Learning

Den Schluss eines Kurses bildet die Präsentation des Ergebnisses der großen Aufgabe vor den anderen Teilnehmern und der kursbegleitenden Jury aus Experten. Bei dieser Präsentation wird gemeinsam von der Jury und der Gruppe der Teilnehmer das beste Arbeitsergebnis bestimmt. Zusammen mit der vorherigen Kursleistung ergibt sich hieraus ein Gewinnerteam des Kurses. Nach Abschluss eines Kurses bleiben die Lektionen online und können weiterhin jederzeit von den Lernern besucht werden, falls sie nochmals Zugriff auf bestimmte Informationen benötigen.

7.3.2 Gamification-Elemente und Regeln

Das Gamification-Design von G-Learning ist vielseitig ausgelegt. Es zielt darauf ab möglichst jedem Nutzertyp für ihn ansprechende und bedeutsame Anreize zu bieten, um gewünschte Handlungsmuster zu stimulieren. Hierbei wurde darauf geachtet die vier von Bartle (1996) identifizierten Spielertypen zu berücksichtigen. Darüber hinaus kombiniert das Konzept von G-Learning sowohl kurzfristige als auch langfristige Motivationselemente.

7.3.2.1 Darstellung der Gamification-Elemente

Ein großes Designziel von G-Learning ist es, Teilnehmer, die sich für den Kurs entschieden haben, zum erfolgreichen Kursabschluss zu führen. Ein entscheidender Faktor hierfür ist, dass Teilnehmer regelmäßig lernen und nicht abgehängt werden. G-Learning baut auf die Annahme, dass diese Ziele durch Teamlernen, gute Vernetzung der Teilnehmer untereinander und mit der Kursleitung sowie durch praktische Aufgaben erzielt werden können. Dies ist direkt im Gamification-Design reflektiert. Gewünschte Verhaltensweisen werden mit entsprechenden Gamification-Elementen belohnt.

Zentrales Gamification-Element in G-Learning sind Erfahrungspunkte (XP). Diese erhält der Lerner für bestimmte Aktionen. Auf Basis der XP Punkte werden Ranglisten berechnet. Hierbei gibt es eine Einzelwertung nach Punkten der individuellen Lerner und eine Teamwertung. Diese wird über den Durchschnitt der Punkte aller Mitglieder eines bestimmten Teams gebildet. Darüber hinaus gibt es Badges, welche als Belohnung für das Erreichen besonderer Fortschrittsstufen im Kurs vergeben werden.

Weltkarte

Die Reihenfolge der Lektionen, sprich die Reise eines jeden Nutzers, wird durch farbliche Linien auf der Weltkarte dargestellt (Abb. 7.1). Wird eine Stadt erstmalig von einem Großteil der Mitglieder eines Teams abgeschlossen, so gilt sie als von diesem Team eingenommen und wird mit einem Kreis der Farbe des entsprechenden Teams markiert. Beides dient der visuellen Fortschrittsdarstellung und als Anreiz schnell und im Team voranzuschreiten.

Gamification-Dashboard

Lerner erhalten über ein Gamification-Dashboard direktes Feedback zu ihren Aktionen im Lernmanagementsystem. Dieses Dashboard zeigt ihren persönlichen Fortschritt (Abb. 7.3 links oben). Dazu gehört der erzielte Punktestand, erhaltene Badges,

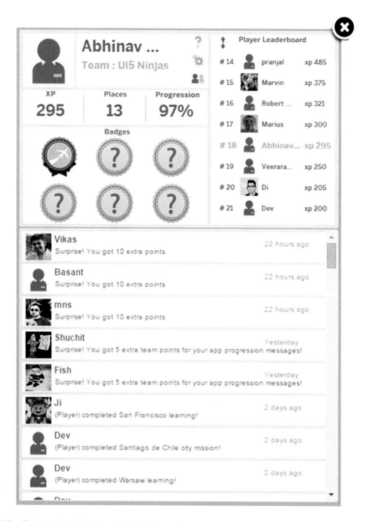

Abb. 7.3 G-Learning Gamification-Dashboard

die Anzahl der abgeschlossenen Lektionen und der prozentuelle Gesamtfortschritt im Kurs. Darüber hinaus kann der Lerner seinen Rang, beziehungsweise den Rang seines Teams auf den jeweiligen Ranglisten einsehen (Abb. 7.3 rechts oben). Zuletzt zeigt das Gamification-Dashboard einen Feed, welcher die Fortschrittsereignisse aller Kursteilnehmer aggregiert.

7.3.2.2 Erfahrungspunkte (XP)

Erfahrungspunkte sind das zentrale Gamification-Element in G-Learning. Sie werden verwendet, um Lernern positives Feedback für ihren Fortschritt im Kurs zu vermitteln. Tab. 7.1 zeigt eine Übersicht der Punkteregeln im Lernmanagementsystem. Weitere Punkte erhalten die Teilnehmer am Ende ihres Kurses für die Präsentation ihrer Arbeitsaufgabe. Der Durchschnittspunktestand der Teams bestimmt zu Kursende dann die Gewinner. Dabei werden teamorientiertes und schnelles Lernen deutlich motiviert. Schließt ein Team als erstes eine Stadt ab, so bekommt jedes Teammitglied in Summe bis zu 20 Punkte.[1] Der normale Lektionsabschluss wird hingegen nur mit 5 Punkten belohnt. Die Punktmechanik soll vor allem Lerner vom Spielertyp Achiever ansprechen. Spieler dieser Ausprägung streben stark nach der Maximierung von Punkten und Levels (Bartle 1996). Allerdings werden mit einzelnen Regeln auch Socializer und Explorer angesprochen.

7.3.2.3 Badges

Zusätzlich zum Feedback für erfolgreichen Lernfortschritt erhalten Lerner Badges, welche besonderes Verhalten auszeichnen. In Bezug auf die Spielertypen von

Tab. 7.1 Punktetabelle für Lernfortschritt

Bedingung	XP
Lerner schließt ein Quiz ab	5
Lerner schließt ein Quiz als erster von allen Lernern ab	5
Lerner schließt eine Lektion ab	5
Lerner schließt eine bestimmte Lektion als erster von allen Lernern ab	5
Team schließt mehrheitlich eine Lektion ab	5
Team schließt als erstes Team eine Lektion mehrheitlich ab (entspricht Einnahme einer Stadt)	5
Lerner besucht das Lernmanagementsystem mindestens drei Mal pro Woche	10
Lerner besucht die Community	1
Lerner schreibt einen Beitrag in der Community	5
Lerner findet eine der wöchentlichen Überraschungen	10
Lerner findet ein verstecktes Lernvideo	5
Lerner findet und schließt eine versteckte Lektion ab	10

---

[1] Die 20 Punkte für den Lerner ergeben sich wie folgt: 5 Punkte für den regulären Abschluss der Lektion, 5 Punkte, wenn er der erste Absolvent der Lektion war, 5 Punkte für den Abschluss der Lektion durch das Team, 5 weitere Punkte, wenn das Team als erstes die Stadt abgeschlossen hat.

Tab. 7.2 Badges für besonderes Lernverhalten

Badge		Bedingung
	Welcome Team	Team des Lerners schließt erstmals eine Lektion ab
	Explorer	Lerner hat mindestens drei versteckte Videos entdeckt
	Seasoned Traveler	Lerner hat mindestens die Hälfte aller Quizze gelöst
	Mentor	Lerner hat mindestens die Hälfte des Trainings absolviert
	Half Way There	Lerner hat mindestens die Hälfte der Lektionen abgeschlossen
	You Rock It	Lerner hat alle möglichen Ziele erreicht

Bartle finden die Spielertypen Explorer (Explorer Badge) und Achiever (You Rock It Badge) besondere Beachtung. Tab. 7.2 zeigt die G-Learning Badges und deren zugehörige Regeln.

7.4   Erfolgsbewertung

Der Erfolg von G-Learning innerhalb von SAP wird bisher auf zwei Wegen ermittelt. Teilnehmende Mitarbeiter werden am Ende von G-Learning-Kursen gebeten umfangreiches Feedback zu ihrem persönlichen Kurserlebnis zu geben. Des Weiteren werden in G-Learning-Kursen bestimmte Verhaltensdaten systematisch und automatisiert erfasst, um besser zu verstehen, wie Lerner von G-Learning Gebrauch machen.

7.4.1   Befragung der Lerner

Die Befragung der Lerner erfolgte mit Hilfe eines elektronischen Fragebogens. Dieser wurde am Ende des Kurses an alle Teilnehmer gesendet. Die Beantwortung der Fragen ist in allen Punkten freiwillig, womit zu jeder Frage eine verschieden hohe Anzahl von Datensätzen vorliegt. Durch die Effekte von Selbstselektion können wir eine verzerrte Wiedergabe der Realität nicht ausschließen. Die Daten haben eingeschränkte Aussagekraft und sollten nur als Hinweise interpretiert werden.

Insgesamt waren im Befragungszeitraum 499 Kursteilnehmer eingeladen, Feedback zu Kursen in den Jahren 2014 und 2015 zu geben. Hiervon machte jeweils etwa einer von zehn Teilnehmern Gebrauch. Die Antworten liegen als Freitext vor und wurden von uns zur einfacheren Auswertung kategorisiert. Es kommt häufiger vor, dass Antworten mehrere Auswertungskategorien referenzieren. Diese wurden mehrfach berücksichtigt, womit die Summe der Kategoriennennungen größer ist als die Summe der Datensätze.

1) *Was gefiel Teilnehmern an G-Learning am besten?* Abb. 7.4 visualisiert die Verteilung der Antworten auf die Frage, was dem Teilnehmer während des gesamten Kurses am besten gefiel. Aus $N = 44$ Datensätzen nahm mit 14 Nennungen etwa jeder dritte Feedbackgeber in seiner Antwort positiven Bezug auf das Gamification-Konzept des Kurses. Ähnliche Bedeutung messen die Teilnehmer der Tatsache zu, dass in Teams gearbeitet wird. Hierauf entfallen 13 Nennungen.

2) *Was motiviert Teilnehmer in G-Learning am meisten?* Abb. 7.5 visualisiert die Verteilung der Antworten auf die Frage, was den Teilnehmer während des gesamten Kurses am meisten motivierte. Die aus $N = 38$ Datensätzen identifizierten Kategorien ähneln sehr stark denen der ersten Frage. Während die Verteilung abweicht, sticht auch hier die Kategorie Gamification mit 20 Nennungen hervor. Gefolgt wird sie vom Aspekt der praktischen Aufgabe mit finaler Präsentation und Bewertung, welche aber nur auf 13 Nennungen kommt.

3) *In welchen Momenten verspüren G-Learning Teilnehmer positive Emotionen?* Abb. 7.6 visualisiert die Verteilung der Antworten auf die Frage, wann Teilnehmer während des Kurses das Gefühl von Freude, Stolz, Überraschung oder eine

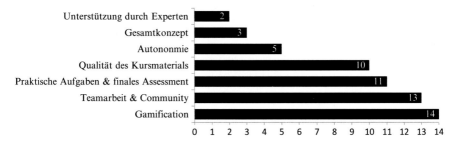

Abb. 7.4 Was Teilnehmern an G-Learning am besten gefällt

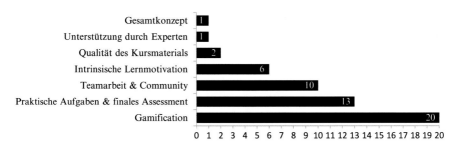

Abb. 7.5 Was Teilnehmer an G-Learning am meisten motiviert

Abb. 7.6 Wodurch G-Learning Teilnehmer positive Emotionen verspüren

andere positive Emotion verspürten. In $N=32$ Datensätzen wird dabei mit 16 Nennungen am häufigsten auf Erfolgserlebnisse im Kontext der Erarbeitung und Präsentation der praktischen Aufgabe verwiesen. Gamification-Feedback und zugehörige Erfolgserlebnisse, wie zum Beispiel das Aufsteigen in der Rangliste, werden 13-mal genannt. Mit etwas Abstand folgt die positive Wahrnehmung des persönlichen Lernfortschritts seit Beginn des Kurses. Diese Kategorie wurde von 8 Teilnehmern genannt.

4) *Was missfällt G-Learning Teilnehmern?* Abb. 7.7 visualisiert die Verteilung der Antworten auf die Frage, was Teilnehmern an ihrem Kurs überhaupt nicht gefallen hat. Insgesamt liegen hierzu $N=36$ Datensätze mit Antworten vor. Am mit Abstand häufigsten wird hier mit 18 Nennungen die inhaltliche Qualität des Kursmaterials aus einzelnen Kursen kritisiert. Diese Kategorie betrifft vor allem die Autoren von Trainings, hat aber keine Konsequenz auf die wahrgenommene Qualität des Kurskonzeptes, welches in 3 Fällen kritisiert wurde. Weitere 12-mal wurden technische Probleme mit dem Lernmanagementsystem oder der Netzwerkverbindung als Ärgernis genannt. Probleme in der Zusammenarbeit mit Teamkameraden wurden 4-mal erwähnt. Das Gamification-Konzept wurde von 3 Teilnehmern kritisiert. Gründe waren der wahrgenommene Mangel an Transparenz für die Punktevergabe sowie das Gefühl gewisse Regeln seien unfair oder nicht durch ein bedeutungsvolles Ziel motiviert und somit sinnlos.

5) *Würden Teilnehmer G-Learning weiterempfehlen?* Auf die Frage, ob die Teilnehmer ihren Kollegen einen G-Learning-Kurs empfehlen würden, entfallen aus $N=25$ Datensätzen 22 auf „Ja" (88 %), 1 auf „Nein" und 2 auf „Vielleicht".

7.4.2 Abschlussquoten

Seit der Erhebung von Daten zur Abschlussquote von Teilnehmern fanden insgesamt sechs G-Learning-Kurse mit insgesamt $N=339$ ($\mu \approx 57$ $\sigma \approx 41$) Teilnehmern statt.[2] Diese Kurse wurden im Durchschnitt von 70,4 % ($\sigma \approx 16$ %) der Teilnehmer erfolgreich abgeschlossen. Dazu gehört sowohl der Abschluss der Lektionen als auch die Erarbeitung und erfolgreiche Präsentation der Abschlussaufgabe.

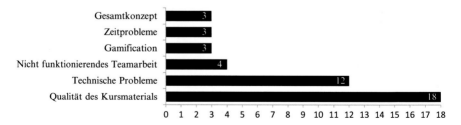

Abb. 7.7 Was Teilnehmern in G-Learning-Kursen missfällt

---

[2] Die Datenbasis ist hier im Vergleich zu den Ergebnissen der Nutzerbefragung kleiner, da genaue Teilnehmerzahlen und Abschlussquoten erst später systematisch erfasst wurden.

7.4.3 Diskussion

Bei G-Learning handelt es sich um einen eLearning-Kurs, der in mehreren Punkten bewusst von konventionellen Designkonzepten abweicht. Dazu gehören die Einführung von Gamification-Elementen, die Bildung von Teams und das parallele Erarbeiten einer praktischen Aufgabe. Die bisherige Erfolgsquote von 70 % und die Tatsache, dass 9 von 10 Teilnehmern das Format weiterempfehlen würden, zeigt wie vielsprechend die Idee hinter G-Learning ist.

Glaubt man den bisherigen Erfahrungen, so hat Gamification den größten positiven Einfluss auf den Gesamterfolg des Konzepts. Gamification wird von den Teilnehmern als sehr positives Element in G-Learning empfunden. 14 positive Äußerungen (Frage 1) stehen hier 3 kritischen Meinungen gegenüber (Frage 4). Wobei anzumerken ist, dass sich letztere nicht kategorisch gegen Gamification aussprechen, sondern verbesserbare Aspekte des Designs kritisieren. Im Aspekt der positiven Motivationsbeeinflussung (Frage 2) ordnen Teilnehmer Gamification die mit Abstand größte Bedeutung zu. Ähnlich sieht es beim Hervorrufen positiver Emotionen aus (Frage 3), wo Gamification mit 13 Nennungen knapp hinter dem Erarbeiten und Präsentieren der praktischen Aufgabe (16 Nennungen) liegt.

7.5   Limitationen und geplante Weiterentwicklung

Bei G-Learning handelt es sich um ein junges Konzept, welches sowohl inhaltlich als auch technisch stetig verbessert und weiterentwickelt wird. In seinem aktuellen Entwurf reflektiert das Konzept vor allem die Expertise seiner Erfinder und bereits berücksichtigtes Feedback von Teilnehmern.

Um G-Learning nachhaltig zum Erfolg zu führen und Autoren die Möglichkeit zu geben eigene gamifizierte Kurse zu erstellen, fehlt nach unserer Einschätzung aktuell noch eine Komponente zur automatisierten Erfassung und Auswertung von Benutzerverhaltensdaten. Mit einer solchen Komponente könnten Autoren das Benutzerverhalten langfristig erfassen und positive sowie negative Trends erkennen. Darüber hinaus erlaubt sie das Messen von Effekten durch Änderungen im Kurs oder Gamification-Design. Die so gewonnenen Einblicke können anschließend als Indizien zur Verbesserung des Kursformats und Lernmaterials herangezogen werden.

Zwar wurde G-Learning mit einer klaren Vision entwickelt, jedoch wurde bisher nicht systematisch überprüft, ob einzelne Designentscheidungen auch tatsächlich die gewünschten Ziele erreichen. Designentscheidungen wurden initial auf Basis von Expertise und Bauchgefühl getroffen. Eine Validierung von potenziellen Alternativen fand nicht systematisch statt. Aus der Literatur ist jedoch bekannt, dass nur etwa ein Drittel aller Designentscheidungen mit Effekt auf das Nutzererlebnis tatsächlich zur Erreichung von korrespondierenden Zielmetriken beitragen (Kohavi et al. 2009). Ein Aspekt, der hier besondere Aufmerksamkeit verdient, sind die verwendeten Gamification-Elemente und zugehörigen Regeln. Auch auf Basis des Nutzerfeedbacks vermuten wir, dass sich das Teilnehmererlebnis in G-Learning durch Verbesserung des Gamification-Konzepts weiter verbessern lässt. Wir planen die Durchführung von A/B-Tests, um weitere Elemente und deren Effekte auf Teilnehmer zu erproben. Denkbar wäre zum Beispiel die Einführung von einem Levelsystem auf Basis der XP-Punkte.

Literatur

Bartle R (1996) Hearts, clubs, diamonds, spades: players who suit MUDs. J MUD Res 1:19. http://www.researchgate.net/publication/247190693_Hearts_Clubs_Diamonds_and_Spades_Players_who_suit_MUDs. Zugegriffen am 02.07.2015

DeBoer J, Stump GS, Seaton D, Breslow L (2013) Diversity in MOOC students' backgrounds and behaviors in relationship to performance in 6.002 x. Proceedings of the sixth learning international networks consortium conference

Derouin RE, Fritzsche BA, Salas E (2005) E-learning in organizations. J Manage 31:920–940. doi:10.1177/0149206305279815

Häberle SG (2008) Das neue Lexikon der Betriebswirtschaftslehre (Produktionsfaktor Wissen). Oldenbourg, München

Jordan K (2015) MOOC completion rates. http://www.katyjordan.com/MOOCproject.html. Zugegriffen am 17.07.2015

Kohavi R, Crook T, Longbotham R (2009) Online Experimentation at Microsoft. Proceeding of the third international workshop data mining case studies, S 11–22

Kraemer W (2001) Corporate Universities und E-Learning: Personalentwicklung und lebenslanges Lernen; Strategien – Lösungen – Perspektiven. Gabler, Wiesbaden

Shah D (2014) MOOCs in 2014: Breaking down the numbers. In: EdSurge News. https://www.edsurge.com/n/2014-12-26-moocs-in-2014-breaking-down-the-numbers. Zugegriffen am 01.07.2015

Skillsoft (2004) EMEA e-learning benchmark survey: the user's perspective. http://www.oktopusz.hu/domain9/files/modules/module15/365BAEFCF22C27D.pdf. Zugegriffen am 15.07.2015

Teil II

Serious Games und Gamification – Anwendungen in der Hochschulpraxis

Game-Based Learning, Serious Games, Business Games und Gamification – Lernförderliche Anwendungsszenarien, gewonnene Erkenntnisse und Handlungsempfehlungen

8

Axel Jacob und Frank Teuteberg

Zusammenfassung

Im Beitrag werden die Begriffe Game-Based Learning, Serious Games, Business Games und Gamification analysiert, voneinander abgegrenzt und Rückschlüsse gezogen, in welchem Kontext der jeweilige Ansatz ein adäquates Mittel zur Vermittlung von Wissen oder zum Fördern gewünschter Verhaltensweisen darstellt. Game-Based Learning stellt ein grundlegendes Prinzip dar. Lerninhalte werden hierbei auf Basis eines Spiels oder einer Simulation vermittelt. Umgesetzt wird dieses Prinzip in Serious Games bzw. in Business Games, die eine abgrenzbare Teilmenge der Serious Games darstellen. Gamification ist ein dem Game-Based Learning ähnliches, aber doch abgrenzbares Grundprinzip. Bei Gamification soll Lernen nicht auf Basis eines Spiels, sondern durch Elemente eines Spiels erfolgen. Dieser Unterschied scheint auf den ersten Blick marginal, hat aber weitreichende Konsequenzen.

Am Beispiel der Hochschule Osnabrück wird erläutert, wie die Konzepte jeweils angewandt werden, welcher potenzielle Nutzen zu erwarten ist und welche Handlungsempfehlungen sich für Bildungseinrichtungen sowie Unternehmen ableiten lassen.

Schlüsselwörter

Gamification • Serious Games • Game-Based Learning • Business Games • Use Case

Vollständig neuer Original-Beitrag

A. Jacob (✉)
Hochschule Osnabrück, Osnabrück, Deutschland
E-Mail: a.jacob@hs-osnabrueck.de

F. Teuteberg
Universität Osnabrück, Osnabrück, Deutschland
E-Mail: frank.teuteberg@uni-osnabrueck.de

© Springer Fachmedien Wiesbaden GmbH 2017
S. Strahringer, C. Leyh (Hrsg.), *Gamification und Serious Games*, Edition HMD,
DOI 10.1007/978-3-658-16742-4_8

8.1   Veränderungen im Lernverhalten

Die Bedeutung stetigen Lernens ist seit langem anerkannt und heutzutage wichtiger
denn je (Fischer 2001; Head et al. 2015). Menschen müssen dabei nicht nur neue
Technologien erlernen, sondern auch die daraus resultierenden sozialen Veränderungen erkennen und sich mit diesen arrangieren (Otte 2014). Dies betrifft das
Privatleben ebenso wie das Arbeitsleben. Da der Umfang sowie die Komplexität des
zu erlernenden Wissens ansteigt (Illich 1971; Webster 2014) und die heutigen
gesellschaftlichen Werte anders sind als zu Beginn des 20. Jahrhunderts, muss die
Art und Weise des Lernens sich ebenfalls ändern. Es hat sich die Ansicht durchge-
setzt, dass die Motivation zum Lernen wesentlich erhöht werden kann, wenn die
Lerninhalte auf eine spielerische Art und Weise vermittelt werden (Weppel et al.
2012). Computergestützte Simulationen und Spiele helfen, Wissen auf eine attraktive Art und Weise zu vermitteln. Darüber hinaus prägen Social Media das Verhalten
der Menschen immer stärker und erweitern die Möglichkeiten des spielerischen
Lernens. Unterschiedliche Konzepte greifen diese Möglichkeiten auf und decken
ein breites Anwendungsfeld ab. Unklarheit herrscht jedoch in Bezug auf die genaue
Abgrenzung der einzelnen Konzepte und in welchen Bereichen diese ihr Potenzial
am besten entfalten.

8.2   Abgrenzung unterschiedlicher Ansätze

8.2.1   Game-Based Learning

Das Erlernen von Wissen auf Basis eines Spiels steht beim Game-Based Learning
im Fokus. Diese gängige Definition ist sehr weit gefasst und trifft bei einer großen
Anzahl an (Alltags-) Situationen zu. Schach stellt z. B. kognitive Anforderungen
und ist zum Erlernen von Kompetenzen wie strategischem Denken geeignet. Per
Definition wird nicht konkretisiert, um welche Art von Spiel es sich beim Game-
Based Learning handelt, welche Art von Wissen erlernt werden soll, in welchem
Kontext das Lernen stattfindet oder wer die Zielgruppe ist. In der Regel wird eine
Vielzahl unterschiedlicher Formen von Spielen genutzt, um verschiedenste Resultate
erzielen zu können (Feil und Scattergood 2005). Beispielsweise können durch
Strategiespiele langfristiges Denken und der rationale Umgang mit Ressourcen trai-
niert werden. Durch Rollenspiele können die Spielenden Verhaltensweisen erlernen
und unterschiedliche Standpunkte zu für sie neuen Themengebieten besser nachvollziehen. Actionspiele können dazu dienen, motorische Abläufe zu trainieren und
Reaktionszeiten zu verbessern. Darüber hinaus ist eine soziale Interaktion der
unterschiedlichen Teilhaber Bestandteil eines jeden Spiels. Als Teilhaber eines
Spiels können die Spielenden und die Spielbetreuer genannt werden.

Weiter konkretisiert wird der Ansatz des Game-Based Learnings durch die Unterscheidung zwischen Board Game Simulations und dem Digital Game-Based Learning. Board Game Simulations sind haptische, nicht digital unterstützte Spiele, die
einfach anzuwenden sind und in den meisten Fällen ein Grundverständnis für das

jeweils vorliegende Themengebiet schaffen sollen. Die Aufmerksamkeit des Spielers wird auf eine eher geringe Anzahl an Parametern gelenkt, die Wechselwirkungen aufweisen und dementsprechend zusammenhängend betrachtet werden müssen.

Mit der Begriffserweiterung Digital Game-Based Learning wird ein Lernprozess unter Zuhilfenahme digitaler Spiele beschrieben (Breuer und Bente 2010). Wie bei den haptischen Spielen bieten digitale Spiele die Möglichkeit, die Aktionen des Spielenden und/oder die Interaktionen zwischen den Teilhabern eines Spiels regelbasiert zu steuern und zu koordinieren. Allerdings sind die Möglichkeiten bei digitalen Spielen weiter ausgeprägt. Die Anzahl der Entscheidungsparameter und ihre Wechselwirkungen zueinander sind i. d. R. wesentlich komplexer. Zusätzlich werden, anders als bei den haptischen Spielen, beim Digital Game-Based Learning digitale Elemente wie audiovisuelle Effekte genutzt, um die Aufmerksamkeit des Spielenden und die Bereitschaft zur Weiterführung des Spiels zu erhöhen. Auch die Organisation eines Spiels unterscheidet sich deutlich, da Spielstände z. B. abgespeichert werden können oder Spiele digital vernetzt, dezentral stattfinden können.

8.2.2 Serious Games

Eine Variante des Game-Based Learnings stellen Serious Games dar. Dabei handelt es sich um ein wohlbekanntes Konzept. Die erste Beschreibung von Serious Games ist bei Abt (1987) zu finden. Er propagiert das Anwenden von Spielen als Instrument der Wissensvermittlung, um die Lernleistung zu steigern. Geprägt hat den Bereich Sawyer (2002). Seinem Verständnis nach sind Serious Games softwarebasierte Spiele, die mittels audiovisuell unterstützter Simulation der Realität, Wettbewerbs-, Interaktions- und Imaginationsinstinkte ansprechen, wodurch definierte Aufgaben und Informationen auch ohne eine unterstützende Person effektiv und effizient bewältigt bzw. aufgenommen werden. Im Gegensatz zu Entertainment Games stehen bei Serious Games Problemlösung und Lerneffekt im Vordergrund (Susi et al. 2007).

Unscharf ist die genaue Abgrenzung zwischen Serious Games und Gamification. De Gloria, Bellotti und Berta (2014) untergliedern bei einem Überblick zur Marktentwicklung von Serious Games diese unter den Bereich Gamification. Um die beiden Bereiche weiter voneinander abzugrenzen, ist ein Blick auf vorhandene Taxonomien zu Serious Games und in der Literatur beschriebene Anwendungsbereiche hilfreich. Eine Übersicht zu verschiedenen Taxonomien zu Serious Games ist bei De Gloria et al. (2014) zu finden. Besonders hervorgehoben wird dabei die Taxonomie von Sawyer und Smith, die lediglich zwei Dimensionen beinhaltet (2008). Die Dimension Anwendungsgrund repräsentiert die inhaltlichen Ziele des jeweiligen Spiels, wie z. B. die Verbreitung von Botschaften, den Warenhandel oder die Wissensvermittlung. Der Anwendungsgrund ist immer in engem Zusammenhang mit dem Anwendungsbereich (Bildung, Gesundheit, Militär, Wirtschaft, Unterhaltung,…) zu sehen, der in der Taxonomie (etwas missverständlich) als Dimension Markt beschrieben wird. Die beiden ursprünglichen Dimensionen wurden von der kollaborativen Plattform serious.gameclassification.com aufgegriffen und um die

Dimensionen Gameplay und Anwender erweitert. Gameplay steht für das regelbasierte Verhalten der Spieler. Dabei wird zwischen der Spieldauer (endlich oder endlos) sowie dem konkreten Verhalten (Vermeiden, Zerstören, Zusammenfügen, Steuern,…) unterschieden. Die Anwender werden einerseits anhand ihres Alters und andererseits anhand des Wissensstands (Öffentlichkeit, Fachleute, Schüler/ Studenten,…) klassifiziert.

Besonders in den Bereichen Erziehung und Bildung werden Serious Games oftmals eingesetzt. Teilnehmer können mit ihrer Hilfe auf effektive Weise einerseits mit einer neuen Materie vertraut gemacht werden und andererseits kann bereits erlangtes Wissen vertieft und trainiert werden (Liarokapis et al. 2010). Herzchirurgen trainieren z. B. den Ablauf komplexer Operationen mit Hilfe von Serious Games. Der Chirurg betritt dabei einen virtuellen Operationssaal, in dem er mit simuliertem Operationspersonal interagieren muss, um die Operation erfolgreich durchführen zu können. Das Ziel ist dabei nicht das Training der motorischen Fähigkeiten des Chirurgen, sondern das Einüben der unterschiedlichen Teilabläufe in ihren jeweiligen Variationsmöglichkeiten (Sabri et al. 2010). Das kanadische Militär nutzte ebenfalls ein Serious Game, um die als monoton empfundene Ausbildung von Piloten zu verbessern. Ein Entertainment Game wurde dabei als Ergänzung zum bereits etablierten Training mit Flugsimulatoren eingesetzt. Um die im Entertainment Game enthaltenen Einsatzszenarien als Serious Game ganzheitlich realistischer darstellen zu können, wurden sie modifiziert und darin vorkommende Flüge im Flugsimulator durchgeführt. Die im Flugsimulator erlernten rein funktionalen Handlungsmuster wurden somit erweitert, indem die Piloten zusätzlich die Rolle des Kommandanten übernahmen und ihren Einsatz im Rahmen einer komplexen Mission planen und mit anderen Einheiten koordinieren mussten (Roman und Brown 2007). In diesem Beispiel war ein wesentlicher Erfolgsfaktor die Modifikation des Entertainment Games. Normalerweise versuchen Entertainment Games Emotionen bei den Spielenden zu erzeugen und den Spannungsbogen durch oftmals fantastische (unrealistische) Handlungsstränge aufrecht zu halten. In Serious Games sollten derartige Gestaltungselemente jedoch nur insoweit angewandt werden, wie sie für das angestrebte Ziel zweckdienlich sind.

8.2.3 Business Games

In Anlehnung an die bereits erwähnte Taxonomie zu Serious Games von Sawyer und Smith können Business Games als die Anwendung von Serious Games bzw. in den frühen Jahren von Game-Based Learning in den Märkten Bildung und Wirtschaft angesehen werden, wobei der Anwendungsgrund in der Aus-/Weiterbildung oder der Evaluierung von Anwendern zu sehen ist (Greco et al. 2013).

Seit der erstmaligen Nutzung von Business Games in den 50er-Jahren hat sich das Erscheinungsbild von Business Games deutlich geändert, weil bei der Weiterentwicklung von Business Games immer der aktuelle Stand der Technik implementiert wurde (s. Tab. 8.1).

Tab. 8.1 Entwicklungsphasen von Business Games (Faria et al. 2009)

Phase	Periode	Entwicklung
I	1955 bis 1963	Entwicklung und Verbreitung von manuell ausgewerteten Spielen
II	1962 bis 1968	Entwicklung von großrechnerbasierten Business Games und starke Verbreitung von kommerziellen Business Games
III	1966 bis 1985	Schnelle Verbreitung großrechnerbasierter Business Games und signifikanter Anstieg der Komplexität von Business Games
IV	1984 bis 2000	Verbreitung von PC-basierten Spielen und Entwicklung von Entscheidungsunterstützungen zur Erweiterung von Business Games
V	1998 bis heute	Verbreitung von internet-/serverbasierten Business Games

Tab. 8.2 Taxonomie zu Business Games (gekürzte Darstellung der Taxonomie von Greco et al. (2013))

Dimension	Attribute	
Applikations-umgebung	• Integrationsgrad • Umgebung • Darstellung	• Teleologie • Einsatz von Lehrenden/Betreuern
Design-Elemente des User Interface	• Eingriffsmöglichkeiten während der Simulation • Reihenfolge der Entscheidungsfindung • **Transparenz des Simulationsmodells**	• Entscheidungsarten • Zeitraster • Erscheinungsbild • User Interface • Speichermöglichkeit • Virtueller Bereich
Zielgruppen, Ziele und Feedback	• Definiertheit der Ziele • Anwenderbezogene Ziele • Didaktische Ziele • Schwierigkeitsgrad	• Nachbesprechung • **Feedback** • **Ausmaß des Feedbacks**
Anwender-beziehungen/Community	• Interaktion der Anwender • Gruppenstruktur • Beziehung der Anwender	• Rollenspiel • Präsenz der Anwender • Präsenz der Entwickler • Allianzen
Modell	• Handlungsort • Verhalten • Umfang des Modells • **Einfluss externer Daten**	• Konfigurierbarkeit des Modells • Genauigkeit

Anders als bei den Serious Games existiert für Business Games neben einer frühen Taxonomie von Eilon (1963) eine ausführliche Taxonomie von Greco, Baldassin und Nonino[1] (2013), die in Tab. 8.2 gekürzt[2] dargestellt wird. Anhand der Taxonomie lässt sich erkennen, wie hoch die Bandbreite unterschiedlicher Business Games ist. Dies kann als ein Indiz für die hohe Akzeptanz von Business Games gewertet werden.

---

[1] Diese basiert auf den Taxonomien Taxonomy for Computer Simulations (Maier und Größler 1998) und Classification of Games (Aarseth et al. 2003; Elverdam und Aarseth 2007).

[2] Im Original werden zusätzlich die möglichen Ausprägungen der Attribute beschrieben.

Ergänzend zur Tab. 8.2 sollen die fett aufgeführten Attribute kurz in ihren möglichen Ausprägungen dargestellt werden, da sie zum Verständnis des später folgenden Ansatzes zur Kombination von Business Games und Gamification von Bedeutung sind.

- Unter dem Attribut *Transparenz des Simulationsmodells* wird verstanden, welche Wirkungszusammenhänge das Simulationsmodell beinhaltet und wie die Entscheidungen der Anwender diese Wirkungszusammenhänge beeinflussen. Bei der mit Abstand am weitesten verbreiteten Ausprägung *Black Box* werden die Wirkungszusammenhänge gegenüber den Anwendern nicht offengelegt. Dieses Vorgehen kann einerseits didaktisch begründet werden. Bei bekannten Wirkungszusammenhängen werden Entscheidungen wahrscheinlich nicht mehr aus Überzeugung getroffen, sondern immer im Hinblick auf die Konsequenzen für den Wirkungszusammenhang. Der Lernprozess würde folglich verfälscht. Eine andere Begründung gegen die Offenlegung der Wirkungszusammenhänge kann in wirtschaftlichen Überlegungen der Anbieter gesehen werden. Für sie ist das Business Game ein Produkt, dessen Abgrenzungspotenzial gegenüber der Konkurrenz hauptsächlich in den Wirkungszusammenhängen zu sehen ist. Eine Offenlegung würde dieses Abgrenzungspotenzial gefährden. Die gegensätzliche Ausprägung des Attributs (*Transparent Box*) ist folglich trotz aufkommenden Open Source-Ansätzen derzeit nicht zu finden. Weil eine solche Entwicklung aber nicht komplett ausgeschlossen werden soll, wurde als Kompromiss die dritte Ausprägung *Grey Box* eingeführt für teil-offengelegte Wirkungszusammenhänge.
- Das Attribut *Feedback* beschreibt den Zeitpunkt des Feedbacks. Es kann entweder komplett entfallen (*fehlend*), *unmittelbar* nach einzelnen Entscheidungen oder *final* nach Beendigung der eigentlichen Simulation erfolgen.
- Das Attribut *Ausmaß des Feedbacks* bezieht sich auf die Spezifität des Feedbacks. Bei einem *vollständigen* Feedback erhalten die Anwender nicht nur Informationen zu den erreichten Sachergebnissen, sondern auch zu ihrem Verhalten. Feedbackformen, die sich nur auf die Sach- oder die Verhaltensebene beziehen, gelten als *unvollständig*.
- Als letztes Attribut soll der *Einfluss externer Daten* genauer erläutert werden. Dieser kann entweder *vorliegen* oder *nicht vorliegen*. Falls dieser Einfluss vorliegt, handelt es sich um Wirtschaftsdaten wie z. B. aktuelle Wechselkurse.

8.2.4 Gamification

Wie bereits in Kap. 1 dieses Bandes dargestellt, macht sich Gamification den Spieltrieb des Menschen zunutze und versucht mit Elementen, die auch normalerweise in herkömmlichen Computerspielen zu finden sind, die Konzentration und das Engagement einer Person auf eine bestimmte Aufgabe zu lenken (Deterding et al. 2011; Anderson und Rainie 2012). Idealerweise können so einerseits höhere Lernerfolge erzielt und andererseits die Motivation zur bestmöglichen Bewältigung einer gestellten Aufgabe gesteigert werden (Huotari und Hamari 2012).

Obwohl in letzter Zeit Unternehmen vermehrt Gamification-Anwendungen in den Bereichen Wissensaufnahme, Beeinflussung des persönlichen Verhaltens (von Mitarbeitern) und in der Interaktion mit Kunden entwickeln, ist der grundlegende Gedanke nicht neu. Bereits 1980 untersuchte Malone (1980), welche Elemente Computerspiele so faszinierend machen und inwieweit diese genutzt werden können, um Lernprozesse attraktiver zu gestalten. Die heutzutage hohe Bedeutung und weite Verbreitung von mobilen Endgeräten sowie den damit anwendbaren Applikationen bieten neue Möglichkeiten für die Überlegungen von Malone. Es können auf einfachste Weise unterschiedliche Menschen in Kontakt gesetzt und Interaktionen befördert werden. Der oftmals beim Gamification initiierte Wettkampf, bzw. der Vergleich der Teilnehmer erfolgt somit auf einer breiteren Basis, wodurch die Teilnehmer zu höheren Leistungen angespornt werden. Ein gutes Beispiel dafür sind Sportapplikationen. Neben dem Austausch von Informationen über z. B. erzielte Leistungen stellen Gamification-Anwendungen i. d. R. auch die Möglichkeit der Kommunikation zur Verfügung. Gegenstand der Kommunikation sind einerseits die erbrachten Leistungen, andererseits aber auch gruppenemergente Themen wie z. B. das Anwendungsdesign, alternative Anwendungen oder auch die Beziehungen der Teilnehmer untereinander.

Die von De Gloria, Bellotti und Berta (2014) unterstellte hierarchische Untergliederung von Gamification und Serious Games (vgl. Abschn. 8.2.2) muss aufgrund dieser Erkenntnisse angezweifelt werden. Bei Serious Games stehen die Vermittlung von deklarativem Wissen und das Erlernen von Wechselwirkungen in Systemen im Vordergrund. Serious Games sind dabei ein Medium, mit dem die Realität computerunterstützt spielerisch erlebt werden kann und teilweise simuliert wird. Gamification bietet zusätzlich zur (rudimentären) Vermittlung von deklarativem Wissen die Möglichkeiten, soziales Verhalten a) zu beschreiben und zu erklären, b) zu erlernen sowie c) zu beeinflussen (Herranz et al. 2013). Dabei greift Gamification auf Elemente zurück, die auch bei Serious Games/(Digital) Game-Based Learning verwandt werden (Perrotta et al. 2013).

8.3 Erfahrungen aus dem Einsatz von Business Games an der Hochschule Osnabrück

8.3.1 Kurzporträt der Hochschule Osnabrück und der Fakultät Wirtschafts- und Sozialwissenschaften

Die 1971 gegründete Hochschule Osnabrück bietet an ihren Standorten Osnabrück und Lingen insgesamt 99 Studiengänge an, verteilt auf vier Fakultäten und ein Institut. Mit 12.000 Studierenden ist sie die größte Hochschule für angewandte Wissenschaften Niedersachsens. Kleine Gruppengrößen, ein intensiver Praxisbezug in Lehre und Forschung, enge Kooperationen mit der Wirtschaft sowie internationale Beziehungen zu weit über 100 Partnerhochschulen sorgen dafür, dass die Hochschule Osnabrück in Hochschulrankings seit Jahren jeweils Spitzenplätze belegt.

An der Fakultät Wirtschafts- und Sozialwissenschaften studieren fast 5.000 Studierende. Damit stellt sie die größte der vier Fakultäten der Hochschule

Osnabrück dar. In den unterschiedlichen Studienbereichen Betriebswirtschaft und Management, Gesundheit und Soziales, Internationale Studiengänge, Öffentliches Management sowie Wirtschaftsrecht studieren Menschen aus unterschiedlichen Nationen und Kulturen. Um die Studierenden zu selbstständigem und kritischem Denken und zu verantwortungsbewusstem Handeln zu befähigen, werden unterschiedlichste Lernmethoden eingesetzt. Neben klassischen Vorlesungen, Projektarbeiten mit Praxispartnern etc. kommen insbesondere auch Business Games zum Einsatz.

8.3.2 Einsatz von Business Games an der Fakultät Wirtschafts- und Sozialwissenschaften der Hochschule Osnabrück

Business Games werden an der Fakultät Wirtschafts- und Sozialwissenschaften für unterschiedliche Zwecke eingesetzt. Dabei kann zwischen direkten Zielen und indirekten Zielen unterschieden werden. Im Fokus der direkten Ziele stehen die Anwendung von erlerntem theoretischem Wissen sowie das Erkennen von Wirkungszusammenhängen vernetzter Systeme bei gleichzeitiger Vermittlung von zusätzlichem Fachwissen. In den fortgeschrittenen Studienabschnitten bekommt die Förderung der Methodenkompetenz eine zusätzliche Bedeutung und wird zu einem wesentlichen Ziel des Einsatzes von Business Games.

Als indirektes Ziel ist als erstes die Erweiterung der Sozialkompetenz zu nennen. Ein weiteres indirektes Ziel ist das Erzeugen von Grundverständnissen für neue Themengebiete. Bei den Studierenden entsteht dadurch einerseits ein Lerneffekt, andererseits werden sie in die Lage versetzt, schnell Entscheidungen treffen zu können, mit welchen Themengebieten sie sich zukünftig intensiver beschäftigen wollen.

Um die o. g. Ziele erreichen zu können, werden unterschiedliche Business Games eingesetzt. Tab. 8.3 gibt einen Überblick über die eingesetzten Business Games und ihre Anwendungsbereiche.

Die größte Gruppe an eingesetzten Business Games stellen die von TOPSIM dar. Aufgrund der positiven Erfahrungen im Hinblick auf die didaktische, zeitliche und mediale Perspektive (Hense und Mandl 2012) wurden die unterschiedlichen Business Games sukzessiv an der Hochschule Osnabrück eingeführt, was zu einer Konzentration auf einen Hauptanbieter führte.

Die Studierenden werden in die Lage versetzt, ihr theoretisches Wissen in einer realitätsnahen Situation anzuwenden und verstehen dabei, wie einzelne Themenfelder ein gesamtes System ergeben und welche Wechselwirkungen bestehen. In den unterschiedlichen Studienabschnitten geschieht dies auf unterschiedliche Art und Weise. Bereits vor Beginn der regulären Lehrveranstaltungen wird für die angehenden Erstsemester das Business Game Topsim easyManagement angeboten. Das Spiel selber ist wenig komplex und sehr gut geeignet, Grundzüge der Betriebswirtschaft zu erlernen. Für die Studierenden ist dies eine sehr gute Möglichkeit, bereits vor Vorlesungsbeginn erste tiefere Eindrücke zu ihrem zukünftigen Studiengebiet sammeln zu können. Weil sich während der eintägigen Veranstaltung Spiel- und Feedbackphasen abwechseln, bekommen die Studierenden gleichzeitig

Tab. 8.3 Übersicht zum Einsatz von Business Games an der Hochschule Osnabrück (Fakultät Wirtschafts- und Sozialwissenschaften)

Name	Anbieter	Art	Einführung	Anwendungsbereich
TOPSIM General Management	TOPSIM	digital	2007	Controlling-Vertiefung in den Bachelorstudiengängen, Duale Programme: Jeweils bis zu 40 Teilnehmer
TOPSIM Logistics	TOPSIM	digital	2008	Vertiefung in den Bachelorstudiengängen: Jeweils bis zu 25 Teilnehmer
TOPSIM easyManagement	TOPSIM	digital	2009	Begrüßungsveranstaltung für Erstsemester: Bis zu 250 Teilnehmer in bis zu fünf parallelen Spielen (Internationales Bachelorstudium LOG inCHINA: Bis zu 65 Teilnehmern, Wirtschaftsdeutsch B2: Bis zu 20 Teilnehmer)
The Beergame	Kai Riemer (University of Sydney)	digital	2010	Vertiefung in den Bachelorstudiengängen: Bis zu 40 Teilnehmer, Internationales Bachelorstudium LOGinCHINA: Bis zu 65 Teilnehmer
TOPSIM Social Management	TOPSIM	digital	2010	Bachelorstudiengänge: Jeweils bis zu 30 Teilnehmer
TOPSIM Global Management	TOPSIM	digital	2011	Masterstudiengänge: Jeweils bis zu 30 Teilnehmer
TOPSIM Hospital Management	TOPSIM	digital	2011	Masterstudiengänge: Jeweils bis zu 30 Teilnehmer
TOPSIM Change Management	TOPSIM	digital	2011	Schwerpunkt in den Masterstudiengängen: Jeweils bis zu 30 Teilnehmer
TOPSIM Projektmanagement Messe	TOPSIM	digital	2012	Vertiefung in den Bachelorstudiengängen: Jeweils bis zu 25 Teilnehmer
Glob Bus	McGraw-Hill Education, Inc.	digital	2013	Gemeinsames Planspiel mit Bachelor-Studenten der Gannon University, USA: Zusammen bis zu 30 Teilnehmer
TOPSIM Going Global	TOPSIM	digital	2013	Masterstudiengänge: Jeweils bis zu 30 Teilnehmer
ÖKONOMIKUS	game solution ag	haptisch	2013	Masterstudiengänge: Jeweils bis zu 30 Teilnehmer
The Beergame	SIMCON GmbH	haptisch	2014	Vertiefung in den Bachelorstudiengängen: Jeweils bis zu 12 Teilnehmer

die Möglichkeit, einen Eindruck vom Lernprozess an einer Hochschule zu gewinnen, der sich in den meisten Fällen deutlich von ihrem vorherigen Lernumfeld
unterscheidet. Darüber hinaus knüpfen die Studierenden in den Studiengangs-
übergreifenden Gruppen Kontakte zu anderen Erstsemestern, was die Sozialisation
an der Hochschule vereinfacht.

Besondere Erfolge werden mit Topsim easyManagement auch im Bereich des
Erlernens von (Wirtschafts-) Deutsch als Fremdsprache erzielt. Die Kommunikation
während des Spiels steht neben dem Vermitteln von Fachwissen im Vordergrund.
Der Spielleiter führt dabei das Business Game mit einem Sprachdozenten im
Teamteaching durch. Die internationalen Studierenden begegnen sich auf dem
betriebswirtschaftlichen Themengebiet, zu dem sie zumindest über Grundkenntnisse
verfügen, allerdings die Sprache nur in Ansätzen beherrschen. Als Arbeitsmittel
unterstützen ein adaptiertes Handbuch, erklärende Texte und eine EDV-gestützte
Vokabeldatenbank die Studierenden beim Verstehen der Funktionalität des Spiels.
Im Rahmen der Simulation müssen sie z. B. Protokolle führen, Pressemitteilungen
und unternehmensinterne Rundschreiben verfassen. Ebenso gehören spontane
Reden, fiktive Fernsehinterviews oder Kurzpräsentationen zu den zu erledigenden
Aufgaben. Internationale Studierende, die an dem Business Game teilnehmen,
schildern nahezu ausschließlich positive Erfahrungen und bewerten das Spiel als
große Hilfe, um die Sprache lernen und betriebswirtschaftliche Zusammenhänge
verstehen zu können. Bei dem internationalen Bachelorstudiengang LOGinCHINA
wird ebenfalls Topsim easyManagement mit dem Ziel eingesetzt, die Sprachfä-
higkeiten der Studierenden auszubauen und ihnen gleichzeitig Fachwissen zu vermitteln. Im Gegensatz zum Einsatz bei (Wirtschafts-) Deutsch als Fremdsprache ist
der Spielleiter allerdings nicht anwesend. Die Betreuung an der Partneruniversität
in Hefei (China) erfolgt durch den Sprachdozenten. Die Entscheidungen der Teilnehmer werden vom Spielleiter in Osnabrück analysiert und per Videokonferenz
mit den Gruppen diskutiert.

In den von den Studierenden wählbaren unterschiedlichen Vertiefungen der
anderen Bachelorstudiengänge werden Business Games eingesetzt, um bereits
erlerntes Wissen vertiefen und anwenden zu können. Die Teilnehmer müssen innerhalb ihrer Arbeitsgruppen gemeinsame Lösungen finden, argumentieren und diskutieren. In Feedbackschleifen wird ihre Vorgehensweise analysiert und ggf. alternative
Handlungsoptionen dargeboten. Der Lerneffekt ist bei dieser Vorgehensweise im
Vergleich zur frontalen Lehr-Lernsituation messbar höher, wie an den Prüfungs-
ergebnissen der Studierenden zu erkennen ist. Teilnehmende Studierende berichten,
dass die von ihnen für das Business Game eingesetzte Zeit im Vergleich zu anderen
Lehrveranstaltungen deutlich höher ist. Als Grund für den größeren Zeitaufwand
wird hauptsächlich der Koordinationsbedarf innerhalb der jeweiligen Gruppen
genannt. Die faktisch hohe inhaltliche Komplexität wird ebenfalls als solche wahrgenommen, gleichzeitig wird der Umgang mit dieser Komplexität aber nicht als
„zeitraubender" Faktor erachtet.

In den Master- und den internationalen Studiengängen wird gegenüber den nati-
onalen Bachelorstudiengängen das Blended Learning vermehrt eingesetzt. Bei dieser Form des Lernens werden Präsenzphasen und E-Learning kombiniert (Garrison

und Hanuka 2004). Neben dem Erreichen der bereits beschriebenen Vorteile von Business Games können so einerseits die Veranstaltungen flexibel organisiert werden und gleichzeitig die soziale Interaktion zwischen Studierenden und Lehrenden aufrechterhalten werden. Je nach Organisation und Aufbau des jeweiligen Business Games werden die Studierenden beispielsweise dazu aufgefordert, eigene Kennzahlensysteme zu entwickeln, die ihnen helfen sollen, ihre simulierten Unternehmen besser managen zu können. Außerdem müssen die Teilnehmer abgesehen vom Argumentieren und Diskutieren von Lösungen innerhalb ihrer Arbeitsgruppen diese auch gegenüber anderen Akteuren wie den anderen Spielern oder vor simulierten höheren Instanzen wie z. B. Geschäftsführern oder Aufsichtsräten adäquat formulieren und präsentieren. Durch diese Kombination unterschiedlicher Anforderungselemente ist das jeweilige Spiel auf eine einfache aber sehr effektive Art modifizierbar. Der durch das Game Design festgelegte Handlungsrahmen wird durchbrochen und es werden neue Reize für die Studierenden gesetzt, die sie befähigen, länger und aufmerksamer dem Spielverlauf zu folgen.

In den letzten Semestern wurde mit der Gannon University in Erie (USA) ein gemeinsames Modul für die jeweiligen Bachelorprogramme gestartet. Dabei werden Gruppen gebildet, die aus Studierenden beider Universitäten bestehen und gemeinsam an dem Business Game Glo Bus teilnehmen. Abgesehen von der hohen Komplexität des Spiels, die vertiefte betriebswirtschaftliche Kenntnisse erfordert, besteht die Anforderung an die Studierenden in der Kommunikation miteinander. Diese Anforderung wird von den Studierenden als sehr herausfordernd empfunden, da z. B. aufgrund der Zeitunterschiede Skypekonferenzen schwierig sind und unterschiedliche Mentalitäten in den Teams aufeinandertreffen. Gleichzeitig zeigt diese Vorgehensweise bei der Umsetzung von Business Games einen hohen Lerneffekt bei den Studierenden. Aufbauend auf der Kooperation mit der Gannon University wird derzeit mit den internationalen Partnern der Hochschule Osnabrück an einer Erweiterung des Konzepts gearbeitet. Ziel ist es, neben dem Fachwissen das interkulturelle Verständnis zu schulen und deutlich auszubauen.

8.4   Erkenntnisse aus dem Einsatz von Business Games

Insgesamt verläuft der Einsatz von Business Games an der Hochschule Osnabrück sehr erfolgreich, was sich in den Ergebnissen der Studierenden und ihrem Feedback zu den Spielen widerspiegelt. Der organisatorische Aufwand für die Hochschule ist gering. Vorlesungsräume und PCs werden nur in geringem Maße benötigt, weil die meisten Business Games dezentral auf den Computern der Studierenden gespielt werden. Kosten entstehen durch die Anschaffung bzw. für die Lizenzen der jeweiligen Business Games.

Die beschriebene Vorgehensweise beim Einsatz von Business Games bringt bei aller Vorteilhaftigkeit aber auch Herausforderungen mit sich. Grundsätzlich sind Business Games zeitintensive Lehrveranstaltungen. Verglichen mit einer klassischen Veranstaltung wird im Verlauf eines Semesters durch ein Business Game i. d. R. ein schmaleres inhaltliches Spektrum behandelt. Besonders vorteilhaft ist dies bei Veranstaltungen, die ein klar begrenztes Themengebiet behandeln und bei denen gleichzeitig zusätzliche Kompetenzen wie z. B. Argumentations- oder Sprachkompetenz vermittelt werden sollen. Bei Veranstaltungen, die beispielsweise eine Übersicht zu unterschiedlichen Konzepten geben sollen, sind Business Games jedoch nur begrenzt geeignet. Außerdem führen sie zu einer Erhöhung der Komplexität der Lernsituation. Neben der je nach eingesetztem Business Game unterschiedlichen inhaltlichen Komplexität kann die Gesamtkomplexität zusätzlich durch die Anforderungen im Hinblick auf die Methoden-, die Sozial- und die interkulturelle Kompetenz definiert werden. Der Anspruch an die Lehrenden und die Studierenden als Lernende steigt dadurch an. Die Lehrenden müssen selber über ausreichend Kompetenz in den jeweiligen Bereichen verfügen, um ein angemessenes Lernumfeld entstehen lassen zu können. Im Ablauf eines Spiels entstehen immer wieder neue Situationen, die von den Lehrenden erfasst, bewertet und gegenüber den Studierenden erklärt werden müssen. Dies bezieht sich sowohl auf inhaltliche Aspekte als auch auf gruppendynamische Effekte.

Bemerkenswert ist, dass besonders die Studierenden von dem Einsatz von Business Games profitieren, die ansonsten nicht hervorragende Leistungen erbringen. Die sehr leistungsstarken Studierenden profitieren ebenfalls, allerdings scheint ihr individueller Nutzen geringer zu sein. Alle Studierenden profitieren sehr stark von der Interaktion innerhalb der Gruppen. Die teilweise sehr kontroversen Diskussionen mit den anderen Gruppenmitgliedern sowie den Lehrenden stärken die argumentativen Fähigkeiten der Studierenden und erfordern eine intensive Beschäftigung mit der inhaltlichen Thematik. Dabei erhöhen sowohl der spielerische Wettbewerb als auch die soziale Interaktion die Bereitschaft der Studierenden, sich über einen längeren Zeitraum intensiv mit einer Thematik zu beschäftigen. Gleichzeitig müssen sie stets ihre Konzentration auf einem hohen Niveau halten können, um den Input in den unterschiedlichen Bereichen aufnehmen zu können. Da viele digitale Business Games semesterbegleitend durchgeführt werden, fällt es den Studierenden aufgrund der ebenfalls hohen Beanspruchung in den anderen Veranstaltungen des Semesters teilweise schwer, die Konzentration während des gesamten Semesters auf diesem hohen Niveau zu halten. In solchen Fällen kann die Aufgabenstellung als zu komplex wahrgenommen werden und der Effekt der Prokrastination – dem problematischen, fortlaufenden Aufschieben von Arbeitsaufgaben – kann auftreten (Fydrich 2009). An dieser Stelle entsteht eine neue Herausforderung bei der Gestaltung von Business Games. Der spielbedingte Bindungseffekt reicht in solchen Fällen nicht mehr aus, um die wahrgenommene Gesamtkomplexität des Business Games ausreichend kompensieren zu können. Erfahrungen aus der Anwendung des Beergames zur Erklärung des Bullwhip-Effekts (Lee et al. 1997) in der Vertiefung der Bachelorstudiengänge können auf diese Erkenntnis übertragen werden. Abhängig von der jeweiligen Teilnehmerzahl wird das Beergame entweder digital oder haptisch gespielt. Während die digitale Version sehr gut geeignet ist, um größeren Gruppen den Effekt zu vermitteln und auch zu späteren Zeitpunkten die Ergebnisse erneut aufrufen zu können, ist bei der haptischen Version die Interaktion zwischen den Studierenden untereinander sowie zwischen den Studierenden und dem Lehrenden direkter. Außerdem ist das

Tab. 8.4 Nutzen und Problemaspekte beim Einsatz von Business Games

Nutzen für Studierende durch den Einsatz von Business Games	Problemaspekte
• Erkennen und Verstehen (komplexer) wirtschaftlicher Zusammenhänge • Verbesserung der Methodenkompetenz • Erhöhung der Sozialkompetenz • Ausbau von interkulturellen Kompetenzen	• Hohe Anforderung an die Lehrenden • Hoher zeitlicher Aufwand • Verringerung des spielbedingten Bindungseffekts durch teilweise hohe Gesamtkomplexität der Spiele (Gefahr der Prokrastination gefolgt von geringerem Lernerfolg)

Ablenkungspotenzial bei der haptischen Variante geringer, weil die Studierenden nicht parallel zum Spiel in sozialen Medien kommunizieren. Das Beispiel zeigt, dass ein Missverhältnis zwischen der Komplexität und dem Bindungseffekt eines Business Games bestehen kann.

Tab. 8.4 gibt eine Übersicht zum Nutzen und zu Problemen beim Einsatz von Business Games.

8.5 Handlungsempfehlungen

Die gemachten Erfahrungen zeigen, dass Business Games ein sehr großes Potenzial bieten, gleichzeitig aber auch Weiterentwicklungen notwendig sind. Besonders eine alternative Vorgehensweise bei der Bewertung der Entscheidungen von Anwendern von Business Games würde den Wert von Business Games zusätzlich steigern. Bisher erfolgen die Bewertungen einerseits über das Simulationsmodell in Form von Ergebnissen und daraus resultierenden neuen Situationen, was aufgrund der natürlichen Grenzen von Simulationsmodellen durchaus kritisch beurteilt wird (De Gloria et al. 2014). Die zweite wesentliche Säule der Entscheidungsbewertung ist das Feedback. Wie vorgestellt, unterscheiden sich Business Games in Bezug auf das Feedback durch den Zeitpunkt des Feedbacks (fehlend, sofort, final) und den Umfang des Feedbacks (vollständig, unvollständig). Nicht unterschieden wird nach dem Aspekt, durch wen das Feedback erfolgt. Hier sind prinzipiell folgende Möglichkeiten denkbar: a) Feedback durch die Simulation, b) Feedback durch den Lehrenden/den Coach c) Feedback durch die Teilnehmer und c) Feedback durch eine externe Gruppe.

Verbesserungen könnten erzielt werden, wenn die Bewertung durch eine externe Gruppe erfolgen würde. Eine Vielzahl von Entscheidungen in Unternehmen ist davon abhängig, wie sie von den Stakeholdern wahrgenommen und bewertet werden (Xu und Xi 2013). Die Motive für diese Wahrnehmung und Bewertung sind dabei äußerst komplex (Heitner et al. 2013) und können in Simulationsmodellen nicht vollständig erfasst werden. Das Gamification bietet hier eine interessante Möglichkeit. Externe Personen (Laien oder Experten in Bezug auf die Thematik des jeweiligen Business Games) könnten über das Gamification motiviert werden, die getroffenen Entscheidungen der Teilnehmer zu bewerten. Besonders geeignet scheinen dafür Bereiche, die große Bezugsgruppen ansprechen wie z. B. Nachhaltigkeit bzw. Corporate Social Responsibility (Rahman 2011). Wenn dies gelänge, würden automatisch viel mehr Variablen bei der Bewertung der Entscheidung berücksichtigt werden und der Qualitätsgrad der (teil-) simulierten Realität des Business Games würde deutlich erhöht werden. Gleichzeitig würde mittels Gamification eine soziale Interaktion zwischen Spielenden und (externen) Bewertenden ermöglicht. Die Neigung zur sozialen Interaktion via Kommunikationsmedien könnte so in Business Games integriert werden. Die Transparenz des Simulationsmodells würde erhöht werden und es würden externe Daten einfließen. Das Lernpotenzial, der Lerneffekt sowie die Motivation der Teilnehmer würden dadurch wahrscheinlich deutlich gesteigert werden können.

Für Unternehmen wird der Einsatz von Business Games bzw. Serious Games weiterhin vorrangig in den Feldern Recruiting sowie Aus- und Weiterbildung relevant sein. Während sich beim Recruiting die Teilnahme in einem begrenzten zeitlichen Rahmen abspielt, sollten Unternehmen bei Aus- und Weiterbildungsmaßnahmen die Teilnehmer über längere Zeiträume spielerisch einbinden. Dadurch können nicht nur effizient und effektiv Abläufe verbessert werden, sondern auch die persönlichen und sozialen Kompetenzen der Mitarbeiter ausgebaut werden. Besonders der Aspekt, dass, analog zu den im Hochschulbereich gemachten Erfahrungen, die in Bezug auf das Leistungsniveau eher durchschnittlichen sowie schwächeren Mitarbeiter wahrscheinlich in hohem Maße von dem Einsatz von Business Games bzw. Serious Games profitieren, bietet Unternehmen eine große Chance. Diese beiden Gruppen stellen im Vergleich zu den Top-Performern den größeren Anteil an Mitarbeitern dar, so dass eine Verbesserung der Weiterbildung hier besonders sinnvoll ist.

Insofern Business Games bzw. Serious Games durch Social Media in Kombination mit Elementen des Gamification ergänzt würden, könnte es außerdem gelingen, die effektive Arbeitszeit der Mitarbeiter zu erhöhen. Der regelrechte Drang der Mitarbeiter, Social Media während der Arbeitszeit zu nutzen, wird sich wahrscheinlich nicht anhaltend unterbinden lassen. Wenn Unternehmen allerdings eine Möglichkeit bieten würden, jene Medien im Rahmen der Arbeit „legitim" zur Aus- und Weiterbildung zu nutzen, würde die Nutzung von Social Media während der Arbeitszeit zumindest in Teilen kanalisiert und die Kompetenzen und ggf. auch die Produktivität der Mitarbeiter erhöhen.

Voraussetzung, um diese Vorteile langfristig erzielen zu können, ist ein permanentes Anpassen der eingesetzten Spiele bzw. Spielelemente, um die Attraktivität auf die Teilnehmenden dauerhaft zu gewährleisten.

Literatur

Aarseth E, Smedstad S, Sunnana L (2003) A multidimensional typology of games. Level up conference proceedings, University of Utrecht, S 48–53

Abt CC (1987) Serious games. University Press of America, Lanham

Anderson JQ, Rainie L (2012) Gamification: experts expect ‚game layers' to expand in the future, with positive and negative results. Pew Research Center. http://www.pewinternet.org. Zugegriffen am 07.11.2016

Breuer J, Bente G (2010) Why so serious? On the relation of serious games and learning. J Comput Game Cult 4(1):7–24

De Gloria A, Bellotti F, Berta R (2014) Serious Games for Education and Training. Int J Serious Games 1(1). doi: http://dx.doi.org/10.17083/ijsg.v1i1.11

Deterding S, Khaled R, Nacke L, Dixon D (2011) Gamification: towards a definition. CHI 2011 Gamification Workshop Proceedings. Vancouver, Kanada

Eilon S (1963) Management games. Oper Res 14(2):137–149

Elverdam C, Aarseth E (2007) Game classification and game design: construction through critical analysis. Games Cult 2(1):3–22

Faria AJ, Hutchinson D, Wellington WJ, Gold S (2009) Developments in business gaming: a review of the past 40 years. Simul Gaming 40(4):464–487

Feil JH, Scattergood M (2005) Beginning game level design. Thomson Learning, Stamford

Fischer G (2001) Lifelong learning and its support with new media: cultural concerns. In: Smelser NJ, Baltes PB (Hrsg) Encyclopedia of the social & behavioral science. Pergamon, Oxford, S 8836–8840

Fydrich T (2009) Arbeitsstörungen und Prokrastination. Psychotherapeut 54(5):318–325

Garrison DR, Hanuka H (2004) Blended learning: uncovering its transformative potential in higher education. Internet High Educ 7(2):95–105

Greco M, Baldissin N, Nonino F (2013) An exploratory taxonomy of business games. Simul Gaming 44(5):645–682

Head AJ, Van Hoeck M, Garson DS (2015) Lifelong learning in the digital age: a content analysis of recent research on participation. First Monday 20(2). doi: http://dx.doi.org/10.5210/fm.v20i2.5857

Heitner KL, Kahn AE, Sherman KC (2013) Building consensus on defining success of diversity work in organizations. Consult Psychol J 65(1):58–73

Hense J, Mandl H (2012) Curriculare Herausforderungen bei der Integration von Planspielen. In: Schwägele S, Zürn B, Trautwein F: Planspiele – Lernen im Methodenmix: Integrative Lernkonzepte in der Diskussion, Books on Demand GmbH, Norderstedt, S 11–25

Herranz E, Colomo-Palacios R, Amescua-Seco A (2013) Towards a new approach to supporting top managers in SPI organizational change management. Procedia Technol 9:129–138

Huotari K, Hamari J (2012) Defining gamification – a service marketing perspective. In: Proceedings of the 16th international academic mindtrek conference, Tampere

Illich I (1971) Deschooling society. Harper & Row, New York

Lee HL, Padmanabhan V, Whang S (1997) The bullwhip effect in supply chains1. Sloan Manage Rev 38(3):93–102

Liarokapis F, Anderson EF, Oikonomou A (2010) Serious games for use in a higher education environment. In: Proceedings of the 15th international conference on computer games, Louisville, S 69–77

Maier FH, Größler A (1998) A taxonomy for computer simulations to support learning about socio-economic systems. In: Proceedings of the 16th international conference of the system dynamics society, Quebec

Malone TW (1980) What makes things fun to learn? A study of intrinsically motivating computer games. Cognitive and instructional science series, CIS-7, Xerox Palo Alto Research Center, Palo Alto

Otte PP (2014) Developing technology: the quest for a new theoretical framework for understanding the role of technology in human development. Technol Soc 38:11–17

Perrotta C, Featherstone G, Aston H, Houghton E (2013) Game-based learning: latest evidence and future directions. Report, National Foundation for Educational Research, Slough

Rahman S (2011) Evaluation of definitions: ten dimensions of corporate social responsibility. World Rev Bus Res 1(1):166–176

Roman PA, Brown, D (2007) Constructive simulation versus serious games – a Canadian case study. In: Proceedings of the 2007 spring simulation multiconference, S 217–224

Sabri H, Cowan B, Kapralos B, Cristancho S, Moussa F, Dubrowski A (2010) Off-pump coronary artery bypass surgery procedure training meets serious games. In: Proceedings of the IEEE international symposium on haptic audio-visual environments and games, Phoenix, S 1–5

Sawyer B (2002) Serious games: improving public policy through game-based learning and simulation. Woodrow Wilson International Center for Scholars. http://www.wilsoncenter.org/. Zugegriffen am 07.11.2016

Sawyer B, Smith P (2008) Serious games taxonomy. Serious games initiative. http://edutechwiki. unige.ch/en/Serious_game. Zugegriffen am 07.11.2016

Susi T, Johannesson M, Backlund P (2007) Serious games – an overview. Technical Report, University of Skövde

Webster F (2014) Theories of the information society. Routledge, London/New York

Weppel SD, Bishop M, Munoz-Avila H (2012) The design of scaffolding in game-based learning: a formative evaluation. J Interact Learn Res 23(4):361–392

Xu E, Xi Y (2013) The effect of the stakeholder orientation on social performances. In: Proceedings of the international conference on management science and engineering, S 739–750. Harbin

Die Gamifizierung der Hochschullehre – Potenziale und Herausforderungen

9

Helge Fischer, Matthias Heinz, Lars Schlenker,
Sander Münster, Fabiane Follert und Thomas Köhler

Zusammenfassung

Punkte, Abzeichen, Bestenlisten – und schon fällt der Begriff der Gamifizierung. Die fortschreitende Digitalisierung vereinfacht den Einsatz sogenannter Spieleelemente in der akademischen Bildung erheblich. Dabei bietet der Trend der Humifizierung neben Punkten, Abzeichen und Ranglisten viele niedrigschwellige und technisch wenig aufwendige Möglichkeiten der Lernmotivationssteigerung. Gamifizierung – verstanden als Designstrategie – kann helfen, motivations- und partizipationsförderliche Lernumgebungen an Hochschulen zu kreieren, in denen Studierende berufliche Kompetenzen individuell oder gemeinsam aufbauen können. Dafür muss die Gamifizierung pädagogischen Prinzipien folgen. Der vorliegende Beitrag thematisiert dies und setzt sich mit der Idee der Gamifizierung, den wesentlichen Merkmalen von Spielen und deren Potenzialen für das Lernen und Lehren in der Hochschule auseinander. Zur Verdeutlichung dessen werden hochschulische Entwicklungstendenzen wie die Anregung der Studienmotivation, vertiefendes Lernen und Senkung der Abbrecherzahlen fokussiert. Abschließend werden praktische Umsetzungsbeispiele und deren Effekte für das Lernen in der Hochschule aufgezeigt.

Schlüsselwörter

Gamifizierung • Hochschullehre • Lernmotivation • Hochschulentwicklung • Digitalisierung

---

Vollständig neuer Original-Beitrag

H. Fischer (✉) • M. Heinz • L. Schlenker • S. Münster • F. Follert • T. Köhler
TU Dresden/Medienzentrum, Dresden, Deutschland
E-Mail: helge.fischer@tu-dresden.de; matthias.heinz@tu-dresden.de; lars.schlenker@tu-dresden.de; sander.muenster@tu-dresden.de; fabiane.follert@tu-dresden.de; thomas.koehler@tu-dresden.de

© Springer Fachmedien Wiesbaden GmbH 2017
S. Strahringer, C. Leyh (Hrsg.), *Gamification und Serious Games*, Edition HMD,
DOI 10.1007/978-3-658-16742-4_9

9.1   Einführung

Die Entwicklung der Hochschullehre wird bestimmt durch fortschreitende Digitalisierung und die Veränderung beruflicher Anforderungen. Studentisches Lernen wird individualisiert und flexibilisiert, Lern- und Arbeitswelten verschmelzen miteinander und Rollenverständnisse in der akademischen Bildung verändern sich (vgl. Stifterverband 2016). Diese Dynamiken begünstigen Bildungsinnovationen in didaktischer, organisationaler und technologischer Hinsicht. Die Gamifizierung (auch Gamification, Gamifikation, Spielifizierung, Spielifikation) der Hochschullehre ist einer dieser Trends. Dies zeigt sich bspw. in der Zahl der Nennungen von *Gamification* in Titeln wissenschaftlicher Publikationen, welche gemäß einer Analyse von Hamari et al. (2014) anhand von Einträgen in Google Scholar und Scopus von nahezu 0 im Jahr 2010 auf ca. 200 Nennungen in Titeln wissenschaftlicher Publikationen im Jahr 2013 anstieg. Mit Stand August 2016 ist die Zahl der aufgeführten Artikel in Google Scholar auf über 2000 angestiegen. Da diese Artikel nicht ausschließlich Lehrbezug haben, verweisen sie auf die Gamification-Entwicklungen in verschiedenen Anwendungsbereichen. Den konkreten Bezug zur Bildung stellt u. a. der Horizon Report (Johnson et al. 2016), welcher jährlich globale Entwicklungen der Hochschullehre aufgreift, her. Bis 2014 wurde Gamification als wichtiger Trend deklariert und in den aktuellen Ausgaben des Trendreports (von 2016) wird das Konzept unter dem Paradigma „Deeper Learning" als zeitgemäße Weiterentwicklung von akademischen Lehrformaten betrachtet. Viele E-Learning-Anbieter im deutschsprachigen Raum haben gegenwärtig Gamification-Tools oder -Dienste im Angebotsportfolio, wie auf der jährlich stattfindenden LEARNTEC (Fachmesse und Kongress zum digitalen Lernen, www.learntec.de) deutlich wird. Aus Sicht der Experten von Gartner Research (2015) ist Gamification längst kein Hype mehr, vielmehr wird erwartet, dass sich dieser Ansatz in den kommenden Jahren (5+) in der Bildungspraxis etabliert. Doch wo liegen Potenziale und Herausforderungen der Gamifizierung der Hochschullehre? Mit dieser Frage setzt sich der vorliegende Beitrag auseinander.

9.2   Gamifizierung als Gestaltungsansatz für die Hochschullehre

Bisher gibt es zwar keine einheitliche Definition für Gamifizierung aber gemäß Caponetto et al. (2014) besteht in der Fachliteratur weitgehend Einigkeit darüber, dass Gamifizierung den Einsatz von Spielelementen oder -mechaniken in spielfremden Kontexten beschreibt. Zu dieser Aussage kommen die Autoren durch die Analyse von 119 Fachbeiträgen zur Gamifizierung. Spielfremde Kontexte sind im Rahmen der Hochschulbildung die Prozesse der Wissensvermittlung, -aneignung und -erarbeitung innerhalb der Hochschullehre, bspw. im Rahmen einer Lehrveranstaltung, der Studienvorbereitung oder des informellen

Lernens. Die umfangreichen Potenziale der Gamifizierung im Bildungskontext werden durch diese strukturorientierte Begriffserklärung nur begrenzt deutlich. Vielmehr muss das Ziel des Konzeptes in den Vordergrund gestellt werden. Gamifizierung ist eine nutzerzentrierte Designstrategie, die darauf abzielt, die Motivation und die Beteiligung von Individuen an realweltlichen (Interaktions-) Prozessen zu steigern (Stieglitz 2015, siehe auch Kap. 1). In Bildungsprozessen wird mit dem Einsatz von Spielelementen im Lehralltag die Lern- und Studien-motivation von Studierenden sowie deren Grad an Beteiligung und Involviertheit gesteigert bzw. aufrechterhalten. Im Fokus steht das konkrete Verhalten der Stu-dierenden im Lernprozess, wie bspw. das Kommentieren von Fachbeiträgen, Fin-den von Lösungswegen, Kommunizieren mit Kommilitonen und Präsentieren von Lösungen. Doch welche Spielelemente unterstützen das? Prominente Bei-spiele für Spielelemente sind zweifellos Punkte, Abzeichen und Bestenlisten. Die nachfolgende Aufzählung zeigt einen Ausschnitt und die Breite der Spiele-lemente, die in der aktuellen Literatur über Gamifizierung im Fokus stehen:

- Punkte, Bestenlisten, spielähnliche Grafiken, Levels/Ränge, Wettbewerb, Ava-tare, Rückmeldung/Belohnung, Errungenschaften/Abzeichen, virtuelle Währung, Teamarbeit, Minispiele, Herausforderung, Fantasie, Rollenspiel, Quiz, materielle Belohnungen, Narrativität, Ziele, Erfahrungspunkte, Neugier (Fitz-Walter 2015)
- Ziele, Herausforderungen, Aufgaben, Anpassung, Fortschritt, Wettbewerb, Kooperation/Kreisläufe sozialen Engagements, Ab-/Aufstufung, sichtbarer Status, Zugang/freischaltbare Inhalte, Wahlfreiheit, Wahl von Unterzielen, Ver-sagensfreiheit, Geschichtenerzählen, neue Identitäten/Rollen, Eingliederung, Zeitbeschränkung (Dicheva et al. 2015)
- Punkte, Bestenliste, Errungenschaften/Abzeichen, Levels, Geschichten/Mo-tive, klare Ziele, Rückmeldung, Belohnungen, Fortschritt, Herausforderungen (Hamari et al. 2014)
- Belohnungselemente: Errungenschaften, Auszeichnungen, Abzeichen, Klassifi-kation, Beschenkung, Wohltätigkeit, Bestenliste, Levels, Benachrichtigung, Rückmeldung, Fortschrittsanzeige, Belohnung, virtuelle Währung, virtuelle/ realweltliche Güter (Conger 2016)

Spielelemente sind die wahrnehmbaren Erscheinungsformen der Gamifizierung. Die starke Fokussierung auf diese Elemente birgt die Gefahr der Trivialisierung. Ist der Einsatz von Fortschrittsanzeigen bereits Gamifizierung? Die Nutzbar-machung des Gamifizierungskonzeptes im Bildungskontext erfordert eine tie-fergehende Beschäftigung mit Spielmechaniken und mit ihren motivations- und lernförderlichen Potenzialen (Werbach und Hunter 2015). Spielmechaniken sind die Prinzipien, auf denen Spiele basieren. Durch sie werden individuelle Bedürf-nisse angesprochen oder Motive aktiviert. Mit dem Octalysis Framework liefert der Gamification-Experte Chou eine Übersicht über gängige Spielmechaniken, die er als Antriebe (Core-Drives) bezeichnet. Demnach gehen Spiele auf folgende Antriebe zurück (Chou 2014):

- **Epic Meaning & Calling** entstehen aus der Motivation heraus, etwas zu tun, das von großer Bedeutung ist. Ist dieser Antrieb aktiviert, möchten Adressaten Teil des Systems werden und darin aktiv partizipieren, weil sie sich sinngemäß in „Helden" verwandeln, die zur Entwicklung einer Sache (z. B. Unternehmen, Organisation, Hochschule) beitragen.
- **Development & Accomplishment** sind die inneren Antriebe nach Fortschritt, die Entwicklung von Fähigkeiten und die Meisterung von Herausforderungen.
- **Empowerment of Creativity & Feedback** beschreiben künstlerische Spiel- und Ausdrucksweisen, z. B. etwas zu erschaffen, verschiedene Kombinationen auszuprobieren und diese künstlerischen Fähigkeiten anderen zu demonstrieren.
- **Social Influence & Relatedness** beinhalten alle sozialen Elemente, die Menschen motivieren und ihre Engagement steigern. Dazu gehören u. a. Mentorship, Gemeinschaft und andere soziale Maßnahmen, aber auch Wettbewerb und Neid. Menschen orientieren sich häufig an ihren Mitmenschen und eifern deren Status nach.
- **Ownership & Possession** sind die Antriebe etwas haben zu wollen. Wenn ein Spieler den Drang nach Besitz verspürt, wird er nach noch besserem und größerem Besitz streben. Wenn jemand das Gefühl hat, seinen Job in Gänze zu beherrschen, wird er noch härter arbeiten, um diesen Status aufrechtzuerhalten, damit niemand anderes den Status „des Besseren" erlangt.
- **Scarcity & Impatience** sind die Antriebe, etwas haben zu wollen, weil man es nicht (sofort) haben kann oder es schwer zu erreichen ist. Das „Freispielen" von Elementen ist hier ein Hauptantriebsfaktor.
- **Unpredictability & Curiosity** sind das „Herausfinden-wollen was als nächstes passiert". Spiele üben einen Reiz aus, bis man sie durchschaut hat bzw. ihre inhärenten Gesetzmäßigkeiten erkannt hat. Gamifizierte Lernanwendungen sollten dem Lerner daher in dosierter Form Überraschungen bieten.
- **Loss & Avoidance** basieren auf der Motivation etwas Negatives vermeiden zu wollen – wie z. B. den Verlust bereits geleisteter Arbeit bzw. im Spielkontext: den Verlust hart erkämpfter bzw. gesammelter Punkte.

Die Implementierung von Spielelementen in Lernsettings verursacht per se noch keine positiven Effekte, sondern kann ebenso vom Lernen ablenken. Daher muss das Design von gamifizierten Lernanwendungen pädagogischen Prinzipien folgen. Im Vordergrund der Planung stehen die Lernziele, aus denen studentische Aktivitäten abzuleiten sind (Kapp et al. 2014), welche dann durch die geschickte Anreichung mit spieltypischen Situationen gefördert werden. Doch nicht alle Lernsituationen eignen sich dafür. Spielen lässt sich nicht verordnen, sondern kann lediglich angeregt werden. Osterweil (2007) benennt als Voraussetzungen für spielebasierte Vermittlungsmethoden die *four freedoms of play*:

- **The freedom to fail**: Aus dem Scheitern im Spiel entstehen die individuellen oder kollektiven Voraussetzungen, die zur Verbesserung bzw. zum (Lern)Fortschritt führen. Dem Scheitern in Lernprozessen haftet jedoch ein negatives Image an. Das Fehlschlagen einer Lösung wird als persönliche Niederlage empfunden und nicht als Chance auf Verbesserung. Verstärkt wird dieser Effekt durch die Kopplung von Leistungsnachweisen (Noten) und Arbeitsergebnissen.

- **The freedom to experiment**: Spiele erlauben es Individuen zur Erreichung der Spielziele alternative Lösungswege zu erproben, in der Hoffnung den idealen (richtigen) Weg selbstständig zu finden. Das Lösen beruflicher Herausforderungen verläuft ähnlich. Statt einer definierten Lösung gibt es verschiedene Strategien aus denen der Betroffene nach selbst gewählten Kriterien (z. B. Effizienz) die passende auswählt.
- **The freedom to assume different identities**: Spiele ermutigen Individuen, Probleme aus verschiedenen Perspektiven zu betrachten, indem sie verschiedene Rollen einnehmen oder Herausforderungen im Team meistern. Dies gilt es auch innerhalb der Hochschullehre zu berücksichtigen. Im Rahmen von Planspielen, bei denen Studierende in verschiedene Berufsrollen schlüpfen, lassen sich beispielsweise komplexe Sachverhalte aus dem Unternehmensalltag praxisnah vermitteln.
- **The freedom of effort**: In Spielesituationen übernehmen Individuen die Kontrolle. Sie können Pausen einlegen, durch Reflexion neue Lösungsstrategien entwickeln und diese zum Zeitpunkt ihrer Wahl erproben. Der Aktivitätsgrad lässt sich damit an individuelle (Lern-)Voraussetzungen wie Aufmerksamkeitsspanne oder Konzentrationsfähigkeit anpassen.

Diese Prinzipien deuten den notwendigen Paradigmenwechsel innerhalb der Hochschullehre an. Die motivationsförderliche Gestaltung von Lehrveranstaltungen ist keine Frage von Ranglisten oder Punktesystemen, sondern erfordert offene, studierendenzentrierte Lehr- und Lernkulturen.

9.3 Entwicklungstendenzen der Hochschullehre

Der Einsatz von Spielen in der Bildung ist kein neues Phänomen. In der Unterrichtsforschung gibt es eine lange Tradition in diesem Bereich. Der aktuelle Hype um Gamifizierung im Hochschulbereich geht weniger auf neue Erkenntnisse zurück, sondern wird bedingt durch begünstigende Entwicklungstendenzen der Hochschullehre insgesamt, von denen nachfolgend Wesentliche skizziert werden.

9.3.1 Digitalisierung und Offenes Lernen

Die Hochschullehre wird zunehmend digital. Ein Großteil der Hochschullehre findet in virtuellen Räumen statt. Mit Massive Open Online Courses (MOOCs) sind offene Bildungsformate entstanden, die von Lernenden weltweit absolviert werden und dazu beitragen, die Zugangsbarrieren zu Hochschulbildung zu reduzieren (Fischer et al. 2014). Tausende Teilnehmende besuchen freie Online-Kurse der etablierten MOOC-Anbieter (z. B. Coursera, edEx, Udacity). Allerdings kämpfen diese Bildungsformate mit hohen Abbruchraten, die häufig über 90 % liegen (Willems et al. 2014). Dies mag einerseits daran liegen, dass Teilnehmende solcher Kurse problemorientiert vorgehen und nur Inhaltsmodule bearbeiten, die ihnen wichtig erscheinen, und sie sich also bewusst gegen das vollständige Absolvieren von Kursen entscheiden. Auf der anderen Seite scheitern viele Angebote an einer unpassenden Didaktik. Es muss gelingen die Lernmotivation von MOOC-Teilnehmenden über einen längeren Zeitraum aufrecht zu erhalten. Hierfür liefert der Ansatz der Gamifizierung hilfreiche Techniken (Gené et al. 2014).

9.3.2 Deeper Learning Methods

In der Hochschuldidaktik vollzieht sich ein Paradigmenwechsel – „Shift from tea-ching to learning" (Wildt 2003) –, der die Bedeutung studentischer Aktivität her-vorhebt. Studierende übernehmen selbst Verantwortung für die Lernprozesse und Lehrende die Rolle des Lernbegleiters. Laut Horizon Report kommen dabei zuneh-mend Deeper Learning Methods zum Einsatz (Johnson et al. 2016), womit das Meis-tern von Lerninhalten bezeichnet wird, bei denen Studierende kritisches Denken, Problemlösungsmethoden, Zusammenarbeit und selbstbestimmtes Lernen anwen-den. Problembasiertes Lernen, herausforderungsbasiertes Lernen, forschungsba-siertes Lernen und ähnliche Methoden führen zu aktiveren Lernerlebnissen, sowohl innerhalb als auch außerhalb des Unterrichtsraums. Die damit verknüpfte Steigerung studentischer Aktivitäten setzt eine hohe Lern- und Studienmotivation seitens der Studierenden voraus. Gamifizierungstechniken können hier ansetzen. Lernprozesse können durch narrative Elemente, die dem Berufsalltag angelehnt sind, praxisorien-tiert ausgerichtet werden. Durch Rollenspiele lassen sich akademische Inhalte aus verschiedenen Perspektiven betrachten („freedom to assume different identities"). Das zielgerichtete Experimentieren fördert die tiefere Beschäftigung mit Lerninhal-ten und das Entdecken neuer Lösungswege („freedom to experiment").

9.3.3 Informelles und individuelles Lernen

Studentisches Lernen findet zunehmend außerhalb des Curriculums statt. Zur Sicherung ihrer beruflichen Qualifikationen absolvieren Studierende Sprachkurse oder Managementseminare, sie engagieren sich in Hochschulgremien oder Verei-nen und sammeln Auslands- oder Berufserfahrungen (Stifterverband für die Deut-sche Wissenschaft e.V. und McKinsey & Company, Inc. 2016). Akademische Bildung findet individualisiert, räumlich/institutionell entgrenzt und zeitlich flexi-bel statt. Auch in diesem Bereich können Elemente aus der Spielewelt hilfreich sein. Nach Deterding kennzeichnen sich Spiele durch die Attribute Meaning, Mas-tery und Autonomy (Deterding 2011). Zur Erreichung ihrer Ziele (Meaning) bewegen sich Spieler autonom (Autonomy) durch eine durch Regeln definierte Umgebung und erweitern dabei schrittweise die zur Spielbewältigung notwendigen Fähig-keiten (Mastery). Was bedeutet dies für die Hochschullehre? Spielziele, z. B. das Lösen eines Rätsels, lassen sich auch aus berufsbezogenen Bildungszielen, z. B. der Beherrschung einer Technik für eine konkrete Berufssituation, ableiten und die Spielumgebung (inklusive deren Regeln) kann einem beruflichen Umfeld nach-empfunden sein. Zur Erreichung der selbst gesteckten Ziele könnten die Studieren-den auf curriculare und non-curriculare bzw. formelle und informelle (Bildungs-) Angebote, die sie innerhalb und außerhalb der Hochschulen vorfinden, zurückgreifen und damit berufliche Kompetenzen aufbauen. Informelles und individuelles Lernen wird damit unterstützt.

9.3.4   Studierfähigkeit und Studienmotivation

Studierfähigkeit und Studienmotivation sind die Voraussetzungen für ein erfolgreiches Studium. Studierende müssen geeignete Strategien zur Organisation des Studiums, zum Umgang mit Herausforderungen im Studienalltag und zur Aneignung von fachlichen und überfachlichen Lerninhalten entwickeln (Studierfähigkeit) und dabei kontinuierlich ihre Entwicklungsziele (meist Berufsziele) im Blick behalten, um die Motivation aufrecht zu erhalten. Doch wie lässt sich dies umsetzen? Mit Spieleelementen. In Spielen entwickeln Individuen innerhalb eines definierten Regelwerkes eigene Strategien zum Meistern von Herausforderungen. Was zählt ist der Erfolg, die Ausgestaltung der Strategie (der Weg zum Ziel) bleibt dem Individuum überlassen. Durch Gamifizierung lassen sich zudem bedeutsame motivationale Effekte erzielen. Es ist daher naheliegend, Elemente und Grundsätze dieses Designparadigmas auf die Gestaltung von Services und Unterstützungsstrategien für Studierende zu übertragen – mit dem Ziel Studierfähigkeit und Studienmotivation zu steigern und Studienabbrüche zu verringern.

Spielebasierte Motivations- und Vermittlungstechniken lassen sich auf verschiedene Art und Weise in der Hochschullehre implementieren. Innerhalb von curricularen Strukturen (Vorlesungen, Seminaren, Übungen) können sie als didaktisches Element eingesetzt werden, um die Lernerbeteiligung und damit letztlich den Lernerfolg zu erhöhen. Jenseits von Lehrveranstaltungen können Spielelemente genutzt werden, um den Erwerb von fachübergreifenden Kompetenzen, wie Studierfähigkeit, wissenschaftliches Arbeiten oder berufliche Fähigkeiten zu fördern. Auf technischer Ebene können verfügbare Technologien (Lernmanagementsysteme, Student-Life-Cycle-Systeme, Soziale Netzwerke) mit Funktionen aus dem Spielebereich angereichert werden. Im Rahmen einer Studie an der erziehungswissenschaftlichen Fakultät der Technischen Universität Dresden wurden die Gamifizierungspotenziale des zentralen Lernmanagementsystems untersucht. Zu diesem Zweck wurden Studierende und Lehrende befragt, welche Spielelemente dieses System enthalten und inwiefern diese im Rahmen der Hochschullehre eingesetzt werden sollten (Rohr und Fischer 2014; Fischer et al. 2016). Die Ergebnisse der Studie zeigen, dass sich Studierende – neben den klassischen Elementen der Gamifizierung wie Punkten, Abzeichen und Bestenlisten – einen einfachen narrativen Einstieg (z.B. durch Erklärvideos), ein Maximum an Lernkontrolle (z.B. durch Lernfortschrittsanzeigen) und die soziale Einbettung des Lernens (z.B. durch Statusanzeigen) wünschen.

9.4   Fallbeispiele aus der Hochschulpraxis

In den nachfolgenden Fallbeispielen und Studien aus der Hochschulpraxis werden verschiedene Gamifizierungsstrategien und deren Effekte für das Hochschulstudium beleuchtet.

9.4.1 Studienmotivation steigern

Eine Studie von 2014 untersuchte die Möglichkeit, Studierende der Computerwis-
senschaften durch eine gamifizierte Lernumgebung beim Erlernen der Program-
miersprache C zu unterstützen (Ibáñez et al. 2014). Untersucht wurde der Einfluss
von gamifizierten Lernangeboten auf die Lerneffektivität und die Beteiligungsbereitschaft von Studierenden. Darüber hinaus widmete sich die Studie der Frage, ob
gamifizierte Lernaktivitäten für Studierende attraktiver sind. Methodisch kam ein
Mixed-Methods Sequential Explanatory Design zum Einsatz, in dem quantitative
sowie qualitative Daten in zwei aufeinanderfolgenden Phasen innerhalb einer Studie erfasst und analysiert werden (Ivankova et al. 2006). Die Datenerhebung erfolgte
auf der Basis von Protokollen, Fragebögen und Tests. Die Studie wurde im Rahmen
eines Bachelor-Kurses zu Betriebssystemen an der Universidad Carlos III de Madrid
(Spanien) im Herbst 2012 durchgeführt. Das Sample umfasste 22 Studierende. Für
die Studie wurde eine gamifizierte Lernplattform genutzt, über welche die Studierenden ein konkretes Lernziel erreichen konnten, aber auch ihr individueller Leistungs-
stand abgebildet und sichtbar war. Das Ziel war es, 100 Punkte auf der gamifizierten
Plattform durch verschiedene arbeits- bzw. aufgabenbezogene sowie soziale Aktivitäten zu sammeln. Die Plattform stellte den Stand der individuellen Aktivitäten
zudem in einer Bestenliste und mit Abzeichen dar. Die zentralen Ergebnisse der
Studie verweisen auf die positiven Auswirkungen der gamifizierten Lernaktivitäten
auf die Beteiligungsbereitschaft der Studierenden sowie eine moderate Verbesserung der Lernergebnisse. Bemerkenswert war vor allem die hohe motivationale
Wirkung der spielbasierten Umgebung. Von den 22 beteiligten Studierenden sam-
melten 20 auch nach Erreichen der geforderten Punktezahl weiter Punkte. Zu den
häufigsten Gründen für die Fortsetzung der Arbeit gehörte das Sammeln aller
Abzeichen und das Interesse am Weiterlernen (Ibáñez et al. 2014).

9.4.2 Vertiefendes Lernen anregen

Eine weitere Bereicherung der Hochschullehre durch den Einsatz spielbasierter Elemente und Funktionen besteht in der Möglichkeit, Studierende zum vertieften Lernen bzw. zur tieferen Auseinandersetzung mit den zu erlernenden Inhalten anzuregen.
Spiele besitzen das besondere Potential, eine hohe Bindung ans Geschehen und eine
intrinsische Motivation zu erzeugen (McGonigal 2011). Hamari et al. (2016) betonen
vor allem den Grad der Beteiligungsbereitschaft (Engagement) als entscheidend für
den Lernerfolg und untersuchten dies anhand einer Studie. Dafür wurden zwei unterschiedliche Untersuchungssettings entwickelt. Im ersten Setting spielten 134 High-
school-Schüler in elf Klassenräumen über die gesamte USA verteilt das Puzzlespiel
Quantum Spectre[1] als Teil ihres Physikunterrichts. Sie nahmen an der Erhebung im

---

[1] Quantum Spectre ist ein Puzzle-Spiel, bei dem die Spieler versuchen mithilfe einer Kombination
von flachen und gekrümmten Spiegeln, Linsen, Strahlteilern und anderen optischen Geräten Laser-
strahlen auf Ziele zu lenken.

Rahmen einer Klassenarbeit teil. Beim zweiten Sample handelte es sich um Bachelor-Studierende des Maschinenbaus. Sie spielten ein Simulationsspiel namens Spumone[2] im Rahmen des Fachs Technische Dynamik über einen Zeitraum von fünfzehn Wochen. Sie nahmen an der Erhebung wenige Tage vor der Abschlussprüfung ihres Kurses teil. Insgesamt beteiligten sich 40 Studierende an der psychometrischen Erhebung. Sie zielte auf das Erfassen der subjektiven Erfahrungen der Teilnehmenden hinsichtlich des Herausforderungsgrades, der Beteiligungsbereitschaft, der Immersion sowie der Wahrnehmung von lernbezogenen Elementen. Als primäre Analysetechnik wurde die Strukturgleichungsmodellierung genutzt. Insgesamt verweist die Studie darauf, dass der Einsatz spielbasierter Elemente und Funktionen dazu führt, dass sich Studierende effektiv an Lernaktivitäten beteiligen. Sichtbar wird dies an den Veränderungen auf den verschiedenen Ebenen der Beteiligungsbereitschaft (Engagement), wie Konzentration, Interesse und Freude. Die Ergebnisse zeigen, dass die Bedingungen für ein Flow-Erleben einen Anteil von 47,8 % der Varianz der Beteiligungsbereitschaft besitzen. Aktiviert werden die Veränderungen bei der Beteiligungsbereitschaft möglicherweise durch zunehmende Herausforderungen und gesammelte Fähigkeiten während des Spiels. Insbesondere das Engagement im Spiel hat nach den Autoren der Studie positive Effekte auf den Lernprozess. Die vom Spiel erzeugten (Lern)Herausforderungen waren zudem ein besonders starker Prädiktor für die Lernergebnisse (Hamari et al. 2016).

9.4.3 Dropouts beim Online-Lernen reduzieren

Der Einsatz spielbasierter Elemente in offenen Lernformaten (z. B. MOOCs) kann darauf abzielen Dropout-Raten zu reduzieren. Die Gamifizierung von Open-Learning-Formaten verfolgt entsprechend das Ziel, die Motivation und Beteiligungsbereitschaft von Lernenden bis zum erfolgreichen und vollständigen Abschluss des Kurses aufrechtzuerhalten. Vaibhav und Gupta (2014) verglichen in einer empirischen Studie Beteiligungsbereitschaft, Dropout-Rate und Lernerfolg beim Erlernen von Vokabeln in einer gamifizierten und nicht-gamifizierten Online-Umgebung. Zur Gamifizierung wurde die Online-Plattform Quizlet (quizlet.com) eingesetzt. Die Plattform unterstützt das Vokabellernen mit verschiedenen Lernspielen, wie u. a. einem Memory-Spiel. Verglichen wurden die Ergebnisse von zwei Gruppen mit jeweils 50 Personen. Das Lernen und Testen der Gruppen wurde über denselben Inhalt innerhalb unterschiedlicher Umgebungen durchgeführt. Die Ergebnisse der Gruppen wurden auf der Basis 1) der Anzahl der Teilnehmenden, die zum Abschlusstest antreten sowie 2) der Anzahl der Teilnehmenden, die den Abschlusstest entsprechend der Vorgaben vollständig absolvieren, analysiert (Vaibhav und Gupta 2014). Die Ergebnisse der Studie zeigen, dass das Interesse der Nutzer an der gamifizierten Variante des Kurses deutlich höher ist. Die prozentuale Steigerung bei der Anzahl der Kandidaten, die die Aufgabe erfolgreich abschlossen, lag bei 28 %. Insgesamt nahmen in der

---

[2] In Spumone müssen Spieler als Piloten zweidimensionale Fahrzeuge durch eine unterirdische Simulationswelt navigieren.

gamifizierten Plattform 14 % mehr Teilnehmende überhaupt am Abschlusstest teil. Auf der Basis aller Ergebnisse der Studie gehen die Verfasser der Studie davon aus, dass die Anreicherung der Kursumgebungen mit spielbasierten Elementen positive Effekte auf den gesamten Lernprozess hat. Dies gilt im Besonderen auch für die Abbrecherquote. Die Studie verweist auf eine signifikante Abnahme der Kandidaten, die den gamifizierten Kurs vorzeitig beendeten (Vaibhav und Gupta 2014).

9.4.4 Selbstgesteuertes Lernen in komplexen Lernszenarien unterstützen

Spielerische Ansätze des individuellen Lernens und der selbstständigen Lernfortschrittskontrolle werden seit langem bspw. im Kontext komplexer Lernszenarien in Virtual Environments (Wood et al. 2013), Serious Games oder Planspielen aufgegriffen und untersucht. Das nachfolgend vorgestellte Szenario wurde im Studienjahr 2013–2014 an Bauingenieuren im zweiten Studiensemester erprobt (Vicent et al. 2015). Der unterstützte Kurs *Drawing Tools 2* fand dabei über ein Semester jeweils wöchentlich statt und wurde von 65 Studenten besucht. Im Rahmen des Kurses wird dabei durch die Studierenden in Gruppen ein kompletter Planungsprozess durchlaufen und ein Architekturentwurf entwickelt, gestaltet und mittels 3D-Software modelliert und visualisiert. Lernziele des Kurses stellen der Erwerb von General Skills, beispielsweise hinsichtlich Softwarebeherrschung, Teamwork und Projektarbeit sowie darüber hinaus spezifische Kompetenzen hinsichtlich eines Umgangs mit virtuellen 3D-Räumen sowie computerunterstütztem Entwerfen dar. Mit Blick auf verwendete Gamifizierungselemente wurde initial eine narrative Planungsaufgabe – der Entwurf von Weltausstellungs-Pavillons – benannt. Zwischenergebnisse wie bspw. Gestaltungsentwürfe wurden durch studentische Juroren sowie die Kursleiter gemeinsam anhand eines Punkteschemas bewertet (Achievements), wobei die erstellten Modelle und erreichten Ergebnisse innerhalb des Kurses transparent und jederzeit einsehbar waren. Ein Assessment hinsichtlich der erzielten Lerneffekte fand mittels Bipolar Laddering statt (Pifarr und Tomico 2007).[3] Bei diesem aus der User-Experience-Evaluation stammenden Vorgehen werden in einem mehrstufigen Vorgehen positive und negative Elemente durch den Probanden benannt, anschließend gewichtet und final begründet. Das generelle Kursdesign wurde von den Teilnehmenden als sehr positiv erachtet, wobei insbesondere das Erlernen komplexer Technologien (mention index (MI): 90 %),[4] ein unmittelbares Feedback (MI: 40 %) sowie die durch die Gamifizierungselemente begründeten Anreize (MI: 40 %) hervorgehoben wurden. Demgegenüber wurden durch die Kursteilnehmenden insbesondere die Ablenkung von wesentlichen Kursinhalten („lose track of content", MI: 60 %) als auch die Punktevergabe (MI: 0 %) negativ bewertet (Vicent et al. 2015).

---

[3] Bei dieser Untersuchung fehlte eine Vergleichsgruppe.

[4] Der *mention index* gibt die prozentuale Häufigkeit der Nennung dieses Aspekts durch die Befragten an (Pifarr und Tomico 2007).

9.5 Herausforderungen und Fazit

Gamifizierung ist eine Designstrategie zur Steigerung von Motivation und Partizipation. Sie ist jedoch kein Allheilmittel und birgt Herausforderungen, denen sich Lehrende, Hochschulmanager und -administratoren stellen müssen.

- **Heterogenität von Studierenden:** Im Rahmen gamifizierter Lernsettings übernehmen Studierende die Kontrolle über den Lernprozess. Doch nicht alle Studierenden sind dazu bereit bzw. bringen die individuellen Voraussetzungen dafür mit. Wissensstände, Lernpräferenzen sowie auch Lernkultur beeinflussen die Effekte der Gamifizierung. Ebenso präferieren Individuen unterschiedliche Spielstile, wie die Spielertypenforschung zeigt (Bartle 1996). Im Vorfeld der Gamifizierung sind daher die individuellen Voraussetzungen und Erwartungen der Studierenden sorgsam zu prüfen.
- **Ablenkung vom Lernen:** Spielelemente können die Lernsettings auch negativ beeinflussen, vor allem wenn die Spielidee die pädagogischen Zielstellungen überlagert. Gamifizierung ist ein Format des Motivationsdesigns, um studentische Aktivitäten zu fördern. Dabei muss dem Studierenden die Spielmechanik nicht zwingend bewusst werden, vielmehr können diese unterschwellig wirken, d. h. der Lerner nimmt diese nicht als Spielelemente wahr. Lernziele der Studierende und zu vermittelnde Lerninhalte müssen hingegen stets im Mittelpunkt der Bildungsplanung stehen.
- **Datenschutz, Persönlichkeitsrechte:** In virtuellen Spieleszenarien hinterlassen Nutzer digitale Spuren, beispielsweise in Form von Fortschritts- oder Status-Anzeigen, sozialen Verbindungen etc. Die damit generierten Informationen können für die Individualisierung und Anpassung des Lernprozesses genutzt werden (Learning Analytics). Andererseits wächst die Sensibilität der Studierenden hinsichtlich des Datenschutzes. Der sorgsame Umgang mit den generierten, personenbezogenen Daten ist daher ein wesentliches Erfolgskriterium des digitalen Lernens und der Gamifizierung von Lernprozessen.

Durch die fortschreitende Digitalisierung und die oben erwähnten Paradigmenwechsel innerhalb der Hochschullehre wird in Zukunft mit einer verstärkten Gamifizierung akademischer Bildungsangebote zu rechnen sein. Aus bildungswissenschaftlicher Sicht stellt sich damit die Frage nach der lernförderlichen Gestaltung von gamifizierten Lernumgebungen. Hierfür sind weitere empirische Untersuchungen unerlässlich. Aktuell konzentrieren sich viele Studien auf wissenschaftliche Begleitforschung, bei denen gamifizierte Lernszenarien in definierten Lernkontexten (Vorlesungen o. ä.) untersucht wurden. Die Übertragbarkeit dieser Befunde ist nur eingeschränkt möglich. Notwendig sind daher Untersuchungen, mit denen Spielelemente in verschiedenen Ausprägungen in unterschiedlichen Kontexten untersucht werden, um verallgemeinerbare Erkenntnisse zu generieren.

Literatur

Bartle R (1996) Hearts, clubs, diamonds, spades: players who suit MUDs. http://mud.co.uk/richard/hcds.htm. Zugegriffen am 23.08.2016

Caponetto I, Earp J, Ott M (2014) Gamification and education: a literature review. In: Busch C (Hrsg) Proceedings of the 8th European Conference on Game Based Learning – ECGBL 2014. Academic Conferences and Publishing International Limited, Reading, S 50–57

Chou Y-K (2014) Octalysis: complete gamification framework. http://www.yukaichou.com/gamification-examples/octalysis-complete-gamification-framework/#.U7KSWPb9BTI. Zugegriffen am 23.08.2016

Conger S (2016) Gamification of service desk work. In: Lee J (ed) The impact of ICT on work. Springer, Singapore, S 151–173

Deterding S (2011) Meaningful play. Getting „Gamification" right [Presentation]. Google Tech Talk, January 24, 2011. Mountain View

Dicheva D, Dichev C, Agre G, Angelova G (2015) Gamification in education: a systematic mapping study. Educ Technol Soc 18(3):75–88

Fischer H, Dreisiebner S, Franken O, Ebner M, Knopp M, Köhler T (2014) Revenue vs. costs of MOOC platforms. Discussion of business models for xMOOC providers, based on empirical findings and experiences during implementation of the project iMooX. In: 7th international conference of education, research and innovation, Seville, S 2991–3000

Fischer H, Heinz M, Schlenker L, Follert F (2016) Gamifying higher education. Beyond badges, points and Leaderboards. In: Spender JC, Schiuma G, Noennig JR (Hrsg) Proceedings of the 11th International Forum on Knowledge Asset Dynamics. IFKAD 2016. 15–17 June 2016, Dresden. Torwards a New architecture of knowledge: big data, culture and creativity. Dresden: IKAM, S 2242–2255

Fitz-Walter Z (2015) Achievement unlocked: investigating the design of effective gamification experiences for mobile applications and devices. PhD thesis. http://eprints.qut.edu.au/83675/1/Zac%20Fitz-Walter%20Thesis.pdf. Zugegriffen am 23.08.2016

Gartner, Inc. (2015) Hype cycle for education, 2015. https://www.gartner.com/doc/3090218/hype-cycle-education. Zugegriffen am 23.08.2016

Gené OB, Núnez MM, Blanco AF (2014) Gamification in MOOC: challenges, opportunities and proposals for advancing MOOC model. In: Proceedings of the second international conference on technological ecosystems for enhancing multiculturality, S 215–220. doi:10.1145/2669711.2669902

Hamari J, Koivisto J, Sarsa H (2014) Does gamification work? – a literature review of empirical studies on gamification. S 3025–3034. doi:10.1109/hicss.2014.377

Hamari J, Shernoff D, Rowe E, Coller B, Asbell-Clarke J, Edwards T (2016) Challenging games help students learn: an empirical study on engagement, flow and immersion in game-based learning. Comput Hum Behav 54(2016):170–179

Ibáñez MB, Di-Serio A, Delgado-Kloos C (2014) Gamification for engaging computer science students in learning activities: a case study. IEEE Trans Learn Technol 7(3):291–301. doi:10.1109/TLT.2014.2329293

Ivankova NV, Creswell JW, Stick SL (2006) Using mixed-methods sequential explanatory design: from theory to practice. Field Methods 18(1):3–20. doi:10.1177/1525822X05282260

Johnson L, Adams Becker S, Cummins M, Estrada V, Freeman A, Hall C (2016) NMC Horizon report: 2016 higher education edition. The New Media Consortium, Austin

Kapp KM, Blair L, Mesch R (2014) The gamification of learning and instruction fieldbook. Ideas to practice. Wiley, San Francisco

McGonigal J (2011) Reality is broken: why games make us better and how they can change the world. Penguin Press, New York

Osterweil S (2007) The four freedoms of play, HBS 25.04.2007. https://www.youtube.com/watch?v=UjarYsSHNwY. Zugegriffen am 23.08.2016

Pifarr M, Tomico O (2007) Bipolar laddering (BLA): a participatory subjective exploration method on user experience. In: Paper presented at the proceedings of the 2007 conference on designing for user eXperiences, Chicago

Rohr F, Fischer H (2014) Mehr als Spielerei! Gamedesign-Elemente in der digitalen Lehre. In: Proceedings, Workshop on E-Learning. Hochschule Zittau, Görlitz

Stieglitz S (2015) Gamification – Vorgehen und Anwendung. HMD Praxis der Wirtschaftsinformatik 52(6):816–825

Stifterverband für die Deutsche Wissenschaft e.V., McKinsey & Company, Inc. (2016) Hochschul-Bildungs-Report 2020. Hochschulbildung für die Arbeitswelt 4.0. Jahresbericht 2016. https://www.stifterverband.org/download/file/fid/1720. Zugegriffen am 23.08.2016

Vaibhav A, Gupta P (2014) Gamification of MOOCs for increasing user engagement. In: 2014 IEEE international conference on MOOC, Innovation and Technology in Education (MITE), Patiala, S 290–295. doi:10.1109/MITE.2014.7020290

Vicent L, Villagrasa S, Fonseca D, Redondo E (2015) Virtual learning scenarios for qualitative assessment in higher education 3D arts. J Univ Comp Sci 21(8):1086–1105

Werbach K, Hunter D (2015) The gamification toolkit: dynamics, mechanics, and components for the win. Warton Digital Press, Philadelphia

Wildt J (2003) „The Shift from Teaching to Learning"- Thesen zum Wandel der Lernkultur in modularisierten Studienstrukturen. In: Fraktion Bündnis 90/Die Grünen im Landtag NRW (Hrsg) Unterwegs zu einem europäischen Bildungssystem. Reform von Studium und Lehre an den nordrhein-westfälischen Hochschulen im internationalen Kontext, Düsseldorf September 2003, S 14–18

Willems C, Fricke N, Meier S, Meissner R, Rollmann K-A, Voelcker S, Woinar S, Meinel C (2014) Motivating the masses – gamified massive open online courses on OpenHPI. http://hpi.de/fileadmin/user_upload/fachgebiete/meinel/papers/Web-University/2014_willems_educon.pdf. Zugegriffen am 23.08.2016

Wood LC, Teräs H, Reiners T (2013) The role of gamification and game-based learning in authentic assessment within virtual environments, held at AUT University, Auckland, 2013-07-01 to 2013-07-04: Higher Education Research and Development Society of Australasia (HERDSA)

GamEducation – Spielelemente in der Universitätslehre

10

Linda Eckardt, Dominik Siemon und Susanne Robra-Bissantz

Zusammenfassung

Spielerisches Erlernen von Fähigkeiten ist während des Heranwachsens eines Menschen, insbesondere im Kleinkindalter, ein wichtiger Bestandteil. Allerdings verändert sich das Verständnis des Lernens im Jugendalter von einem Lernen auf spielerische Art und Weise zu einer Auffassung des Lernens als ernsthafte Angelegenheit. Die Anwendung von Gamification kann dem entgegenwirken. In dem vorliegenden Beitrag berichten wir von dem Projekt „GamEducation", welches innerhalb der Lehrveranstaltung „Kooperationen im E-Business" erstmals im Wintersemester 2012/2013 durchgeführt wurde und den Einsatz von Spielelementen zur Unterstützung des Lernens beschreibt. Die Vermittlung von Vorlesungsinhalten wird durch eine Praxisaufgabe (Hintergrundgeschichte) begleitet, um den stetigen Transfer und die Anwendung des Vorlesungswissens zu ermöglichen. Die Studierenden sammeln in mehreren Challenges sowohl als Gruppe als auch einzeln Punkte. Darüber hinaus diskutieren die Studierenden Inhalte auf einem lehrveranstaltungsbegleitenden Blog und sehen die aktuelle Rangliste als Feedback auf die eigene Leistung. Seit der ersten Durchführung von GamEducation wurde regelmäßig evaluiert. Die Ergebnisse zeigen, dass das Lehrkonzept die Mehrheit der Studierenden dazu motiviert sich in deutlich höherem Maße zu beteiligen und die Anwendung des Vorlesungswissens dabei hilft, die Inhalte besser zu verstehen.

Unveränderter Original-Beitrag Eckardt et al. (2015) GamEducation – Spielelemente in der Universitätslehre, HMD – Praxis der Wirtschaftsinformatik Heft 306, 52(6):915–925.

L. Eckardt (✉) • D. Siemon • S. Robra-Bissantz
Technische Universität Braunschweig, Braunschweig, Deutschland
E-Mail: linda.eckardt@tu-bs.de; d.siemon@tu-bs.de; s.robra-bissantz@tu-bs.de

© Springer Fachmedien Wiesbaden GmbH 2017
S. Strahringer, C. Leyh (Hrsg.), *Gamification und Serious Games*, Edition HMD,
DOI 10.1007/978-3-658-16742-4_10

Schlüsselwörter

Gamification • Education • GamEducation • Spielelemente • Universitätslehre

10.1 Beispiele für Spielelemente in der Universitätslehre

Im Kleinkindalter nimmt das spielerische Entdecken der Umwelt eine zentrale Rolle beim Erlernen von Fähigkeiten ein. Beispielsweise fördert das Konstruieren mit Bausteinen die Entwicklung von räumlichen Vorstellungen und das Wissen über mechanische Gesetze. Im Verlauf des Heranwachsens eines Menschen verändert sich jedoch das Verständnis des Lernens und wird als ernsthafte Angelegenheit empfunden (Sheldon 2011). Gamification, definiert als die Integration von Spielelementen in spielfremden Kontexten, kann dem entgegenwirken (Deterding et al. 2011). Dabei dienen Spielelemente als zusätzliche Motivationsanreize für eine längere und intensivere Auseinandersetzung mit Anwendungen (Zichermann und Cunningham 2011).

In den vergangenen Jahren wurden Spielelemente bereits in Vorlesungen an Hochschulen eingesetzt. Studierende der Universität Düsseldorf lernen zum Beispiel innerhalb des Fantasy-Rollenspiels „Legende von Zyren" spielerisch die Inhalte der Veranstaltung Wissensrepräsentationen (Knautz und Sabousta 2013). Zur Darstellung der eigenen Person können die Studierenden zwischen Orks, Elfen, Menschen und Goblins wählen. Sowohl einzeln als auch als Gruppe, in sogenannten Gilden, lösen die Studierenden Aufgaben auf einer begleitenden Plattform oder in einer Präsenzveranstaltung (Knautz und Sabousta 2013). Ein weiteres Beispiel für Gamification in der Lehre ist „Creatures of the Night" an der Hochschule Heidelberg, wobei Spielelemente als Motivationsanreiz zur Unterstützung des Lernens in einer Mathematikvorlesung eingesetzt werden (Kruse et al. 2014). Die Studierenden erhalten als Vampire oder Werwölfe einerseits in Clantreffen (Übungen) und Ratsversammlungen (Vorlesungen), andererseits durch das Lösen von Aufgaben auf einer begleitenden Plattform Punkte und Abzeichen als Feedback auf die eigene Leistung (Kruse et al. 2014).

Diese Lehrveranstaltungen verwenden fiktive Geschichten und Charaktere, wodurch ein Teil der Studierenden sich nicht ernst genommen fühlt (Kruse et al. 2014). Das in diesem Beitrag beschriebene Konzept nutzt ebenfalls Spielelemente in der Lehre, legt den Fokus dabei jedoch auf eine begleitende Geschichte, mit der sich die Studierenden identifizieren können. Außerdem handeln die Studierenden als realistische Charaktere innerhalb des narrativen Rahmens. Dieses Vorgehen beschreibt GamEducation. Der Begriff GamEducation setzt sich aus den Wörtern Gamification und Education zusammen und ist demnach der Einsatz von Spielelementen in der Lehre, wobei die Lernenden innerhalb von realitätsnahen Geschichten als realistische Charaktere agieren.

Seit dem Wintersemester 2012/2013 wird GamEducation in der Vorlesung „Kooperationen im E-Business" an der TU Braunschweig angewendet. Dieser Beitrag beschreibt die Realisierung und Evaluation von GamEducation innerhalb der Veranstaltung.

10.2   GamEducation

10.2.1 Spielelemente in der Vorlesung

Die Vorlesung „Kooperationen im E-Business" thematisiert strategische Entscheidungen in der elektronischen Geschäftstätigkeit mit wesentlichen Partnern des Unternehmens: Kunden, Lieferanten und Kooperationspartnern. Dabei werden Kooperations-, Koordinations- und Kommunikationsprozesse zwischen betrieblichen Partnern analysiert. Sowohl der strategische Planungsprozess und das Prozessmanagement werden als Vorgehensweisen im Management vorgestellt als auch deren Besonderheiten im E-Business erläutert.

Vor der Einführung der Spielelemente wurde die Vorlesung als klassische Frontalveranstaltung mit geringen Interaktionsmöglichkeiten abgehalten. Frontalveranstaltungen ermöglichen zwar die Vermittlung von vielen Informationen, regen aber kaum zu Interaktionen, weiterführenden Gedankengängen oder Inspirationen an (Bligh 1998). Darüber hinaus haben Studierende oftmals Probleme damit, sich über den gesamten Zeitraum einer Lehrveranstaltung zu konzentrieren und verstehen dadurch oftmals Zusammenhänge innerhalb einer Vorlesung und zwischen den Vorlesungen nicht. Beim Lernen ist aber die Anwendung und Nutzung von zuvor vermittelten Informationen wichtig (Laurillard 2002). Die Möglichkeit Spielen in den Lernprozess zu integrieren, kann das Lernen fördern und die individuelle Kreativität während des Arbeitens steigern (Dickey 2007; Webster und Martocchio 1992). Eine Motivationserhöhung und eine Stärkung der sozialen Zugehörigkeit ist ebenso ein Motiv für Gamification wie die Steigerung der Zufriedenheit von Lernenden. Dies wird durch unmittelbares Feedback auf Leistungen und individuell erreichbare Ziele erreicht (McGonigal 2011; Witt 2013).

Mit dem Vorhaben die Studierenden stärker zu motivieren und dadurch den Lernprozess zu unterstützen, wurde die Vorlesung „Kooperationen im E-Business" durch die Einführung von Spielelementen von einer klassischen Frontalveranstaltung zu einer spielerischen Lehrveranstaltung umstrukturiert.

Zunächst musste passend zu den Vorlesungsinhalten eine begleitende Hintergrundgeschichte entwickelt werden, innerhalb derer die Studierenden tätig sind. Die Geschichte handelt von einem fiktiven Unternehmen, das nach Möglichkeiten sucht neue Märkte zu erschließen, um langfristig wettbewerbsfähig zu bleiben. Aufgrund der Geschichte war eine Anpassung der Vorlesungsmaterialien nötig, damit weiterhin alle Kenntnisse der ursprünglichen Vorlesung vermittelt werden, dies aber im Spielverlauf zu geeigneten Zeitpunkten erfolgt. Die Studierenden agieren im Rahmen der Geschichte als Mitarbeiter des Unternehmens und entwickeln im Verlauf eines Wettbewerbs in Teams Ideen und Strategien. Innerhalb von Challenges treten die Teams gegeneinander an, indem sie vor dem Chef des Unternehmens den derzeitigen Entwicklungsstand der Ideen präsentieren. Die Aufgaben der Challenges sind auf die Vorlesungsinhalte abgestimmt.

Die Themen der Vorlesung und folglich auch die Themen der Challenges sind wie folgt:

- E-Business Management und Geschäftsmodellentwicklung
- Kooperative E-Business Strategien (Customer Relationship Management, Supply Chain Management, Network Management)
- Kommunikation, Koordination und Kooperation
- Enterprise 2.0

Jeder Vorlesungseinheit folgt eine Challenge, d. h. die Studierenden müssen eine Woche, nachdem eine Vorlesung gehalten wurde, in einer Challenge gegeneinander antreten. Beispielsweise müssen die Studierenden innerhalb der ersten Challenge ein Geschäftsmodell anhand der begleitenden Geschichte entwickeln. Dabei sollen die Inhalte aus der ersten Vorlesung aufgegriffen und bedacht werden (Situations-analyse, Strategieentwicklung im E-Business etc.). Im Anschluss an die Präsentation eines Teams stellt der Chef des fiktiven Unternehmens Fragen und regt Diskussionen mit Mitarbeitern aus anderen Teams an. Zusätzlich zu den Challenges, in denen die Studierenden in Teams zusammenarbeiten, gibt es Ad hoc Aufgaben, die überraschend im Spielverlauf auftauchen und deren Bearbeitung freiwillig ist. Ad hoc Aufgaben lösen die Studierenden einzeln. Beispielsweise wird parallel zur zweiten Vorlesung und Challenge eine Ad hoc Aufgabe ausgegeben, die davon handelt, dass kurz vor Weihnachten Probleme mit der Lieferung eines bestimmten frei wählbaren Rohstoffes auftreten. Aufgrund der verzögerten Lieferung geht die Produktion nur stockend voran und es wird nicht genug produziert. Dadurch entsteht ein erheblicher Schaden durch entgangenen Gewinn. Bisher wurde die Penetrati-onsstrategie „make to stock", also prognosegetrieben, verfolgt. Wegen der Erfah-rung vom letzten Jahr wurden gleiche Mengen des Rohstoffes bestellt, die aber in diesem Jahr nicht ausreichen. Der Studierende soll eine Supply-Chain-Strategie, die vor allem auf die Schwerpunkte Kommunikation und Kooperation eingeht, entwi-ckeln. Dabei kann eine neue Penetrationsstrategie gewählt und eine IT-Strategie zu den Bereichen Monitoring und Controlling ausgearbeitet werden. Im Sinne der Kooperation sollte ebenfalls bedacht werden, wie viele Lieferanten, Zwischenhänd-ler und andere Stationen mitentscheiden und selbstständig handeln dürfen (hierar-chisch oder heterarchisch).

Punkte gibt es sowohl für das Team als auch für Einzelleistungen. Ein Punkte-system führt zu einer Form des Wettbewerbs, unabhängig davon, ob nur für einen selbst oder auch für alle anderen Teilnehmer sichtbar, und dient als unmittelba-res Feedback auf die eigene Leistung, da alle Spieler die gleiche Punktzahl für eine bestimmte Aktivität erhalten (Zichermann und Cunningham 2011; Witt 2013). Im Anschluss an eine Challenge bewertet der Chef des Unternehmens die Präsentationen und die Teams beurteilen sich untereinander. Auch die Beteili-gung an Diskussionen nach Präsentationen wird mit Punkten belohnt. Die Bear-beitung der Ad hoc Aufgaben wird ebenfalls mit der Vergabe von Einzelpunkten bewertet. Außerdem ermöglicht ein lehrveranstaltungsbegleitender Blog, dass die Studierenden auch außerhalb der Veranstaltung aktiv sein können. Auf dem Blog können die Studierenden beispielsweise Anwendungen, weiterführende

Literatur oder kritische Beiträge posten und kommentieren. Auch die Beiträge und Kommentare auf dem Blog werden mit Punkten belohnt. Die Lösungen zu den Ad hoc Aufgaben stellen die Studierenden auf den Blog, damit diese anschließend durch den Lehrenden mit der Vergabe von Punkten beurteilt werden können. Soziale Punkte sind positive Beurteilungen von anderen Mitspielern (Kim 2009). In dieser Veranstaltung werden soziale Punkte über die Bewertung der Challenges und Gruppenposts auf dem Blog von anderen Teams vergeben. Außerdem können Teilnehmer soziale Punkte erhalten, wenn für Beiträge oder Kommentare auf dem Blog fünf Sterne gesammelt wurden. Ein Stern drückt auf dem Blog aus, dass der Beitrag oder Kommentar gefällt. Damit die Studierenden Feedback erhalten, existiert ein Einzel- und Gruppenranking. Ranglisten ermöglichen den Spielern einen Vergleich untereinander (Reeves und Read 2009). Am Semesterende findet eine Siegerehrung statt, bei der sowohl das Team als auch die Einzelperson mit der meisten Punktzahl honoriert wird. Gold-, Silber- und Bronze-Auszeichnungen werden für die ersten drei Plätze des Gruppen- und Einzelrankings verliehen.

In Abb. 10.1 ist der Ablauf der Lehrveranstaltung zusammengefasst dargestellt.

Die Kombination aus Offline- und Online-Veranstaltung soll einerseits die Studierenden, die gerne in der Veranstaltung aktiv werden, fördern, andererseits aber auch die Studierenden motivieren, die ruhiger sind und sich in der Vorlesung nicht trauen mitzudiskutieren aber dennoch mitdenken und gute Anmerkungen haben.

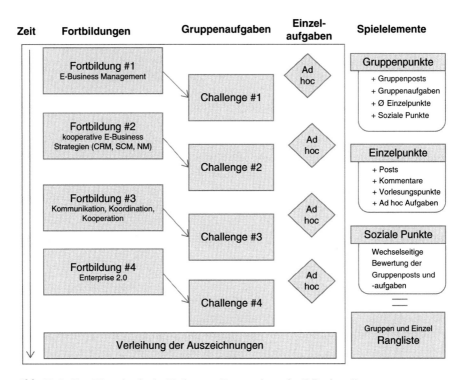

Abb. 10.1   GamEducation in der Vorlesung „Kooperationen im E-Business"

10.2.2 Lehrveranstaltungsbegleitender Blog

Da die Studierenden nahezu für alle Aktivitäten im Verlauf der Vorlesung Punkte bekommen, ist der Aufwand für den Lehrenden, der die Punkte für die Gruppen und Einzelpersonen sowohl während der Präsenzveranstaltung als auch für die Beiträge und Kommentare auf dem Blog dokumentieren muss, hoch. Durch den manuellen Aufwand der Punktedokumentation ist unmittelbares Feedback für Leistungen der Studierenden nicht möglich. Stattdessen werden Punkte und folglich auch die Ranglisten nur wöchentlich aktualisiert, wodurch eine Transparenz der Punktevergabe ebenfalls nicht gegeben ist.

Feedback ist allerdings ein wichtiger Bestandteil von Gamification. Feedback bietet als Rückmeldung auf die eigene Leistung ein Indiz für die Erfolgschancen im Spielverlauf (Zichermann und Cunningham 2011). Außerdem informiert unmittelbares Feedback den Spieler darüber, ob seine Handlung korrekt ist, drückt jedoch nicht aus, wie die Handlung ggf. korrigiert werden kann (Kapp 2012). Kontinuierliches Feedback resultiert aus Interaktionen innerhalb der Spielumgebung, welche in diesem Kontext die durch Spielelemente angereicherte Lehrveranstaltung darstellt (Kapp 2012). Der Spieler wartet nicht auf diese Art des Feedbacks, stattdessen folgt die Rückmeldung unmittelbar auf Handlungen (Kapp 2012).

Um den Studierenden unmittelbares Feedback und mehr Transparenz in der Bewertung zu bieten, wurde nach der ersten Durchführung der Lehrveranstaltung ein neuer Wordpress Blog mit einem speziell für die Veranstaltung programmierten Plugin aufgesetzt. Dieser Blog wird seit dem Wintersemester 2013/2014 in der Veranstaltung eingesetzt.

Auf dem Blog erfolgt neben der Dokumentation aller im Verlauf der Vorlesung entstandenen Ergebnisse auch eine sofortige Aktualisierung der Punkte und somit des Rankings. Die Studierenden können auf dem Blog als Team oder einzeln Beiträge veröffentlichen und kommentieren. Die Abb. 10.2 zeigt einen Beitrag eines Studierenden.

Pro Beitrag und Kommentar erhalten Studierende automatisch drei Punkte bzw. einen Punkt vom System, damit die Studierenden unmittelbar Feedback erfahren und eine Veränderung der Punkte bemerken. Um allerdings eine Belohnung von Quantität zu vermeiden, erfolgt dennoch eine qualitative Prüfung der Beiträge und Kommentare durch einen Lehrenden und ggf. eine Anpassung der Punkte.

Beteiligen sich die Studierenden an den Diskussionen innerhalb der Präsenzveranstaltung, so muss der Lehrende den Studierenden manuell die Punkte auf dem Blog hinzufügen.

Da die Gruppen im Anschluss an die Challenges ihre Präsentationen auf den Blog stellen, ist eine Bewertung durch die Lehrenden und anderen Studierenden über den Blog möglich. Dabei wird der Durchschnitt der maximal möglichen Punkte gebildet. Die Lösungen der Ad hoc Aufgaben stellen die Studierenden ebenfalls auf den Blog. Allerdings können die Beiträge nur die Lehrenden sehen und bewerten.

Abb. 10.2   Beitragsansicht auf dem Blog

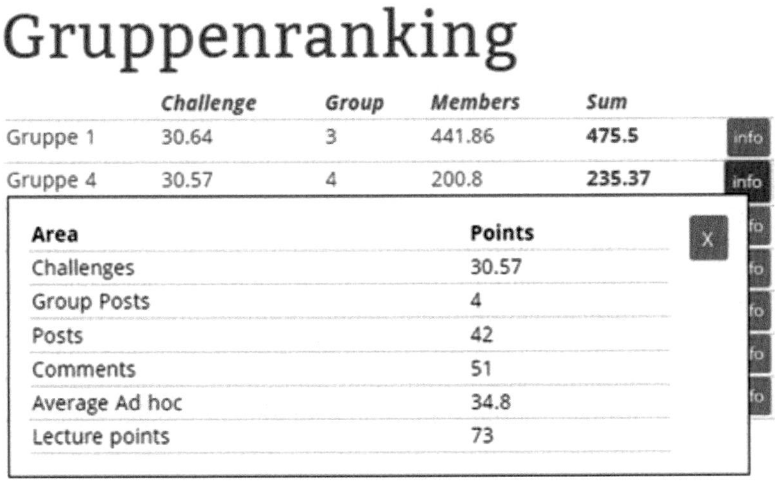

Abb. 10.3   Aufschlüsselung der Punkte einer Gruppe

Die Abb. 10.3 zeigt das Gruppenranking des Blogs. Neben dem aktuellen Rang-platz können die Studierenden sehen, für welche Handlung wie viele Punkte verge-ben wurden. Dadurch können die Studierenden nachvollziehen, wie sich die Punktzahl zusammensetzt. Das bietet den Studierenden mehr Transparenz und Nachvollziehbarkeit in der Bewertung.

10.3   Evaluation

Als die Vorlesung im Wintersemester 2012/2013 erstmalig mit Spielelementen durchgeführt wurde, erfolgte vor dem Start der Veranstaltung eine Evaluation hinsichtlich der Einstellung zu neuen Methoden in der Universitätslehre. Dabei wurden $n = 25$ Studierende befragt. In Tab. 10.1 sind die Ergebnisse dargestellt. Die überwiegende Mehrheit der Studierenden ist neuen Lehrmethoden gegenüber offen, sofern der Arbeitsaufwand nicht steigt, erwartet dabei eine höhere Lerneffizienz und mehr Spaß.

Zu Semesterende wurde eine weitere Evaluation mit $n = 22$ Studierenden durchgeführt, um die vorherigen Erwartungen zu überprüfen. Die Umfrage ist unterteilt in Lerneffizienz, Arbeitsaufwand, Motivation/Spaß und Teilnahme/Spielelemente. Die Ergebnisse der Befragung sind in Tab. 10.2 abgebildet.

Zur Überprüfung der Lerneffizienz wurde gefragt, ob der neue Lehransatz dazu motivierte aktiver mitzuarbeiten als gewöhnlich. 14 Studierende stimmten dem zu, während sechs Studierende neutral antworteten und zwei Studierende nicht zustimmten. 15 Studierenden half die Anwendung des Vorlesungsstoffs in den Challenges dabei, die Vorlesungsinhalte besser zu verstehen. Weder zugestimmt, noch abgelehnt haben fünf Studierende und nicht zugestimmt haben zwei Studierende der Frage danach. Der Aussage „Ich schätze meine persönliche Lerneffizienz als gut ein" stimmten 14 Studierende zu. Neutral reagierten sechs Studierende und nicht zugestimmt haben zwei Studierende. Die überwiegende Mehrheit der Studierenden hat demnach eine gute Lerneffizienz durch das veränderte Lehrkonzept festgestellt.

Da die Umfrage vor dem Start der neuen Lehrveranstaltung gezeigt hat, dass die Studierenden offen gegenüber neuen Lehrmethoden sind, sofern der Arbeitsaufwand nicht steigt, ist eine Beurteilung des empfundenen Arbeitsaufwands wichtig. Die Fragen nach dem Aufwand beziehen sich auf verschiedene Elemente des Lehrkonzepts: Challenges, Ad hoc Aufgaben und die Vorlesung allgemein. Insgesamt sind die Antworten auf die Fragen danach identisch. Die Mehrheit der Studierenden empfand den Arbeitsaufwand der Challenges und der Vorlesung als zu hoch. Nur sechs Studierende antworteten, dass der Aufwand angemessen war. Die Hälfte der Studierenden empfand den Arbeitsaufwand der Ad hoc Aufgaben als zu hoch, wohingegen die andere Hälfte den Aufwand angemessen fand.

15 Studierende stimmten der Aussage „Ich war insgesamt zufrieden mit dem neuen Lehrkonzept" zu. Fünf Studierende stimmten weder zu, noch dagegen und antworteten somit neutral. Zwei Studierende haben die Aussage abgelehnt. Aktiv an

Tab. 10.1 Evaluation vor der Veranstaltungsdurchführung im Wintersemester 2012/2013

Offen gegenüber neuen Lehrmethoden		Erwartete Lerneffizienz		Erwarteter Spaß	
Ja	Nein	Besser	Schlechter	Mehr	Weniger
92 %	8 %	64 %	36 %	88 %	12 %

Tab. 10.2 Evaluation nach der Veranstaltungsdurchführung im Wintersemester 2012/2013

Lerneffizienz		
Der neue Lehransatz motivierte mich dazu aktiver als gewöhnlich mitzuarbeiten	Zugestimmt:	14
	Neutral:	6
	Nicht zugestimmt:	2
Die Anwendung des Vorlesungsstoffs in den Challenges half mir die Vorlesungsinhalte besser zu verstehen	Zugestimmt:	15
	Neutral:	5
	Nicht zugestimmt:	2
Ich schätze meine persönliche Lerneffizienz als gut ein	Zugestimmt:	14
	Neutral:	6
	Nicht zugestimmt:	2
Arbeitsaufwand		
Der Arbeitsaufwand für die Challenges war angemessen	Zugestimmt:	6
	Neutral:	0
	Nicht zugestimmt:	16
Der Arbeitsaufwand für die Ad-hoc Aufgaben war angemessen	Zugestimmt:	11
	Neutral:	0
	Nicht zugestimmt:	11
Der Arbeitsaufwand für die Vorlesung war angemessen	Zugestimmt:	6
	Neutral:	0
	Nicht zugestimmt:	16
Motivation und Spaß		
Ich war insgesamt zufrieden mit dem neuen Lehrkonzept	Zugestimmt:	15
	Neutral:	5
	Nicht zugestimmt:	2
Ich habe mich aktiv beteiligt, weil ich Spaß daran hatte Punkte zu sammeln	Zugestimmt:	13
	Neutral:	6
	Nicht zugestimmt:	3
Ich war motiviert mich aktiv an der Vorlesung zu beteiligen	Zugestimmt:	14
	Neutral:	3
	Nicht zugestimmt:	5
Teilnahme und Spielelemente		
Ich empfand die aktive Teilnahme als unterstützend für den Wettbewerb	Zugestimmt:	15
	Neutral:	3
	Nicht zugestimmt:	4
Ich habe aktiv mitgearbeitet, um eine gute Position im Ranking zu erreichen	Zugestimmt:	8
	Neutral:	0
	Nicht zugestimmt:	7
Ich habe aktiv mitgearbeitet, damit meine Gruppe eine gute Position im Ranking erreicht	Zugestimmt:	16
	Neutral:	3
	Nicht zugestimmt:	3

der Veranstaltung teilgenommen haben 13 Studierende, weil sie Spaß am Sammeln von Punkten hatten. Keinen Spaß am Punktesammeln hatten drei Studierende und sechs Studierende antworteten auf die Frage nach Spaß neutral. Auf die Aussage „Ich war motiviert mich aktiv an der Vorlesung zu beteiligen" reagierten 14 Studierende mit Zustimmung und fünf Studierende mit Ablehnung. Drei Studierende stimmten der Aussage weder zu, noch lehnten sie diese ab. Insgesamt kann festgehalten werden, dass die Mehrheit an Studierenden allgemein mit dem Lehrkonzept zufrieden war. Darüber hinaus motivierte die Studierenden die Veranstaltung und machte Spaß.

Zuletzt wurden die Teilnahme und die Spielelemente in der Evaluation betrachtet. 15 Studierende stimmten der Aussage „Ich empfand die aktive Teilnahme als unterstützend für den Wettbewerb" zu. Vier Studierende lehnten die Aussage ab und drei Studierende stimmten weder zu, noch lehnten sie die Aussage ab. Ausgeglichen antworteten die Studierenden auf die Frage, ob sie für eine gute Rankingposition aktiv mitgearbeitet haben. Während acht Studierende der Aussage „Ich habe aktiv mitgearbeitet, um eine gute Position im Ranking zu erreichen" zustimmten, haben der Aussage sieben Studierende nicht zugestimmt. Allerdings hat die Mehrheit der Studierenden aktiv mitgearbeitet, damit die eigene Gruppe eine gute Position im Ranking hat. Nur drei Studierende haben die Frage nach der aktiven Mitarbeit für einen guten Rangplatz der Gruppe abgelehnt oder neutral geantwortet.

Neben der Umfrage wurden qualitative Interviews mit $n = 10$ Studierenden geführt, um weiterführendes Feedback zu erhalten. Die Ergebnisse sind in Tab. 10.3 komprimiert dargestellt. Generell können die Ergebnisse der Interviews so zusammengefasst werden, dass die Studierenden zwar einen hohen Arbeitsaufwand empfunden haben, jedoch wegen des Wettbewerbs auch aktiv an der Veranstaltung teilgenommen haben. Außerdem merkten die Studierenden an, dass eine höhere Transparenz in der Bewertung allgemein und der Ranglisten erfolgen sollte.

Aufgrund von Kritik der Studierenden gegenüber des verwendeten Blogsystems und dem Wunsch nach stärkerer Nachvollziehbarkeit der Beurteilungen wurde der weiter oben beschriebene Blog mit dem speziell an die Anforderungen der Lehrveranstaltung ausgerichteten Plugin eingeführt.

Nachdem das Lehrkonzept im Wintersemester 2013/2014 mit dem überarbeiteten Blogsystem durchgeführt wurde, erfolgte eine weitere Evaluation. Dazu wurden $n = 20$ Studierende über qualitative Interviews befragt. Die Tab. 10.4 zeigt die Ergebnisse.

Tab. 10.3 Ergebnisse der qualitativen Interviews im Wintersemester 2012/13

Lerneffizienz	Arbeitsaufwand	Motivation/Spaß	Spielelemente
Die aktive Teilnahme, die Challenges und die Ad hoc Aufgaben führten zu einem besseren Verständnis der Vorlesungsinhalte	Der Arbeitsaufwand wurde generell als zu hoch empfunden	Das Konzept motivierte Studierende mehr und machte Spaß	Die aktive Teilnahme wurde von den Studierenden als positiv empfunden aber die Zusammensetzung der Punkte sollte besser erklärt werden

Tab. 10.4 Ergebnisse der qualitativen Interviews im Wintersemester 2013/2014

Lerneffizienz	Arbeitsaufwand	Motivation/Spaß	Spielelemente
Die erfahrene Lerneffizienz war gut. Durch das System ist die Zufriedenheit gestiegen	Der Arbeitsaufwand wurde generell als zu hoch wahrgenommen	Die Vorlesung motivierte Studierende zu einer aktiven Teilnahme und machte Spaß	Das neue System ermöglichte ein besseres Verständnis des Punktesystems

Der überwiegende Teil der Ergebnisse stimmte mit denen aus der ersten Evaluation überein. Die empfundene Lerneffizienz, die Zufriedenheit der Teilnehmenden und die Motivation wurden insgesamt positiv beurteilt. Als Resultat des neuen Blogsystems wurden darüber hinaus die Nachvollziehbarkeit der Bewertungen und die Transparenz der Spielelemente als deutlicher empfunden und somit besser von den Studierenden beurteilt.

Da die Ergebnisse der Evaluation nach der zweiten Durchführung der Lehrveranstaltung in dieser Form, vor allem aufgrund der Einführung des erneuerten Blogsystems positiver im Hinblick auf die Nachvollziehbarkeit der Bewertungen ausgefallen sind und die empfundene Lerneffizienz, die Motivation und der Spaß insgesamt ähnlich zum Vorjahr bewertet wurden, erfolgte im Wintersemester 2014/2015 keine weitere Evaluation hinsichtlich des eingesetzten Lehrkonzepts.

10.4   Übertragbarkeit des Ansatzes

Das Konzept hat neben einer hohen Lerneffizienz, Motivation und Spaß zu einem guten Verständnis der Vorlesungsinhalte und zu einer aktiven Teilnahme an der Lehrveranstaltung geführt. Allerdings empfinden die Studierenden den Arbeitsaufwand als zu hoch. Da die Studierenden bereits im Semester während der Vermittlung der Vorlesungsinhalte das Gelernte aktiv anwenden müssen und somit nicht erst vor der Prüfung eine Auseinandersetzung mit dem Vorlesungsstoff erfolgt, ist ein erhöhter wahrgenommener Arbeitsaufwand jedoch vertretbar. Die Einführung des neuen Blogsystems mit der teilautomatisierten Punktevergabe und vollautomatischen Aktualisierung der Rangliste verringerte den manuellen Aufwand der Punktedokumentation für den Lehrenden bei gleichzeitiger Schaffung von mehr Transparenz und Nachvollziehbarkeit der Bewertungen.

Das Konzept kann unter bestimmten Bedingungen auf andere Lehrveranstaltungen übertragen werden. Zunächst muss dafür passend zu den Vorlesungsinhalten eine begleitende Hintergrundgeschichte oder Praxisaufgabe entwickelt werden, an der die Studierenden in Gruppen als Teil der Challenges arbeiten können. Darüber hinaus müssen die Vorlesungsmaterialien angepasst werden, so dass die Studierenden während des Semesters Zeit zur Präsentation und Diskussion der Ergebnisse haben. Damit mehr als zwei Teams gebildet werden können, sollte die Teilnehmeranzahl ausreichend sein. Um den Aufwand für die Lehrenden zu begrenzen und den Studierenden unmittelbares Feedback bereitstellen zu können, sollte ein System verwendet werden, das alle Ergebnisse dokumentiert und die Ranglisten automatisch anpasst.

Zusammengefasst bietet das in diesem Beitrag beschriebene Lehrkonzept eine geeignete Möglichkeit den Studierenden Vorlesungsinhalte auf spielerische Art und Weise zu vermitteln, wobei das Lernen mit hoher Motivation, Effizienz und Spaß einhergeht.

Literatur

Bligh DA (1998) What's the use of lectures? Intellect Books, Exeter

Deterding S, Khaled R, Nacke LE (2011) Gamification: toward a definition, CHI 2011 workshop, Vancouver

Dickey M (2007) Game design and learning: a conjectural analysis of how massively multiple online role-playing games (MMORPGs) foster intrinsic motivation. Educ Technol Res Dev 55:253–273

Kapp KM (2012) The gamification of learning and instruction: game-based methods and strategies for training and education. Wiley, San Francisco

Kim AJ (2009) Putting the fun in functional: applying game mechanics to social media, präsentiert bei Startup2Startup, Palo Alto

Knautz K, Sabousta S (2013) Aufbruch nach Zyren: Game-based Learning in der Hochschullehre. Universitätsbibliothek Hildesheim, Hildesheim

Kruse V, Plicht C, Spannagel J, Wherle M, Spannagel C (2014) Creatures of the Night: Konzeption und Evaluation einer Gamification-Plattform im Rahmen einer Mathematikvorlesung, präsentiert bei DeLFI, Freiburg

Laurillard D (2002) Rethinking university teaching: a conversational framework for the effective use of learning technologies. Routledge-Falmer, New York

McGonigal J (2011) Reality is broken: why games make us better and how they can change the world. Penguin Press, New York

Reeves B, Read JL (2009) Total engagement: using games and virtual words to change the way people work and business complete. McGraw-Hill Professional, New York

Sheldon L (2011) The multiplayer classroom: designing coursework as a game. Cengage Learning, Boston

Webster J, Martocchio JJ (1992) Microcomputer playfulness: development of a measure with workplace implications. MIS Q 16:201–226

Witt M (2013) Application of game mechanics to innovation management: theoretical foundations and empirical studies. Dissertation, Technische Universität Braunschweig

Zichermann G, Cunningham C (2011) Gamification by design: implementing game mechanics in web and mobile apps. O'Reilly, Köln

Führen Serious Games zu Lernerfolg? – Ein Vergleich zum Frontalunterricht

11

Linda Eckardt, Steffen Körber, Eva Johanna Becht, Alexandra Plath, Sharaf Al Falah und Susanne Robra-Bissantz

Zusammenfassung

Zum Alltag Jugendlicher und junger Erwachsener gehört heute das Spielen von elektronischen Video- oder Computerspielen auf Computern, Smartphones, Konsolen und ähnlichen Geräten. Während des Spielens erleben die Spielenden ein Flow-Erlebnis, welches die Konzentration steigert und Glücksmomente auslöst und so die Spielenden zum Weiterspielen animiert. Dieses Phänomen kann insbesondere im Schul- und Universitätsalltag zur Wissensvermittlung genutzt werden. Dies kann beispielsweise durch die Nutzung von Serious Games geschehen. Dabei handelt es sich überwiegend um Spiele mit einem Lernhintergrund, bei denen spieltypische Elemente eingesetzt werden. Dies soll ebenfalls zu einem Flow führen und damit einen größeren Lernerfolg erzielen. Unter diesen Gesichtspunkten wurde das Serious Game „Lost in Antarctica" entwickelt, welches Fähigkeiten im Umgang mit Informationen vermittelt. In der vorliegenden Studie wird überprüft, ob sich die Teilnahme an einem Serious Game positiv auf den Lernerfolg im Vergleich zu klassischem Frontalunterricht auswirkt. Die Studie fand im Juni 2016 an der TU Braunschweig statt und es wurden Inhalte über die Internetrecherche in zwei Gruppen vermittelt, in der einen Gruppe durch Frontalunterricht und in der anderen Gruppe mittels „Lost in Antarctica". Über Fragebögen wurden sowohl der direkte Wissensgewinn als auch die Motivation, der Spaß und die Zufriedenheit ermittelt. Die Datenerhebung wurde jeweils vor und nach der Veranstaltung durchgeführt, um Vergleichswerte zu haben. Die Ergebnisse zeigen, dass die Teilnahme an einem Serious Game den Lernerfolg

Vollständig neuer Original-Beitrag

L. Eckardt (✉) • S. Körber • E.J. Becht • A. Plath • S. Al Falah • S. Robra-Bissantz
Technische Universität Braunschweig, Braunschweig, Deutschland
E-Mail: linda.eckardt@tu-bs.de; s.koerber@tu-bs.de; e.becht@tu-bs.de; a.plath@tu-bs.de; s.al-falah@tu-bs.de; s.robra-bissantz@tu-bs.de

positiv beeinflusst. Zudem war die Motivation, der Spaßfaktor und die Zufriedenheit bei der game-based Learning Methode höher als bei der Frontalunterrichtsmethode.

Schlüsselwörter

Game-based Learning • Serious Games • Universitätslehre • Lernerfolg •
Frontalunterricht

11.1 Einleitung

11.1.1 Motivation und Zielsetzung

Eine Studie der Bitkom Research aus dem Jahr 2015 zeigt, dass 42 % der deutschen
Bevölkerung ab 14 Jahren Video- oder Computerspiele spielt. In der Altersgruppe
der 14–29-Jährigen liegt der Anteil sogar bei 81 % (Bitkom 2015). Beim Spielen
erleben die Computerspielenden häufig ein Flow-Erlebnis und sind deshalb dabei
sowohl konzentriert als auch glücklich (Csikszentmihalyi 1993; Fritz 2003). Um
diesen Flow auf andere Tätigkeiten zu übertragen, können Spielelemente in anderen,
spielfremden Kontexten eingesetzt werden. Durch eine Einbindung von Spielelementen in einen Lernkontext kann die Teilnahme, das Engagement, die Motivation
und der Spaß von Studierenden erhöht werden. Dies resultiert in einer positiven Beeinflussung des Lernerfolgs (Branston 2006). Serious Games und game-based Learning sind zentrale Begriffe bei der Einbindung von Spielelementen in Lernkontexten.
    Serious Games sind vollwertige Spiele, die einen anderen Zweck verfolgen als
das reine Spielen und mehr als nur Unterhalten sollen. In der Literatur gibt es keine
einheitliche Definition von Serious Games. Vielmehr gibt es eine Vielzahl von
Beschreibungen, die sich trotzdem sehr ähnlich sind. So beschreiben Klopfer et al.
(2009) ein Serious Game als ein Spiel mit einem Zweck jenseits des Spiels. Für
Michael und Chen (2006) sind Serious Games Spiele, in denen die Bildung im Vordergrund steht und nicht etwa die Unterhaltung.
    Das game-based Learning ist nach Prensky (2007) jegliche Verbindung von Ler-
ninhalten mit Computerspielen. Da die Schnittmenge zwischen Serious Games und
game-based Learning sehr groß ist, wird in den Medien und der Literatur häufig
nicht zwischen den beiden Begriffen unterschieden. Im Folgenden werden daher
beide Begriffe synonym verwendet.
    Der oben genannte große Anteil an Video- und Computerspielenden in der Alters-
gruppe zwischen 14 und 29 stellt eine gute Voraussetzung für die Akzeptanz von
Serious Games dar. Dies führt zu einem stetig steigenden Angebot an E-Learning
Programmen und Serious Games (Lampert et al. 2009; Susi et al. 2007). Die Effektivität dieser Programme ist bisher noch nicht vollständig untersucht. Insbesondere
der Lernerfolg bzw. Wissensgewinn solcher Programme wurde bisher nur in wenigen empirischen Studien untersucht und muss deshalb näher beleuchtet werden
(z. B. Johnson et al. 2000; Sitzmann et al. 2006). Ziel dieser Arbeit ist es daher,

mittels einer Vergleichsstudie den Einfluss des game-based Learnings auf den Lernerfolg im Vergleich zum klassischen Frontalunterricht zu untersuchen.

Lernerfolge sind eng verknüpft mit Motivation und Spaß (Mager 1972). Da die Verwendung von Spielelementen unter anderem auf eine Motivationsförderung abzielt, könnte durch die Verwendung von Serious Games das Engagement der Lernenden gesteigert werden. Dementsprechend werden psychologische Resultate, die durch den Einsatz von Spielelementen zum Lernen erzielt werden sollen, untersucht. Dies betrifft die Motivation, das Engagement und den Spaß. Im Zuge dessen wird außerdem die Auswirkung des Kriteriums der Zufriedenheit auf den Lernerfolg überprüft.

Resultierend werden folgende Thesen im Rahmen der Vergleichsstudie untersucht:

Im Vergleich zum klassischen Frontalunterricht

- *beeinflusst ein Serious Game den Lernerfolg positiv.*
- *erhöht ein Serious Game die Lernmotivation und den Spaßfaktor der Lernenden.*
- *sind die Lernenden mit dem Serious-Game-Ansatz zufriedener.*

11.1.2 Stand der Forschung

Wie bereits geschildert gibt es nur wenige Studien, die den Lernerfolg von Serious Games und des game-based Learnings empirisch untersucht haben. LaRose et al. (1998) haben in einer Studie die Auswirkung des Lernerfolgs eines traditionellen Frontalunterrichts, verglichen zu einer E-Learning unterstützten Vorlesung, anhand von zwei Studierendengruppen analysiert. In einem abschließenden Test erzielten beide Gruppen die gleichen Testergebnisse.

Darüber hinaus haben Krause et al. (2015) eine systematische Analyse der Auswirkungen von Gamification auf die Bindung der Studierenden und den Lernerfolg untersucht. Die Forschungsteilnehmenden wurden in spiellose und in Gamification-Gruppen aufgeteilt. Diese wurden bezüglich dreier Kriterien (Retention-Periode, Quiz-Richtigkeit und Testergebnis) analysiert. Eine ihrer Forschungsfragen war, ob Gamification den Lernerfolg der Studierenden des angebotenen Online-Kurses unterstützt. Das Ergebnis ihrer Forschung ergab signifikante Unterschiede in der Leistung zwischen den unterschiedlichen Gruppen. Einbindung von Spielelementen bewirkte bezüglich der Retention-Periode ein 25 % höheres Ergebnis und bei den Quiz-Auswertungen ein um 12,5 % besseres Resultat. (Krause et al. 2015)

Ferner haben Jong et al. (2006) eine Vergleichsstudie mit 158 Schüler/innen und 4 Lehrer/innen zwischen Traditional Web-based Learning (TWBL) und Situated Game-based Learning (SGBL) aufgestellt. Die Studie verlief in 3 Phasen, einem Vortest (Phase 1), der Lernphase mittels TWBL oder SGBL (Phase 2) und einem Abschlusstest mit einem Interview mit den Lehrer/innen (Phase 3). Die Vergleichsstudie ergab, dass das SGBL seitens der Schüler/innen präferiert, als interessanter eingestuft und anspruchsvoller empfunden wurde. Zudem konnten die Schüler/innen die Lerninhalte besser behalten. Dennoch lieferte die Studie keine Nachweise dafür, dass durch SGBL die Lerninhalte besser vermittelt werden konnten (Jong et al. 2006).

Die Effektivität von Serious Games wird häufig als gegeben angenommen. Dennoch sind die Einflüsse von Lerninhalten, Lerneffekten und Motivation noch nicht umfassend betrachtet. Aus diesem Grund wird im Folgenden untersucht, wie sich die erzielten Lernergebnisse von traditionellen Frontalveranstaltungen bezüglich der Effektivität des Lernerfolgs unterscheiden.

11.2 Studienbeschreibung

11.2.1 Aufbau der Studie

Mit Hilfe einer empirischen Vergleichsstudie soll der Lernerfolg von zwei Gruppen à 19 und à 25 Studierenden verglichen werden. Dabei nimmt Gruppe A an einer Frontalveranstaltung teil. Gruppe B werden die gleichen Lerninhalte mithilfe des Serious Games „Lost in Antarctica" vermittelt. Der Wissenstand beider Gruppen wird sowohl vor als auch nach der Unterrichtseinheit durch einen Fragebogen überprüft. Zusätzlich zum Wissensgewinn werden die Lernmotivation, der Spaßfaktor und die Zufriedenheit der Studierenden ermittelt, verglichen und ausgewertet. Die zusätzliche Abfrage nach der Zufriedenheit, dem Spaß und der Lernmotivation der Studierenden ist notwendig, da eine große Problematik die effektive Messung des Lernerfolgs darstellt (Mager 1972). Durch die Messung dieser Komponenten können Begründungen für eventuell unterschiedliche Wissensresultate gefunden werden. Spaß und Motivation werden jedoch nach subjektivem Empfinden ermittelt. Da die Anzahl der Teilnehmenden an der Fallstudie gering ist, spielt die Subjektivität eine nicht zu vernachlässigende Rolle.

Das verwendete Spiel „Lost in Antarctica" ist ein an der TU Braunschweig entwickeltes Serious Game. Das Spiel wurde unter Einbeziehung von Studierenden für Studierende entwickelt und stellt einen Ansatz des game-based Learnings dar. „Lost in Antarctica" ist ein browserbasiertes Spiel, das als „point and click"-Abenteuer entwickelt wurde. Die Studierenden können sich Avatare anlegen und agieren als Wissenschaftler/innen einer Expedition zum Südpol. Durch einen Unfall gestrandet, ist es das Ziel das Flugzeug zu reparieren und weiter zu forschen. Im Spielverlauf werden Teams gebildet und Sachverhalte gemeinsam erschlossen und angewendet (Eckardt und Robra-Bissantz 2016). Diese Sachverhalte basieren auf Lerninhalten zur Informationskompetenz.

In dieser Vergleichsstudie liegt der Fokus auf der Vermittlung des Wissens bezüglich der Internetrecherche als Teilgebiet der Informationskompetenz. Sowohl in der Präsenzveranstaltung als auch im Serious Game werden identische Inhalte zum Recherchieren im Internet gelernt. Die Studierenden sollen nach der Veranstaltung die Entwicklung des Internets in Grundzügen nachvollziehen, die Vor- und Nachteile einer Recherche mit einer Internetsuchmaschine (z. B. Google) benennen können und Grundkenntnisse der suchmaschinenanbieterseitigen Manipulation an Darstellung, Auswahl und Reihenfolge der Suchergebnisse erlangen. Weiterhin ist die Optimierung der Suche in einer Internetsuchmaschine ebenso ein Lernziel wie die Einschätzung der Qualität von Webseiten. Die Studierenden sollen Angebote wie Google Scholar kennen und Recherchen auf ihre Stichhaltigkeit überprüfen können.

11.2.2 Fragebogenerstellung

Der Fragebogen gliedert sich in zwei Teile. Der erste Teil beinhaltet Wissensfragen und der zweite Teil enthält Fragen zur Selbsteinschätzung. Die Fragen zur Selbsteinschätzung wurden auf Grundlage der vier zu untersuchenden Kategorien (Lernerfolg, Motivation, Spaß und Zufriedenheit) aufgebaut. Den Kategorien wurden diverse Items zugeordnet, die anhand einer 6-gliedrigen Likert-Skala zu beantworten waren (Rödel et al. 2004). Es wurde eine 6-gliedrige Skala verwendet, da so die Tendenz zur Mitte vermieden wird. Die Testpersonen sollten eine Entscheidung bezüglich ihrer Meinung in positiver oder negativer Ausprägung treffen (Matell und Jacoby 1971). Der Grad der Zustimmung zu den jeweiligen Aussagen wurde folgendermaßen unterteilt: trifft völlig zu [1]; trifft überwiegend zu [2]; trifft eher zu [3]; trifft eher nicht zu [4]; trifft überwiegend nicht zu [5]; trifft überhaupt nicht zu [6]. Der Lernerfolg kann insbesondere mittels der Kombination beider Fragetypen (Wissensfragen und Fragen zur Selbsteinschätzung) gemessen und evaluiert werden. Die Zufriedenheit, der Spaß und die Motivation können ausschließlich durch die eigene Einschätzung bewertet werden. Die Fragen bezüglich des Wissensstands der Teilnehmenden wurden mit fragespezifischen Punkten bewertet, welche in Tab. 11.1 (Abschn. 11.3) eingesehen werden können.

Die Fragen wurden in ihrer Gesamtheit anhand des Vier-Ebenen-Modells von Kirkpatrick (1967) erstellt. Das Modell separiert zwischen der Reaktions-, Lern-, Verhaltens- und Resultatsebene. Die Zufriedenheit der Teilnehmenden wird in der Reaktionsebene überprüft. Differenziert wird dabei zwischen der Zufriedenheit mit den Inhalten und der Form der Lehrveranstaltung. In der Lernebene werden der Wissensgewinn und die Änderung der Einstellung hinsichtlich des Typs der Lehrveranstaltung abgefragt. Der Transfererfolg wird in der Verhaltensebene beurteilt. Die Resultatsebene bestimmt die Konsequenzen des geänderten Verhaltens der Teilnehmenden in Form von objektiven Leistungskriterien (Kauffeld 2014, 2016). Zum direkten Vergleich des Wissensstands der Teilnehmenden wurde jeweils eine Befragung vor (Prä) und nach (Post) der Veranstaltung durchgeführt. Das Ziel war es, dadurch vor allem den Lernerfolg zu ermitteln. Die Prä-Befragung stellt dabei die Vergleichsbasis dar (Kauffeld 2016).

Zur eindeutigen Identifikation und Zuordnung der Prä- und Post-Fragebögen generierten die Teilnehmenden einen 8-stelligen Code zur Gewährleistung der Anonymität. Zudem wurde das Studienfach erfragt, um eine potenzielle Relevanz bezüglich der Datenauswertung zu überprüfen.

11.2.3 Durchführung der Studie

Die Studie wurde im Juni 2016 am Institut für Wirtschaftsinformatik der Technischen Universität Braunschweig durchgeführt. Die Teilnehmenden waren Masterstudent/innen unterschiedlicher Fachrichtungen, die das Wirtschaftsmodul Informationsmanagement vertiefen. Die Durchführung beider Veranstaltungen erfolgte am selben Tag.

Beide Veranstaltungen fanden im gleichen Zeitrahmen von 90 Minuten statt. Die Frontalveranstaltung (Gruppe A) wurde von einer externen Bibliothekarin durchgeführt, da diese Schulungen und Vorträge zum Thema Informationskompetenz durchführt und somit eine Expertin in diesem Themengebiet ist. Die Frontalveranstaltung gestaltete sich als Kombination aus Vortrag und Übung. Die praktischen Übungen wurden von den Studierenden in Kleingruppen am Rechner durchgeführt und die Ergebnisse am Ende der Veranstaltung zusammengetragen. Das Spiel „Lost in Antarctica" (Gruppe B) wurde von jedem Studierenden einzeln am Rechner gespielt. So konnten die Studierenden selber entscheiden, in welchem Tempo und Umfang sie das Spiel durchführen, da eine Wiederholung einzelner Spielabschnitte möglich war. Die einzige Einschränkung stellte der Inhalt dar, da dieser mit dem Inhalt der Gruppe A identisch sein musste. Dementsprechend durften nur Spielabschnitte bezüglich der Internetrecherche gespielt werden.

Jeweils zu Beginn und Ende der Veranstaltung wurden die Fragebögen verteilt. Dabei war den Studierenden beim Ausfüllen der Prä-Fragebögen bereits bewusst, welche Lernmethode im Folgenden angewandt wird. Dadurch ist nicht auszuschließen, dass dies bereits Einfluss auf die Motivation genommen hat, welches in der kritischen Würdigung in Abschn. 11.4 näher beschrieben wird. Es wurde beim Ausfüllen der Fragebögen darauf geachtet, dass die Studierenden die Fragebögen alleine und ohne zusätzliche Hilfsmittel ausfüllten.

11.3 Auswertung und Ergebnisse der Studie

An der Frontalveranstaltung nahmen insgesamt 19 Studierende teil, wohingegen die Gruppe B des game-based Learnings 25 Studierende umfasste. In Gruppe A fehlten sechs Studierende, sodass es zu einer ungleichen Verteilung der beiden Gruppen kam.

Zunächst wurden alle Fragebögen digitalisiert. Dabei wurde eine doppelte Überprüfung vorgenommen, um etwaige Fehlerquellen zu minimieren und so eine hohe Qualität zu gewährleisten. Anschließend erfolgte die Auswertung durch das Bilden von Mittelwerten. Die errechneten Mittelwerte dienten dazu, die Veränderung vor und nach der Veranstaltung zu messen sowie die Unterschiede zwischen den beiden Veranstaltungstypen zu verdeutlichen. Die Verwendung der Mittelwerte wurde anschließend durch eine Ausreißeranalyse überprüft. Diese zeigte, dass es keine signifikanten Ausreißer und Abweichungen gab, sodass die weitere Auswertung anhand der Mittelwerte zulässig ist. Die Ergebnisse dieser Auswertung sind in Tab. 11.1 dargestellt. Dabei ist zu beachten, dass bei den Wissensfragen der Mittelwert

Tab. 11.1 Prä- und Postmessungen zur Lehrveranstaltung

Punktevergabe (α) Minimalanzahl = 0 Maximalpunktzahl = 6 **Punktevergabe (β)** Minimalanzahl = 0 Maximalpunktzahl = 1	Likert-Skala (γ) 1 ≙ trifft völlig zu 2 ≙ trifft überwiegend zu 3 ≙ trifft eher zu 4 ≙ trifft eher nicht zu 5 ≙ trifft überwiegend nicht zu 6 ≙ trifft überhaupt nicht zu x ≙ wurde nicht gefragt	Frontalunterricht (Gruppe A)		Serious Game (Gruppe B)	
		Prä	Post	Prä	Post
Wissensfragen					
1. (α)	Vor - und Nachteile der Literaturrecherche im Internet	2,21	2,84	2,24	3,76
2. (β)	Nenne die Bedeutung von: „inurl:[Suchbegriff]". (Prä) „site:[URL]" . (Post)	0,05	0,16	0,12	0,28
Lernerfolg/Wissensgewinn (γ)					
3.	Mein Wissen bzgl. Internetrecherche… …schätze ich als gering ein. (Prä) …war vorher gering. (Post)	3,84	3,32	4,0	3,17
4.	Ich stehe Frontalunterricht (Gruppe A) // Serious Games (Gruppe B) positiv gegenüber. (Prä) Meine Einstellung gegenüber Frontalunterricht (Gruppe A) // Serious Games (Gruppe B) hat sich positiv verändert. (Post)	2,68	3,32	2,42	2,5
5.	Ich habe viel Neues gelernt.	x	2,37	x	2,2
6.	Die Anwendung / Übung half mir die Lerninhalte besser zu verstehen.	x	2,42	x	2,32
7.	Ich empfand die aktive Teilnahme als unterstützend für den Wissensgewinn.	x	2,0	x	2,26
8.	Ich habe in dieser Lernveranstaltung mehr gelernt als in anderen.	x	3,0	x	2,96
9.	Meinen Lernzuwachs durch diese Lehrveranstaltung schätze ich hoch ein.	x	2,84	x	2,61
Motivation (γ)					
10.	Ich bin motiviert aktiv mitzuarbeiten.	2,63	x	2,2	x
11.	Ich bin bereit etwasNeues zu lernen.	2,28	x	1,8	x
12.	Der neue Lehransatz motivierte mich dazu, aktiver als gewöhnlich mitzuarbeiten.	x	x	x	2,28
13.	Ich konnte der Lehrveranstaltung problemlos folgen, ohne dass es ermüdend für mich war.	x	2,68	x	2,12
Spaß (γ)					
14.	Ein klassischer Frontalunterricht / Ein Serious Game hätte mir mehr Spaß gemacht.	x	2,89	x	4,04
15.	Ich habe mich aktiv beteiligt, weil ich Spaß daran hatte, Punkte zu sammeln.	x	x	x	2,4
16.	Mir hat diese Lerneinheit Spaß gemacht.	x	2,63	x	1,91
Zufriedenheit / Allgemeine Fragen (γ)					
17.	Ich bin offen gegenüber neuen Lernmethoden.	2,58	2,37	2,24	1,7
18.	Ich bin mit der Lernveranstaltung insgesamt zufrieden.	x	2,37	x	1,96
19.	Ich würde gerne wieder an einer Lernveranstaltung in dieser Art teilnehmen.	x	2,79	x	2,22

die erreichte Punktzahl abbildet und bei den Fragen zur Selbsteinschätzung die 6-gliedrige Likert-Skala verwendet wurde.

Beide Gruppen haben einen **Wissensgewinn** erfahren, was aus den Wissensfragen hervorgeht. Allerdings ist der Wissensgewinn der Gruppe B deutlich größer. Die Ermittlung des Wissensgewinns wurde durch zwei Items überprüft (Frage 1 und 2).

Für das erste Item wurde die Punktevergabe (α) verwendet und weist für Gruppe A im Prä-Fragebogen einen Wert von 2,21 und im Post-Teil einen Wert von 2,84 auf. Es ist eine Verbesserung von 0,63 zu erkennen. Gruppe B weist mit 2,24 einen ähnlichen Prä-Wert auf. Der Post-Wert liegt bei 3,76 und ist deutlich höher als der Post-Wert von Gruppe A. Es ist eine Verbesserung von 1,52 zu erkennen, die mehr als doppelt so hoch ist wie bei Gruppe A. Für die zweite Frage wurde die Punktevergabe (β) verwendet. Sie weist generell Werte auf einem sehr geringen Niveau auf. Doch ist die bereits erwähnte deutlich größere Verbesserung der Gruppe B ebenfalls erkennbar. Gruppe A weist eine Verbesserung in der Post-Befragung von 0,11 auf und Gruppe B eine Verbesserung von 0,16. Anzumerken ist zudem, dass Gruppe B ein höheres Wissensniveau in der Prä-Befragung aufgewiesen hat.

Für die Fragen 3 bis 19 wurde die 6-gliedrige Likert-Skala (γ) verwendet. Die Fragen 3 bis 9 sind der Kategorie **Lernerfolg** bzw. Wissensgewinn zugeordnet. Die Studierenden beider Gruppen schätzten ihr Wissen bezüglich Internetrecherche etwa gleich ein. In der Post-Befragung allerdings schätzten die Studierenden ihr Vorwissen zum Recherchieren im Internet als geringer ein. Dabei weist Gruppe B eine Veränderung von 0,83 und Gruppe A von 0,52 auf. Im vierten Item geht es um die Einstellung zur jeweiligen Form der besuchten Veranstaltung. Das heißt, Gruppe A wurde zu ihrer Einstellung zum Frontalunterricht vor der Veranstaltung befragt und wie sich ihre Einstellung danach zum Frontalunterricht verändert hat. Gruppe A hat vorher einen Wert von 2,68 und nachher einen Wert von 3,32. Gruppe B weist in Bezug auf Serious Games einen Mittelwert von 2,42 auf und nachher einen Wert von 2,5. Damit zeigt sich, dass sich die Einstellung zum Serious-Game-Ansatz minimal verschlechtert hat bzw. nahezu gleichgeblieben ist, während die Einstellung zum Frontalunterricht nach der Veranstaltung deutlich in den eher negativen Bereich abgerutscht ist. Die folgenden fünf Fragen wurden nur in der Post-Befragung abgefragt, da sie auf die Einschätzung der eigenen Fähigkeiten nach der Veranstaltung abzielen. Frage 5 beschäftigt sich mit der Aussage, etwas Neues in der Lehrveranstaltung gelernt zu haben. Gruppe A demonstriert mit 2,37 einen großen Wissensgewinn. Gruppe B übertrifft diesen Wert jedoch geringfügig mit einer mittleren Einschätzung von 2,2. Die Anwendung des Serious Games bzw. die zusätzliche Übung halfen beiden Gruppen (Gruppe A = 2,42; Gruppe B = 2,32) die Lerninhalte besser zu verstehen. Frage 7: „Ich empfand die aktive Teilnahme als unterstützend für den Wissensgewinn" bewertet Gruppe A mit einer 2,0 und Gruppe B mit einer 2,26. Frage 8 bewerten beide Gruppen in etwa gleich mit 3,0. In der neunten Frage sieht die Verteilung etwas gestreuter aus. Gruppe A hat einen Wert von 2,84 und Gruppe B von 2,61. Die Mittelwerte der Fragen 5 und 9 zeigen, dass beide Gruppen der Meinung sind etwa gleich viel gelernt zu haben. Ebenfalls gaben beide Gruppen der Studierenden an im Vergleich zu anderen Veranstaltungen gleich viel gelernt zu haben. Auffällig dabei ist, dass die Wissensfragen (Fragen 1 und 2) einen mehr als doppelt so großen Lernzuwachs bei Gruppe B verzeichnen. Das zeigt, dass die Studierenden sich subjektiv ihres großen Lernerfolgs durch das game-based Learning nicht bewusst sind. Beide Gruppen schätzten ihr Vorwissen zum Recherchieren im Internet vor der jeweiligen Veranstaltung besser ein als nach der Veranstaltung, d. h. die Studierenden sind sich darüber bewusst, dass sie in der

Veranstaltung Neues gelernt haben und ihr Wissen zur Internetrecherche vorher geringer war als ursprünglich angenommen (Fragen 1, 2, 3).

Die Fragen 10 bis 13 sind der Kategorie **Motivation** zugeordnet. Die Fragen 10 und 11 beschäftigen sich mit der Motivation vor der Veranstaltung. Die Fragen wurden von Gruppe B mit den Werten 1,8 und 2,2 bewertet, wohingegen Gruppe A die Werte 2,28 und 2,63 aufweist. Sowohl die Motivation als auch die Aufnahmebereitschaft etwas Neues lernen zu wollen, war in Gruppe B größer verglichen zu Gruppe A. Dies könnte darauf zurückgeführt werden, dass beide Gruppen vor dem Ausfüllen des Fragebogens in Kenntnis gesetzt wurden, welcher Veranstaltungstyp folgt. Die 12. Frage wurde nur der Serious-Game-Gruppe gestellt, da sie explizit nach ihrer Motivation nach der Durchführung des neuen Lernansatzes befragt wurden. Die Studierenden bewerteten diese Frage mit einem mittleren Wert von 2,28. Das heißt, der Lehransatz eines Serious Game motivierte die Teilnehmenden eher dazu aktiv mitzuarbeiten. Frage 13 bewertet die Lernmotivation nach der Veranstaltung und ob die Studierenden dieser problemlos folgen konnten. Dabei weist Gruppe B einen deutlich höheren Wert von 2,12 auf und Gruppe A nur einen Wert von 2,68.

Der empfundene **Spaß** wurde mit den Fragen 14 bis 16 abgefragt. Diese Werte wurden alle mittels des Post-Fragebogens ermittelt. In der Frage 14 wurden die Studierenden explizit gefragt, ob ihnen die jeweils andere Form der Veranstaltung mehr Spaß gemacht hätte. Dies bewertete Gruppe A mit 2,89 und Gruppe B mit 4,04. Hier ist eine sehr große Diskrepanz von 1,15 zu sehen. Frage 15 beschäftigt sich mit der aktiven Beteiligung der Studierenden der Gruppe B durch das Serious Game. Die Gruppe B bewertete dies mit einem Wert von 2,4. Zuletzt wurde der gesamte Spaß der Lerneinheit abgefragt. Dies empfand die Serious-Game-Gruppe als deutlich spaßiger (1,91) als die Frontalunterrichtsgruppe (2,63). Aus den Antworten geht hervor, dass der Spaßfaktor bei einer Serious-Game-Veranstaltung sichtbar höher ist als beim Frontalunterricht. Es hat den Studierenden Spaß gemacht, Punkte zu sammeln, was die aktive Mitarbeit gesteigert hat.

Die letzten drei Items betreffen die **Zufriedenheit** der Studierenden bzw. sind allgemeine Fragen zur Studie. Frage 17 erfragt die Offenheit der Studierenden bezüglich neuer Lernmethoden. Dies wurde in den Prä- und Post-Fragebögen ermittelt. Es ist erkennbar, dass die Offenheit sich in beiden Gruppen deutlich gesteigert hat. Für Gruppe A ist vom Ausgangswert von 2,58 eine Verbesserung von 0,21 zu sehen. Gruppe B hatte einen Ausgangswert von 2,24 mit einer Verbesserung von 0,54 auf 1,70, damit ist die Verbesserung von Gruppe B in etwa doppelt so groß verglichen mit Gruppe A. Dieses Ergebnis wird durch Frage 18 bestätigt. Auch hier lässt sich bei Gruppe B ein deutlich höherer Wert (1,96) als bei Gruppe A (2,37) erkennen, sodass die Gesamtzufriedenheit mit der Veranstaltung bei der Serious-Game-Gruppe um einiges höher war. Frage 19 adressiert, ob die Studierenden die Lernveranstaltung in der Art noch mal durchführen würden. Dies bewerteten die Studierenden der Gruppe B ebenfalls deutlich besser. Sie vergaben im Mittel eine 2,22, wobei Gruppe A nur eine 2,79 vergab. Gruppe B war demzufolge wesentlich zufriedener mit ihrer Veranstaltungsmethode als Gruppe A. Dies äußerte sich in dem stärkeren Wunsch von Gruppe B an einer weiteren Veranstaltung dieser Art teilnehmen zu wollen verglichen mit Gruppe A. Zudem ist Gruppe B nach der

Veranstaltung deutlich offener gegenüber neuen Lernmethoden, was die Zufriedenheit mit dem Serious Game unterstreicht.

Zusammenfassend ergab die durchgeführte Studie, dass das Serious Game bessere Werte in allen betrachteten Kategorien (Lernerfolg, Motivation, Spaß, Zufriedenheit) verglichen zum Frontalunterricht erzielen konnte. Somit eignet sich dieses Serious Game gut, um Lerninhalte zu vermitteln und dadurch einen erhöhten Lernzuwachs zu generieren. Damit konnte die erste These, dass ein Serious Game den Lernerfolg positiv beeinflusst, bestätigt werden. Die Motivation und der Spaßfaktor waren bei dem Serious Game deutlich höher als bei dem Frontalunterricht, womit die zweite These belegt ist. Die Auswertung der Befragung hat ergeben, dass die Studierenden mit dem Serious-Game-Ansatz sichtlich zufriedener waren verglichen zur Frontalunterrichtsmethode. Somit konnten alle anfänglich aufgestellten Thesen im Rahmen dieses spezifischen Beispielszenarios bestätigt werden.

11.4   Kritische Würdigung und Ausblick

Die Auswertung der Daten bietet nur eingeschränkte Schlussfolgerungen und ist daher kritisch zu betrachten. Zunächst ist festzustellen, dass die Stichprobe nicht groß war und die Gruppengrößen aufgrund des Nicht-Erscheinens einiger Teilnehmenden ungleich verteilt waren. Zudem haben an der Untersuchung Studierende unterschiedlicher Studiengänge teilgenommen, sodass auch davon auszugehen ist, dass die Studierenden nicht dasselbe Vorwissen hatten. Im Zuge dessen ist anzumerken, dass ebenfalls aufgrund von Sprachbarrieren die Studierenden teilweise eingeschränkt in der Beantwortung der Fragen waren.

Im Kontext der Prä- und Postmessung ist ebenfalls die interne Validität zu betrachten. Die interne Validität beschreibt die Gültigkeit bzw. Validität der Untersuchung und überprüft, auf welche Ursachen Veränderungen der Gruppe zurückzuführen sind. Eine Kontrollgruppe sichert beispielsweise eine hohe Validität. Diese Kontrollmessung wurde für diese Vergleichsstudie nicht durchgeführt und daher ist nur eingeschränkt abschätzbar, ob die positiven Veränderungen auf die neue Lernmethode oder auf äußere Umstände zurückzuführen sind (Kauffeld 2016). Zudem spielt, wie in Abschn. 11.2.1 bereits erwähnt, die Subjektivität der Studierenden eine Rolle, insbesondere bei den Fragen zur Motivation und dem Spaß. Ebenso war den Studierenden bereits vor der Prä-Evaluierung bewusst, ob sie an der Frontalveranstaltung oder dem Spiel „Lost in Antarctica" teilnehmen. So kann es bereits zu einer positiven bzw. negativen Beeinflussung mit Auswirkung auf die Zufriedenheit, den Spaß und die Motivation gekommen sein.

Die Übertragbarkeit des Ansatzes des game-based Learnings ist aus den zuvor genannten Gründen nur eingeschränkt möglich. Es ist beispielsweise sinnvoll, den Lernerfolg durch eine spätere Befragung erneut zu bestätigen und zu überprüfen, ob das Gelernte in das Langzeitgedächtnis übertragen werden konnte. In dieser Vergleichsstudie erfolgte die Postmessung direkt im Anschluss an die Lehrveranstaltung. So konnte nur der Lernerfolg gemessen werden. Dementsprechend kann es für weiterführende Untersuchungen interessant sein, auch den Lerntransfererfolg zu messen, indem eine weitere Postmessung mehrere Wochen oder Monate später durchgeführt wird (Kauffeld 2016). Zudem müssten die positiven Ergebnisse dieser Studie in weiteren Studien mit größerem Stichprobenumfang bestätigt werden.

Die guten Testergebnisse rechtfertigen jedoch eine Ausweitung der game-based Lernmethode auf weitere Bereiche. In der universitären Lehre ist neben den bisher eingesetzten game-based Learning Anwendungen eine Ausweitung des Ansatzes folglich empfehlenswert. Weiterhin ist eine Integration in den Schulalltag oder auch in Weiterbildungsmaßnahmen von beruflichen Schulungen denkbar. Dabei müssten jedoch auf den jeweiligen Inhalt abgestimmte Programme und Serious Games entwickelt werden, deren Wirksamkeit überprüft werden müsste.

Literatur

Bitkom (2015) Anteil der Computer- und Videospieler in verschiedenen Altersgruppen in Deutschland im Jahr 2015. Statista – Das Statistik-Portal. http://de.statista.com/statistik/daten/studie/315924/umfrage/anteil-der-computerspieler-in-deutschland-nach-alter/. Zugegriffen am 21.06.2016

Branston C (2006) From game studies to bibliographic gaming: libraries tap into the video game culture. Bull Am Soc Inf Sci Technol 32:24–26. doi:10.1002/bult.2006.1720320410

Csikszentmihalyi M (1993) Das Flow-Erlebnis. Klett-Cotta, Stuttgart

Eckardt L, Robra-Bissantz S (2016) Lost in Antarctica: designing an information literacy game to support motivation and learning success. Parsons J et al Tackling society's grand challenges with design science – 11th international conference, DESRIST 2016. S 202–206, St. John's, 23–25 May 2016. Springer International Publishing, Switzerland

Fritz J (2003) Computerspiele. Virtuelle Spiel- und Lernwelten. Bundeszentrale für politische Bildung, Bonn

Johnson S, Aragon S, Shaik N (2000) Comparative analysis of learner satisfaction and learning outcomes in online and face-to-face learning environment. J Interact Learn Res 11:29–49

Jong M, Shang J, Lee F, Lee J, Law H (2006) Learning online: a comparative study of a situated game-based approach and a traditional web-based approach. Lect Notes Comput Sci 3942:541–551. doi:10.1007/11736639_65

Kauffeld S (2014) Arbeits-, Organisations- und Personalpsychologie für Bachelor. 2., überarbeitete Aufl. Springer, Heidelberg

Kauffeld S (2016) Nachhaltige Personalentwicklung und Weiterbildung – Betriebliche Seminare und Trainings entwickeln, Erfolge messen, Transfer sichern. 2., überarbeitete Aufl. Springer, Heidelberg

Kirkpatrick D (1967) Evaluation of training. In: Craig R, Bittel L (Hrsg) Training and development handbook. McGraw-Hill, New York, S 87–112

Klopfer E, Osterweil S, Salen K (2009) Moving learning games forward. Obstacles, opportunities & openness. http://education.mit.edu/wp-content/uploads/2015/01/MovingLearningGames Forward_EdArcade.pdf. Zugegriffen am 08.08.2016

Krause M, Mohalle M, Pohl H, Williams J (2015) A playful game changer: fostering student retention in online education with social gamification. L@S 2015, March 14–18, 2015, Vancouver. http://dx.doi.org/10.1145/2724660.2724665. Zugegriffen am 08.08.2016

Lampert C, Schwinge C, Tolks D (2009) Der gespielte Ernst des Lebens: Bestandsaufnahme und Potenziale von Serious Games (for Health). MedienPädagogik. Zeitschrift für Theorie und Praxis der Medienbildung 15/16. http://dx.doi.org/10.21240/mpaed/15+16/2009.03.11.X

LaRose R, Gregg J, Eastin M (1998) Audiographic telecourses for the web: an experiment. J Comput-Mediat Commun 4(2). doi:10.1111/j.1083-6101.1998.tb00093.x

Mager R (1972) Motivation und Lernerfolg: Wie Lehrer ihren Unterricht verbessern können. Beltz Verlag, Weinheim

Matell M, Jacoby J (1971) Is there an optimal number of alternatives for likert scale items? Study I: reliability and validity. Educ Psychol Meas 31:657. doi:10.1177/001316447103100307

Michael D, Chen S (2006) Serious games: games that educate, train and inform. Thomson Course Technology, Boston

Prensky M (2007) Digital game-based learning. Paragon House, St Paul

Rödel A, Siegrist J, Hessel A, Brähler E (2004) Fragebogen zur Messung beruflicher Gratifikationskrisen – Psychometrische Testung an einer repräsentativen deutschen Stichprobe. Zeitschrift für Differentielle und Diagnostische Psychologie 25(4):227–238. Verlag Hans Huber, Bern

Sitzmann T, Kraiger L, Stewart D, Wisher R (2006) The comparative effectiveness of web-based and classroom instruction: a meta-analysis. Pers Psychol 59:623–664

Susi T, Johannesson M, Backlund P (2007) Serious games – an overview. IKI technical report

Serious Games in der Hochschullehre: Ein Planspiel basierend auf SAP ERP

12

Christian Leyh

Zusammenfassung

Lehre im Bereich von ERP-Systemen ist mit Blick auf den hohen organisatorischen und systemtechnischen Einführungsaufwand nicht einfach zu gestalten. Hier haben sich bereits verschiedene Lehrformen und auch teilweise eine Vielzahl von ERP-Systemen in den Curricula der Hochschulen etabliert. Dies aufgreifend wird in diesem Beitrag ein Planspielkurs – das ERP Simulation Game (ERPSim) bereitgestellt vom University Competence Center der SAP AG – vorgestellt, in welchem basierend auf dem ERP-System SAP ERP praktische Systemkenntnisse vermittelt werden. Die Beschreibung dieses Konzepts soll dabei als Erfahrungsbericht verstanden werden, in dem das Kursmodell vorgestellt und dessen Durchführung beschrieben werden. Auch wird eine Einschätzung und Evaluation des Kurses aus Sicht der teilnehmenden Studierenden gegeben. Ziel dieses Beitrags ist es, das Konzept sowie die gesammelten Erfahrungen und Erkenntnisse für Unternehmen und andere Hochschulen zur Verfügung zu stellen.

Schlüsselwörter

Serious Games • Planspiel • ERP-Systeme • Hochschullehre • ERPSim • Gamification

Vollständig neuer Original-Beitrag

C. Leyh (✉)
Technische Universität Dresden, Dresden, Deutschland
E-Mail: christian.leyh@tu-dresden.de

© Springer Fachmedien Wiesbaden GmbH 2017
S. Strahringer, C. Leyh (Hrsg.), *Gamification und Serious Games*, Edition HMD,
DOI 10.1007/978-3-658-16742-4_12

12.1 Herausforderungen der ERP-Lehre

ERP-Systeme werden mittlerweile seit mehr als einem Jahrzehnt im Rahmen der Hochschullehre eingesetzt. Hierbei besteht jedoch eine Herausforderung für die Hochschulen darin, passende Konzepte zu nutzen, um den Studierenden und späteren Absolventen das von der Wirtschaft geforderte und benötigte Fachwissen bezogen auf ERP-Systeme, insbesondere in informationssystembezogenen Studiengängen wie beispielsweise dem Studiengang Wirtschaftsinformatik, in angemessenem Umfang zu vermitteln (Venkatesh 2008). Hier haben sich bereits verschiedene Lehrformen und auch teilweise eine Vielzahl von ERP-Systemen in den Curricula der Hochschulen etabliert (siehe z. B. Leyh 2012). Vor allem in Anbetracht der immer weiter steigenden Bedeutung und Wichtigkeit von ERP-Systemen und damit verbunden ihres pädagogischen Wertes nutzen viele Hochschulen ERP-Systeme vermehrt in ihren Kursen, um beispielsweise verschiedene Konzepte und Prozesse auch praktisch unterrichten und demonstrieren zu können (Seethamraju 2007). Um dies zu unterstützen, kooperieren einige ERP-Hersteller eng mit Hochschulen und stellen ihre Systeme und Ressourcen für die Hochschullehre zur Verfügung. Hierbei stellt sich jedoch die Herausforderung für Lehrende, wie ein passender Kurs aufgebaut sein sollte (Lehrform, Anzahl von ERP-Systemen, praktische ERP-Übungen, Kenntnisvermittlung auf theoretischer Basis etc.), um das Wissen über ERP-Konzepte, Prozesse und Systemnutzung zu vermitteln (Brehm et al. 2009; Fedorowicz et al. 2004; Winkelmann und Leyh 2010).

Möglichkeiten und vor allem der Bedarf, dieses Wissen durch den praktischen Einsatz von ERP-Systemen in der Lehre transparent zu machen, werden in der Literatur zahlreich diskutiert (z. B. Antonucci et al. 2004; Boyle und Strong 2006; Fedorowicz et al. 2004; Hawking et al. 2004; Leyh 2016; Leyh und Strahringer 2011; Leyh et al. 2012; Peslak 2005; Stewart et al. 2000; Winkelmann und Leyh 2010). Dabei wird deutlich, dass ERP-Systeme ein wichtiger Bestandteil der Curricula der Hochschulen in informationssystembezogenen Fächern sind bzw. sein sollten. Diese Systeme mit einzubeziehen stellt die Hochschulen und Dozenten jedoch vor Herausforderungen und sollte nicht als triviale Aufgabe gesehen werden, wie Noguera und Watson bereits 1999 in ihrer Studie hervorheben. Es existiert für die praktische Nutzung von ERP-Systemen in der Lehre kein standardisierter Ansatz. Die Systemwahl und die Anzahl der Systeme sowie der Aufbau und die Anzahl der ERP-Kurse divergieren von Hochschule zu Hochschule (Leyh 2012; Seethamraju 2007). Im Gegensatz zum sehr heterogenen ERP-Markt ist jedoch die Vielfalt der an Hochschulen vertretenen Systeme und Hersteller recht gering. Es dominieren vor allem einige große Hersteller den Einsatz in der Lehre (Leyh 2012). Zu nennen ist hier insbesondere der Hersteller SAP, der durch den Aufbau seines University-Alliance-Programms in zahlreichen Hochschulen vertreten ist. Bereits Mitte der 2000er-Jahre waren mehr als 400 Partnerhochschulen in diesem Programm beteiligt (Hawking et al. 2004; Pellerin und Hadaya 2008) und diese Zahl ist bis heute noch weiter gestiegen. SAP ERP ist damit das wohl am stärksten verbreitete System in der Hochschullehre. Für die intensive Auseinandersetzung mit einem einzelnen System ist die Sinnhaftigkeit der Fokussierung auf marktführende Systeme unstrittig. Allerdings ist eine diversifiziertere Einbindung von ERP-Systemen ratsam. Vor allem das Argument, den Studierenden mehr als nur ein bis zwei große Systeme zu zeigen, um ihnen zumindest einen ansatzweisen Marktüberblick zu ermöglichen, unterstützt diese Forderung. Gleichzeitig würden damit zusätzlich die Unterschiede von KMUs im Vergleich zu Großunternehmen vermittelt, die sich in den entsprechenden Ausprägungen dieser Systeme widerspiegeln (Leyh et al. 2012; Winkelmann und Klose 2008).

Dabei können einzelne oder mehrere ERP-Systeme und deren Konzepte auch ohne direkten Systembezug theoretisch erläutert werden. Jedoch werden die Lernerfahrung und das Verständnis durch den Einsatz von realen Systemen viel stärker gefördert (Watson und Schneider 1999). Allerdings gestaltet sich vor allem der praktische Lehreinsatz von ERP-Systemen, vor allem von mehr als einem ERP-System oder ERP-Lehre in verschiedenen Lehrformaten teilweise als schwierig. Eine erste Herausforderung stellt hier die Verfügbarkeit von ERP-Systemen dar. Zugang zu Systemen großer Hersteller ist deutlich einfacher umsetzbar, auch vor dem Hintergrund, dass diese Hersteller umfangreiches Schulungsmaterial und teilweise bereits ausgearbeitete Kursformate und Kursinhalte bereitstellen. Für kleinere Systeme gibt es teilweise nur wenig zugängliches Schulungsmaterial sowie Materialien, die in der Lehre genutzt werden könnten. Dies wiederum erschwert es den Dozenten, sich in diese Systeme einzuarbeiten und passende Kursformate auf Basis dieser Systeme zu entwickeln. Daher ist es teilweise erheblich einfacher, einen Kurs mit ERP-Systemen für Großunternehmen in die Curricula zu integrieren. Dennoch soll an dieser Stelle festgehalten werden, dass sowohl ERP-Systeme für Großunternehmen als auch Systeme für KMU Teil der Curricula von Studierenden in informationssystembezogenen Studiengängen sein sollten. Zudem sollten Studierende die Möglichkeit erhalten, einzelne Systeme in der Tiefe kennenzulernen, zugleich aber auch einen Überblick in der Breite erhalten, um ein Gefühl für die Vielfalt der Ansätze und zugrunde liegenden Konzepte zu entwickeln (Leyh und Strahringer 2011).

Hieraus ergibt sich jedoch eine zweite Herausforderung – welche Lehrformate sollten für welche und für wie viele ERP-Systeme genutzt werden, um den Studierenden die entsprechenden Kenntnisse zu vermitteln? Die Wahl der „richtigen" Anzahl von ERP-Systemen und der passenden Kursformate gestaltet sich schwierig, da zu viele Systeme bei den Studierenden zu Missverständnissen, Verwirrung und Verwechslungen führen können. Auch ist ein tiefer Einblick in ausgewählte Systeme sicherlich sinnvoll, um deren Konzepte und Strukturen besser zu verstehen. Dennoch ist es nicht ratsam, zu viele Kursformate, die diesen tiefen Systemeinblick ermöglichen, in die Curricula aufzunehmen (Leyh et al. 2012). Vielmehr sollte eine „gute" Mischung aus verschiedenen Systemen, aber auch aus verschiedenen Lehrformaten vorherrschen, um den Studierenden ERP-Systeme auf unterschiedlichste Art und Weise näher zu bringen.

Betrachtet man diesbezüglich die Ergebnisse einer in den Jahren 2010 und 2011 an deutschen Hochschulen durchgeführten Umfrage der Technischen Universität Dresden zum Lehreinsatz von ERP-Systemen (Leyh 2012), so zeigt sich, dass zwar unterschiedliche Lehrformaten (z. B. Vorlesungen, Übungen, Projekte, etc.) von den

143 befragten Lehrstühlen und Professoren angeboten werden, die Mehrzahl der Dozenten jedoch vor allem Vorlesungen und fallstudienbasierte Computerpool-Übungen einsetzt. Problemorientierte Lernansätze (siehe z. B. Saulnier 2008), wie z. B. schriftliche Ausarbeitungen/Seminararbeiten oder Semesterprojekte, werden weit weniger häufig genutzt. Und mit der geringsten Häufigkeit werden Planspiele/ Simulationsspiele in der ERP-Lehre verwendet. Lediglich neun von 143 Dozenten setzen dieses Lehrformat ein (Leyh 2012). Doch gerade dieses Format bietet durch seinen spielerischen Aufbau eine für Studierende interessante Möglichkeit, ERP-Systeme „näher kennenzulernen" und gleichzeitig ihr bisher erworbenes wirtschaftliches Wissen anzuwenden.

An diesem Punkt knüpft dieser Beitrag mit der Beschreibung eines Planspielkurses unter Verwendung von SAP ERP an. Dabei wird ein problemorientierter Ansatz verwendet, um Studierenden neben Vorlesungen und PC-Übungen ERP-Kenntnisse praktisch zu vermitteln. Unter Verwendung eines simulierten Marktes treten die Studierenden in Kleingruppen gegeneinander an und müssen versuchen, sich mit „ihrem" Unternehmen an diesem Markt gegenüber den konkurrierenden Studierendenteams zu behaupten.

Dieser Beitrag soll dabei als Erfahrungsbericht verstanden werden, in dem das Kursmodell vorgestellt und dessen Durchführung beschrieben werden. Dafür ist der vorliegende Beitrag wie folgt strukturiert: Im nächsten Kapitel werden der Aufbau und die Durchführung des Kurses beschrieben, um damit auch einen Grundstein für eine mögliche Adaption an anderen Hochschulen zu legen. Im sich darauf anschließenden Kapitel erfolgt die Darstellung der Evaluationsergebnisse des Kurskonzeptes. Abschließend endet der Beitrag mit einer kurzen Zusammenfassung dieses Lehrkonzeptes und der gesammelten Erfahrungen.

12.2 Aufbau des Kurses „ERP-Planspiel"

12.2.1 Kursinhalt

Inhalt des Planspielkurses ist die Leitung und Steuerung eines Unternehmens, das verschiedene Arten von Müsli produziert und am deutschen Markt anbietet. Der Markt selbst wird dabei durch eine Java-Applikation simuliert, welche vom ERPsim Lab der HEC Montreal bereitgestellt wird (Léger 2006). Die Darstellung der Kursinhalte und die Abbildungen beziehen sich dabei auf die Lehrmaterialien (Léger et al. 2007, 2016), die für Dozenten im LearningPortal des ERPSim-Labs zur Verfügung gestellt werden (http://erpsim.hec.ca). Das Ziel des Spiels besteht darin, den Wert des eigenen Unternehmens zu maximieren. Dieser Wert wird über eine vorgegebene Formel berechnet und unterliegt daher verschiedenen Einflussgrößen, z. B. Gewinn, Bestand an liquiden Mitteln, Höhe des Unternehmenskredits, Unternehmensrating sowie kurzfristige Verbindlichkeiten und Forderungen. Die folgenden Ausführungen beziehen sich auf die Spielversion 2016/2017.

Die Studierenden leiten in Kleingruppen (vier Studierende pro Unternehmen/pro Team) ein Müsli-Unternehmen und treten gegeneinander auf demselben Markt an.

Hier besteht die Möglichkeit, bis zu 26 Teams (Nummerierung A bis Z) konkurrieren zu lassen. Gesteuert werden die einzelnen Unternehmen von den Studierenden durch Verwendung eines SAP ERP-Mandanten, welcher in Deutschland vom University Competence Center (UCC) München (http://www.sap-ucc.com/) zur Verfügung gestellt wird. Simulator und Mandant sind entsprechend aufeinander abgestimmt, so dass Änderungen, Datenaustausch etc. in Echtzeit erfolgen. Als Spieldauer sind maximal 12 Runden (1 Jahr) möglich, jede Runde umfasst dabei 20 Tage. Die Dauer eines Tages kann vom Dozenten eingestellt werden, standardmäßig ist diese auf eine Minute gesetzt. Hier empfiehlt es sich, dies nicht zu unterschreiten und je nach Kursumfang den Teams eventuell mehr als eine Minute Zeit pro Tag zu geben, damit sie ihre Entscheidungen ohne zu großen Zeitdruck treffen und die daraus resultierenden Aktionen im SAP-System ausführen können. Dabei bewegen sich die Studierenden in einem Unternehmen, welches bis zu sechs verschiedene Müslisorten in je zwei Packungsgrößen produziert und diese produzierten Produkte an Händler verkauft. Somit müssen die Teams sämtliche Entscheidungen treffen, die sowohl die Produktion, den Vertrieb, den Einkauf, aber auch die Produktions- und Beschaffungsplanung sowie Investitionen (z. B. Aufrüstung des Maschinenparks, Erhöhung der Produktionskapazität) betreffen. Einen Überblick über den gesamten inhaltlichen Cash-to-Cash-Zyklus gibt Abb. 12.1. Im weiteren Verlauf werden einzelne Entscheidungs- und Aktionsmöglichkeiten der Studierenden-Teams detaillierter beschrieben.

12.2.1.1 Zu Beginn des Spiels

Die Teams bekommen zu Beginn des Spiels ihr jeweiliges Unternehmen zugeteilt. Diese Unternehmen sind bis auf die unterschiedliche Bezeichnung alle identisch aufgebaut. Jedes Unternehmen bietet die Möglichkeit sechs verschiedene Müsli-Sorten

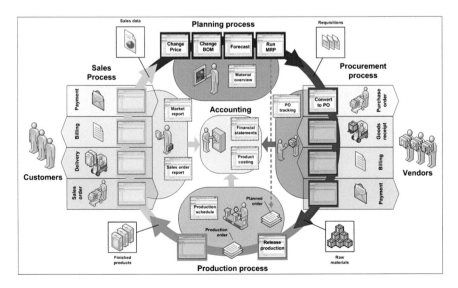

Abb. 12.1 Prozessübersicht (Abbildung ist Bestandteil des Lehrmaterials des ERPsim Lab (Léger et al. 2007, 2016))

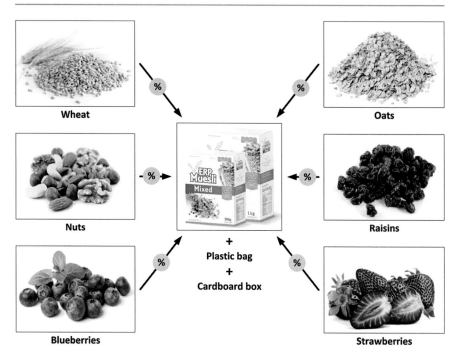

Abb. 12.2 Produktübersicht/Produktbestandteile (in Anlehnung an die Lehrmaterialien des ERPsim Lab (Léger et al. 2007, 2016))

in je zwei Größen zu produzieren. Somit ist insgesamt eine Produktvielfalt von 12 Produkten möglich. Die Grundzutaten sind dabei immer Weizen und Hafer sowie weitere Zutaten wie Früchte oder Nüsse (siehe Abb. 12.2).

Für jede Müsli-Sorte gibt es eine Mindestmenge an Zutaten, die nicht unterschritten werden darf, um weiterhin als diese Sorte zu gelten. Zum Beispiel müssen in einem Heidelbeer(Blueberry-)müsli mindestens 20 % Weizen, 20 % Hafer und 20 % Heidelbeeren enthalten sein (vgl. Abb. 12.3).

Diese Bedingungen werden bei einer Änderung der jeweiligen Rezeptur des Müslis durch das ERP-System geprüft.

Des Weiteren sind die Unternehmen zu Beginn des Spiels wie folgt aufgebaut/ausgestattet:

- Die Müsli-Rezepturen sind für die sechs beschriebenen Sorten für beide Größen mit einem 30 %-Anteil der Früchte/Nüsse angelegt.
- Jedes Unternehmen kann seine Produkte über drei verschiedene Kanäle vertreiben (Hypermarkets, Grocery Stores und Independent Grocers). Dabei gibt es für jeden Absatzkanal verschiedene Restriktionen, z. B. können an Hypermarkets nur 1 kg-Packungen verkauft werden, während die Independent Grocers nur die kleinen 0,5 kg-Packungen kaufen.
- Es kann immer nur eine Müslisorte und -größe gleichzeitig produziert werden. Die Umrüstzeit der Maschinen auf eine andere Müslisorte beträgt acht Stunden.

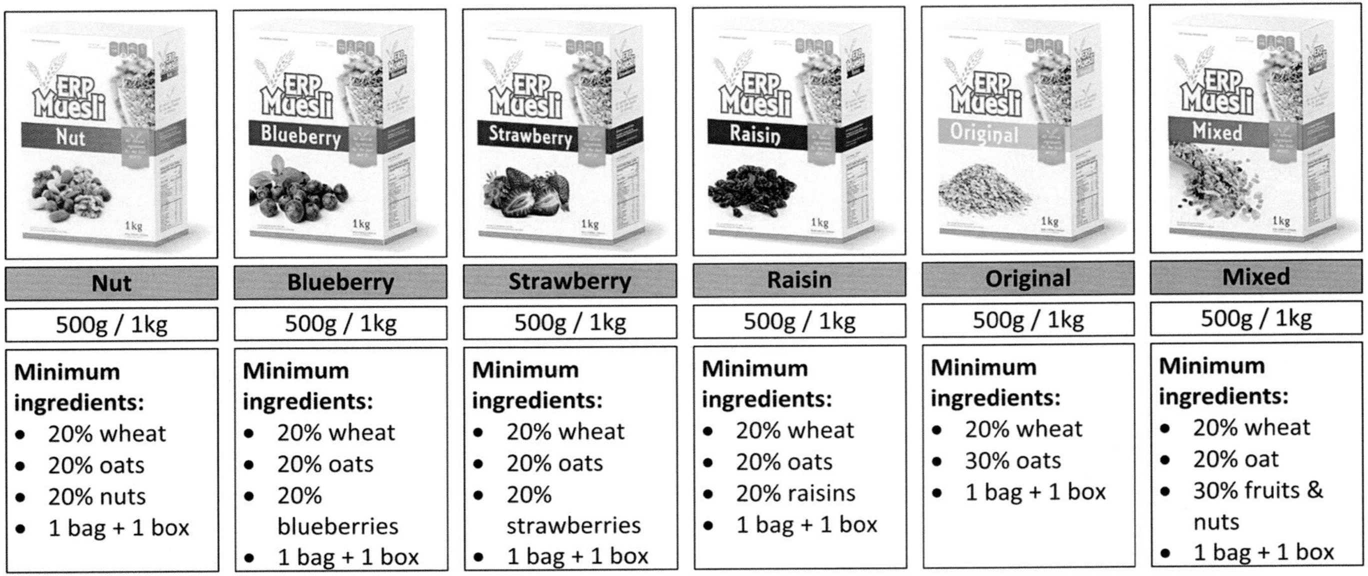

Nut	Blueberry	Strawberry	Raisin	Original	Mixed
500g / 1kg	500g / 1kg	500g / 1kg	500g / 1kg	500g / 1kg	500g / 1kg
Minimum ingredients: • 20% wheat • 20% oats • 20% nuts • 1 bag + 1 box	**Minimum ingredients:** • 20% wheat • 20% oats • 20% blueberries • 1 bag + 1 box	**Minimum ingredients:** • 20% wheat • 20% oats • 20% strawberries • 1 bag + 1 box	**Minimum ingredients:** • 20% wheat • 20% oats • 20% raisins • 1 bag + 1 box	**Minimum ingredients:** • 20% wheat • 30% oats • 1 bag + 1 box	**Minimum ingredients:** • 20% wheat • 20% oat • 30% fruits & nuts • 1 bag + 1 box

Abb. 12.3 Minimumanforderungen der Produktzusammensetzung (in Anlehnung an die Lehrmaterialien des ERPsim Lab (Léger et al. 2007, 2016))

Dies betrifft auch die Umrüstung auf eine andere Packungsgröße. Des Weiteren wird von einer 24-Stunden-Produktion ausgegangen.

- Die Lagerkapazitäten der Unternehmen umfassen 250.000 Packungen Fertigprodukte, 250.000 kg Rohmaterialien (Weizen, Hafer, Früchte) und 750.000 Packungen leeres Verpackungsmaterial.
- Die Unternehmen starten mit einer maximalen Produktionskapazität von 24.000 Einheiten Fertigprodukte pro Tag.
- Fixkosten sind wie folgt gesetzt und bleiben während des gesamten Spiels konstant. Diese Kosten müssen alle fünf Tage beglichen bzw. gebucht werden:
  - Fertigungslöhne (Direct Labor): 20.000 Euro
  - Fertigungsgemeinkosten (Factory Overhead): 15.000 Euro
  - Verwaltungs- und Vertriebsgemeinkosten (SG&A): 40.000 Euro
  - Abschreibungen für Gebäude (Depreciation Building): 1.250 Euro
  - Abschreibung für Maschinenanlagen (Depreciation Equipment): 50.000 Euro
- Auch Zinsen müssen alle fünf Tage gezahlt werden. Zu Beginn besteht ein Bankkredit von acht Millionen Euro. Das Rating des Unternehmens und somit der Zinssatz kann sich jedoch im Laufe des Spiels in Abhängigkeit von der Unternehmensperformance ändern.
- Die Startbilanz weist eine Bilanzsumme von 28 Millionen Euro. Von diesen 28 Millionen befinden sich zwei Millionen Euro auf dem Cash-Account des Unternehmens.
- Der Markt wird mit einem Volumen von ca. 440.000 Euro pro Woche (5 Tage) und pro Team initialisiert.

12.2.1.2 Entscheidungs- und Handlungsmöglichkeiten

Schon vor Beginn des Spiels und auch nach dem Start des Simulators müssen die Studierenden verschiedenste Entscheidungen treffen, um am Markt erfolgreich zu bestehen. Dabei werden der Erfolg oder auch der Misserfolg der Aktionen sowohl von sich ändernden Marktbedingungen als auch von den Maßnahmen der konkurrierenden Teams beeinflusst. Vor allem bezogen auf letzteres erhalten die Teams nur minimalen Einblick. Es wird weder transparent dargestellt, welches Team welche Produkte über welche Absatzkanäle zu welchen Preisen vertreibt, noch erhalten die Teams Informationen darüber, welche Investitionen oder Umrüstungen die Konkurrenzunternehmen durchführen bzw. durchgeführt haben. Über all diese Punkte müssen die Studierenden Rückschlüsse durch ihre eigene Performance am Markt ziehen. Auch in die Strategien oder in die Änderungen der Strategien der anderen Teams bekommen die Studierenden erst Einblick in der Abschlussveranstaltung des Kurses (siehe dazu Abschn. 12.2.2). Einige zu treffende Entscheidungen sollen hier kurz exemplarisch dargestellt werden, um einen Überblick über die Vielfalt dieses Planspiels zu vermitteln:

- **Verringerung der Rüstzeiten:** Durch Verbesserung der Anlage besteht jederzeit die Möglichkeit die Maschinenrüstzeiten auf bis zu 2,5 Stunden abzusenken (in Abhängigkeit von der Höhe der Ausgaben für diese Verbesserungsmaßnahmen).
- **Preisgestaltung:** Die Verkaufspreise können pro Produkt und pro Absatzkanal individuell gestaltet und angepasst werden. Dabei ist der Erfolg der Preispolitik

sowohl von den Konkurrenzunternehmen abhängig, wird aber auch durch sich ändernde Rohstoffpreise beeinflusst. Rohstoffpreise können sich am Ende jeder Woche (nach 5 Tagen) ändern und haben somit starken Einfluss auf die Herstellkosten (je nachdem, zu welchem Zeitpunkt die Rohstoffe bezogen werden/wurden).

- **Marketingausgaben:** Es können gezielt Marketingmaßnahmen für drei verschiedene Regionen pro Produkt initiiert werden. Diese können jedoch nicht auf die drei Absatzkanäle ausgerichtet werden, sondern nur regional auf Nord-, Süd- und Westdeutschland.
- **Erhöhung der Produktionskapazität:** Die Unternehmen können durch Investitionen ihre Produktionskapazität steigern um mehrere 1000 Einheiten pro Tag. 1000 Einheiten zusätzliche Kapazität erfordern dabei je eine Investition von einer Million Euro. Diese Kapazitätserhöhung hat jedoch wiederum eine Erhöhung der wöchentlichen Abschreibung für die Maschinenanlagen zur Folge.
- **Kreditrückzahlung:** Um den Zinsaufwand zu senken, ist eine (Teil-)Rückzahlung des Bankkredits jederzeit in individueller Höhe möglich.
- **Planung der Produktionsmenge pro Produkt:** Während des gesamten Spiels besteht die Möglichkeit, den Ziellagerbestand pro Produkt anzupassen, um somit auf Absatzschwankungen am Markt zu reagieren.
- **Änderung der Rezepturen:** Die Rezepturen der zwölf Produkte können teamindividuell angepasst werden. Lediglich die Mindestmengen müssen dabei beachtet werden. Auch ist eine Rezepturanpassung nur möglich, wenn weniger als 1000 Einheiten des anzupassenden Produkts auf Lager sind.

Diese und weitere Anpassungen können durch die Studierenden vorgenommen werden, um ihre Position am Markt zu festigen oder auszubauen. Zu erwähnen ist noch, dass Preisabsprachen oder auch Kartellbildung zwischen einzelnen Teams nicht zielführend sind. Es wird vom Simulator im Hintergrund noch ein „Schattenunternehmen" geführt, von dem die Händler auch Produkte beziehen können. Darauf greifen diese jedoch immer nur dann zurück, wenn der Preis für ein bestimmtes Produkt von allen Teams zu hoch gesetzt wird oder ein Produkt von keinem der Teams am Markt angeboten wird.

12.2.2 Ablauf des Kurses

Der Kurs wird an der Fakultät Wirtschaftswissenschaften der Technischen Universität Dresden seit dem Sommersemester 2015 angeboten. Dabei gibt es die Möglichkeit, den Kurs regulär im Semester (über 6 Wochen verteilt) zu belegen oder auch als Blockkurs (eine Woche vor Semesterbeginn). Da alle Transaktionen und Unterlagen des Planspiels auf Englisch vorliegen, ist auch die Kurssprache Englisch, sowohl für die Dozenten als auch für die Studierendenteams. Beispielhaft soll die Struktur des regulären Semesterkurses beschrieben werden.

Im regulären Durchlauf des Kurses erfolgt zwei Wochen vor Beginn des eigentlichen Planspiels (Start des Marktes/des Simulators) die Kick-Off-Veranstaltung.

In dieser Veranstaltung findet die Teambildung statt und die Teams werden mit dem Planspielkonzept und dem SAP-Mandanten vertraut gemacht. Dabei erleichtert eine gewisse SAP-Vorkenntnis den Umgang mit dem System, ist aber nicht zwingend erforderlich. Im Rahmen der Kick-Off-Veranstaltung haben die Teams die Möglichkeit, drei Runden am Markt zu agieren (mit begrenztem Funktionsumfang im Gegensatz zu den weiteren Runden) und sich an den Umgang und auch an den zeitlichen Ablauf zu gewöhnen. Dies dient auch vor allem dazu, teamintern eine gewisse Aufgabenteilung abzustimmen und zu erproben. Nach dem Ende dieser drei Runden wird der Simulator wieder zurückgesetzt. Die Aktionen und Ergebnisse dieses Kick-Offs haben keinerlei Einfluss auf den weiteren Verlauf des Kurses. Des Weiteren müssen die Teams nach Ende des Kick-Offs bzw. bis zum Start des „richtigen" Spiels einen initialen Business-Plan erarbeiten, in dem sie darlegen, welche Strategien verfolgt werden sollen, welche Produkte zu welchen Preisen über welche Absatzkanäle vertrieben werden sollen, in welcher Höhe Marketingausgaben geplant sind etc. Auch ist bis zum Start eine Kurzklausur (Short Exam) im Team zu beantworten. Dies dient dazu, das Verständnis für inhaltlich komplexere Punkte zu erhöhen, indem die Teams dazu „gezwungen" werden, sich mit den Inhalten zur Beantwortung der Fragen auseinanderzusetzen. Insgesamt finden mit vollem Funktionsumfang zwölf Runden statt. Dabei werden pro Woche immer drei Runden (20 Tage pro Runde) in einem 3-Stunden-Zeitslot gespielt. Es empfiehlt sich dabei, für die Zeitdauer eines Tages mindestens 90 Sekunden zu wählen, da dies den Studierenden in genügendem zeitlichem Umfang die Möglichkeit gibt, Screenshots zu machen oder tagesgenaue Daten aus dem SAP-System zu exportieren (z. B. in Excel). Diese Daten sind notwendig, da die Teams nach jeder dritten Runde eine kurze Zwischenpräsentation ihrer bis dahin erzielten Ergebnisse vorstellen müssen. Diese Präsentation findet einen Tag vor dem Spielen der nächsten drei Runden statt. Diese Präsentationen umfassen 20 Minuten Präsentationszeit sowie jeweils eine ca. 10-minütige Fragerunde. Dabei beinhalten diese Präsentationen die Ergebnisse der letzten drei Runden, bisherige Strategien, notwendige Anpassungen/Änderungen während der Runden sowie einen Ausblick auf das weitere Vorgehen und zukünftige Strategien. Die Zwischenpräsentationen finden dabei teamindividuell statt, um „Industriespionage" zu vermeiden. Nach jeder Zwischenpräsentation erhalten die Teams ein kurzes schriftliches Feedback mit der von ihnen erreichten Punktzahl in der Präsentation (siehe dazu Abschn. 12.2.3) sowie mit der Begründung des Punktabzuges und mit Aufzeigen von Verbesserungspotenzial. Nach Abschluss aller zwölf Runden (ca. ein bis zwei Wochen nach den letzten drei Runden) findet eine Abschlusspräsentation statt. Hier präsentieren die Teams (auch vor den anderen Teams) in einem Gesamtüberblick ihre Ergebnisse, Strategien und Vorgehensweise während der Spiellaufzeit. Diese Präsentation umfasst pro Team ca. 40 Minuten (inklusive Fragerunde). Dabei eröffnet die Abschlussrunde interessante Einblicke, da die konkurrierenden Teams erstmals untereinander erkennen, bei wem unterschiedliche oder ähnliche Strategien gewählt wurden, woraus auch wiederum schnell die Erkenntnis resultiert, warum die eigenen Ideen und Aktionen vielleicht doch nicht so erfolgreich waren, wie es geplant war. Zusätzlich müssen die Teams am Ende des Kurses noch einen Business-Report abgeben, in dem sie beschreiben, wie sich ihr Unternehmen im Laufe der zwölf Runden entwickelt hat und sie auch hier Entscheidungen und Anpassungen nochmals schriftlich darlegen.

Die Blockkurs-Variante des Planspielkurses findet hingegen an vier Tagen innerhalb einer Woche statt, während die Abschlusspräsentationen 7 Tage nach der letzten „Spielrunde" erfolgen. Dabei erhalten die Studierenden schon vor der Kick-Off-Veranstaltung die Aufgabenstellung der Short Exams sowie die Aufforderungen zur Erstellung des initialen Business-Plans. Direkt nach dem Kick-Off-Tag erfolgen die ersten drei Spielrunden. Die Zwischenpräsentationen werden in diesem Format dabei immer an den Vormittagen gehalten, während an den Nachmittagen „gespielt" wird.

12.2.3 Bewertung der Teamleistung/Notenvergabe

Die Bewertung der Studierenden erfolgt als Teambewertung. Dabei werden sowohl die Leistungen während der Zwischenpräsentationen und Abschlusspräsentation einbezogen sowie das Short Exam, der initiale Business-Plan und der finale Business-Report bewertet. Dabei sollen die Präsentationen von den Teams so gehalten werden, als ob sie den Geschäftsführern oder Anteilseignern der Unternehmen den Stand des Unternehmens präsentieren würden. Die maximal erreichbare Punktzahl für diesen Kurs beträgt 100 Punkte. Diese verteilen sich wie folgt:

- Short Exam: max. 10 Punkte
- Initialer Business-Pan: max. 5 Punkte
- Zwischenpräsentationen: max. 15 Punkte pro Präsentation, insgesamt max. 45 Punkte
- Abschlusspräsentation: max. 30 Punkte
- Finaler Business-Report: max. 10 Punkte

Die Bewertungskriterien (vor allem für die Präsentationen) werden den Teams während der Kick-Off-Veranstaltung transparent dargelegt. Für die Zwischenpräsentationen verteilen sich dabei bspw. die Punkte wie folgt:

- **Inhalt der Präsentation (0 bis 4 Punkte):** Dies umfasst grob die Fragestellung, was in den beiden Quartalen unternehmensseitig geschehen ist. Werden alle relevanten Fakten vorgestellt, welche Inhalte werden in die Präsentation mit einbezogen?
- **Entscheidungen/Pläne/Strategien (0 bis 3 Punkte):** Hier sollen die getroffenen Entscheidungen begründet werden. Welche Strategien wurden zu Beginn der Quartale verfolgt? Wie haben sich diese verändert und warum?
- **Präsentationsaufbau (0 bis 3 Punkte):** Dieser Teil geht weniger stark auf die inhaltlichen Komponenten der Präsentation ein, sondern mehr auf das Handwerkszeug, z. B. Aufbau der Folien, Anzahl der Folien, Umfang, Fehler auf den Folien etc.
- **Präsentationsstil (0 bis 3 Punkte):** Mit dieser Teilbewertung werden das Auftreten der Studierenden, die Sprachbeherrschung (Verständlichkeit, Artikulation) sowie das Sprachtempo bewertet.

- **Reaktion auf Fragen (0 bis 2 Punkte):** Hier wird die Fähigkeit des Teams bewertet, auf kritische Fragen zu ihren Entscheidungen, Plänen und Aktionen zu reagieren. Können diese adäquat und nachvollziehbar „verteidigt" werden oder erweisen sich hier Schwachstellen im Unternehmensplan?

Mit der Abschlusspräsentation können die Teams dann nochmals maximal 30 Punkte erreichen. Die Kriterien sind angelehnt an die Kriterien der Zwischenpräsentationen, sind jedoch stärker gewichtet: Inhalt der Präsentation (0 bis 15 Punkte); Präsentationsstil (0 bis 5 Punkte); Präsentationsaufbau (0 bis 5 Punkte); Reaktion auf Fragen (0 bis 5 Punkte).

Nach Ende des Kurses erhält jedes Team einen Feedbackbogen, in dem die Punktzahl über alle Präsentationen und die daraus resultierende Note ersichtlich sind. Des Weiteren wird detailliert aufgelistet, in welchen Punkten die einzelnen Teammitglieder noch Verbesserungspotenzial aufweisen und an welchen Stellen dies zu Punktabzügen geführt hat.

12.3 Bewertung des Kurskonzepts

Eine Bewertung von Seminaren bzw. allgemein von Lehrveranstaltungen besitzt eine hohe Wichtigkeit für die Verbesserung von Lehrkonzepten (Seethamraju 2007). Daher wurden zur Evaluation des Planspielkurses nach Ende der Abschlusspräsentationen speziell für dieses projektartige Kursformat entwickelte Fragebögen an die Studierenden verteilt, welche anonym ausgefüllt wurden. Dies diente dazu, einerseits mögliche Schwächen und Verbesserungsmöglichkeiten bei der Durchführung des Kurses, der Aufgabenstellung/des Szenarios und der Betreuung von Seiten der Dozenten aufzudecken. Andererseits sollten damit auch die positiven Aspekte hervorgehoben werden, die bei einem erneuten Durchlauf des Kurses beibehalten werden sollen. Der Fragebogen bestand aus insgesamt 23 Fragen, wobei dieser sowohl Skalenbewertungen (Noten 1-5), Ja/Nein-Fragen als auch Freitextantworten beinhaltete. Zusätzlich wurden mit den Teilnehmern (unabhängig von den Fragebögen) separate Feedbackgespräche geführt, um weitere Anregungen seitens der Studierenden auf direktere Art und Weise zu erhalten.

Die Ergebnisse der Evaluationsbögen sind in Tab. 12.1 dargestellt, unterschieden nach regulärem Durchlauf und Blockkursformat. Dabei wird auch beispielhaft der Vergleich mit einem anderen SAP-Kurs des Lehrstuhls gegeben. In diesem Kurs arbeiten die Studierenden selbstständig mit dem SAP-System und bearbeiten auf Basis von detaillierten Klickanleitungen einzelne Prozesse und Aufgabestellungen (siehe dazu Leyh et al. 2012 oder Leyh 2010).

Bei Auswertung der Evaluationsbögen und auch in den Feedbackgesprächen hat sich gezeigt, dass ausnahmslos alle Kursteilnehmer das Planspielkonzept als positiv bis sehr positiv bewertet haben. Auch gaben die Teilnehmer an, einen hohen Wissenszuwachs erlangt zu haben, vor allem im Vergleich zu anderen Seminaren oder Projekten sowohl im regulären Format als auch im Blockkursformat. Dieser

Tab. 12.1 Evaluation des Kurskonzeptes

	Durchschnittliche Bewertung (1=sehr gut/hoch, 5=sehr schlecht/niedrig)		
	SAP-Übungen auf Basis von Klickanleitungen (n=30) (siehe Leyh et al. 2012)	ERP-Planspiel Regulärer Durchlauf (n=61)	ERP-Planspiel Blockkursformat (n=57)
Vorwissen **vor** der Veranstaltung	3,90	3,03	2,65
Wissenszuwachs an ERP-Kenntnissen im Allgemeinen	2,43	2,26	2,14
Wissenszuwachs bezogen auf SAP ERP	2,63	2,29	2,09
Wissenszuwachs im Vergleich zu anderen Seminaren	2,92	2,11	1,96
Schwierigkeitsgrad **(2=viel zu hoch, 0=angemessen, -2=viel zu niedrig)**	-0,37	0,16	-0,03
Benötigter Aufwand **(2=viel zu hoch, 0=angemessen, -2=viel zu niedrig)**	0,13	0,48	0,23
Benötigter Aufwand im Vergleich zu anderen Kursen **(2=viel zu hoch, 0=angemessen, -2=viel zu niedrig)**	-0,50	0,52	0,04

Wissenszuwachs ist dabei bei allen Punkten im Blockkursformat noch mal etwas höher als im regulären Format und dies trotz der Tatsache, dass die Blockkursteilnehmer im Schnitt ein höheres Vorwissen besaßen.

Bei der Aufwandsbewertung des Planspielkurses im regulären Format wurde der zu bewältigende Aufwand als minimal zu hoch eingestuft. Der Schwierigkeitsgrad des Kurses hingegen wird nahezu als angemessen empfunden. Für das Blockkursformat wird dies sowohl bezogen auf den Aufwand als auch auf den Schwierigkeitsgrad als angemessener angesehen als für das reguläre Format.

Insgesamt kann dieses Kurskonzept mit Blick auf die Einschätzungen der Studierenden als äußerst erfolgreich angesehen werden. Auch wurde fast durchweg von jedem Teilnehmer angegeben (106 von 107 Studierenden, die diese Frage beantwortet haben), die Teilnahme an diesem Kurs anderen Studierenden zu empfehlen. Auch wünschten sich mehrere Kursteilnehmer die Möglichkeit, mehr als nur zwölf Runden zu spielen und somit den Kurs umfangreicher/länger andauernd zu gestalten. Abschließend sollen exemplarisch zur Bewertung des Kurses noch einige Zitate der Feedbackbögen genannt werden. Diese oder ähnliche Einschätzungen haben sich auch in fast allen Feedbackgesprächen gezeigt:

- Allgemein hat das Projektseminar sehr viel Spaß gemacht und bietet auch einen hohen Praxisbezug.
- Alles in allem fand ich die Lehrveranstaltung wirklich toll und abwechslungsreich im Vergleich zu anderen Lehrveranstaltungen.
- Ich fand die Lehrveranstaltung sehr interessant und praxisnah.
- Das Projektseminar hat sehr viel Spaß gemacht und interaktiv Wissen, Gruppenmanagement sowie Projektmanagement gefördert.
- Gamification, um etwas zu lernen, ist ein gutes Konzept.
- Guter Praxisbezug, eine abwechslungsreiche Veranstaltung.

Durch die Erweiterung des Lehrangebotes um den ERP-Planspielkurs bot sich für die Dozenten eine gute Möglichkeit, ERP-Kenntnisse auf eine doch eher „spaßbringendere" Art und Weise zu vermitteln. Im Gegensatz zu anderen Seminaren oder auch zu PC-basierten ERP-Übungen waren die Studierenden-Teams während der Runden die komplette Zeit motiviert und befassten sich durchgehend mit dem ERP-System zur Steuerung ihres Unternehmens. Dies ist im Vergleich bei anderen ERP-basierten praktischen Übungen nicht immer der Fall, da Studierende diese Übungen entweder als zu komplex oder als zu eintönig empfinden und hier die Motivation schnell verlorengehen kann.

Des Weiteren konnte in den Gesprächen ermittelt werden, dass vor allem Studierende höherer Semester das Konzept als „passend" ansahen, während Studierende niedrigerer Semester erheblich mehr Aufwand in noch nicht vollständig entwickelte Fähigkeiten zur Projektorganisation und Präsentationstechniken investieren mussten. Hier ist von Seiten der Dozenten auf eine ausgewogene Zusammensetzung der Teams zu achten.

12.4   Fazit

Die Idee des in diesem Beitrag vorgestellten ERP-Planspielkonzepts stellt eine Ergänzung und auch eine Alternative zur Vermittlung von praktischen ERP-Kenntnissen in der Hochschullehre dar. Dabei hat sich gezeigt, dass dieser Kurs durchweg positiv von Seiten der Teilnehmer evaluiert wurde. Vor allem die Zusammenarbeit und Abstimmung innerhalb der Teams funktionierte reibungslos. Erste Bedenken seitens der Dozenten, dass durch die Festlegung der Kurssprache „Englisch" doch einige Studierende von der Teilnahme an diesem Kurs absehen würden, konnten in den Feedbackgesprächen nicht bestätigt werden. Vielmehr sahen die meisten Teilnehmer dies als gute Möglichkeit an, ihr Englisch durch die Präsentationen zu testen und zu verbessern. Zudem festigte sich auch die entsprechende Fachterminologie. Bezogen auf ERP- oder SAP-basierte Vorkenntnisse hat sich im Verlauf des Kurses gezeigt, dass es zwar förderlich ist, bereits den Umgang mit einem SAP-System zu beherrschen, dies aber aufgrund der Ausgestaltung des Planspiels und durch die Möglichkeit teamintern sehr arbeitsteilig und somit sehr kleinteilig zu arbeiten, nicht zwingend erforderlich ist.

Als abschließendes Fazit ist festzuhalten, dass das Planspielkonzept sowohl für die Studierenden als auch für die Dozenten eine gute und wertvolle Möglichkeit eröffnet,

„spielerisch" praktische Einblicke in ein ERP-System zu erhalten und gleichzeitig im Studium erworbene betriebswirtschaftliche Kenntnisse anzuwenden und auch zu schärfen. Auch kann mit diesem Konzept der Spaß und das Interesse am Thema ERP-Systeme geweckt werden. Daher wird der Kurs „ERP-Planspiel" fester Bestandteil des Lehrangebots des Lehrstuhls für Wirtschaftsinformatik, insb. Informationssysteme in Industrie und Handel der Technischen Universität Dresden bleiben.

Literatur

Antonucci YL, Corbitt G, Stewart G, Harris AL (2004) Enterprise systems education: where are we? Where are we going? J Inf Syst Educ 15:227–234

Boyle TA, Strong SE (2006) Skill requirements of ERP graduates. J Inf Syst Educ 17:403–412

Brehm N, Haak L, Peters D (2009) Using FERP systems to introduce web service-based ERP systems in higher education. In: Abramowicz W, Flejter D (Hrsg) Business information systems workshops: BIS 2009 international workshops, Poznan, Poland, April 27–29. Springer, Berlin, S 220–225. doi:10.1007/978-3-642-03424-4_27

Fedorowicz J, Gelinas UJJ, Usoff C, Hachey G (2004) Twelve tips for successfully integrating enterprise systems across the curriculum. J Inf Syst Educ 15:235–244

Hawking P, McCarthy B, Stein A (2004) Second wave ERP education. J Inf Syst Educ 15:327–332

Léger PM (2006) Using a simulation game approach to teach enterprise resource planning concepts. J Inf Syst Educ 17:441–448

Léger PM, Robert J, Babin G, Pellerin R, Wagner B (2007) ERPsim. HEC Montréal, ERPsim Lab, Montréal

Léger PM, Robert J, Babin G, Pellerin R, Wagner B (2016) ERP simulation game with SAP ERP: manufacturing game. ERPsim Lab, HEC Montréal, Montréal

Leyh C (2010) From teaching large-scale ERP systems to additionally teaching medium-sized systems. In: Proceedings of the 11th international conference on informatics education and research (AIS SIG-ED IAIM 2010), St. Louis, 10–12 Dec 2010

Leyh C (2012) Teaching ERP systems: results of a survey at research-oriented universities and universities of applied sciences in Germany. J Inf Syst Educ 23:217–228

Leyh C (2016) ERP-Systeme in der Hochschullehre – Erfahrungen mit einem Planspiel basierend auf SAP ERP. In: Proceedings zur Multikonferenz Wirtschaftsinformatik 2016 (MKWI 2016), 09 Nov 2003., Ilmenau, S 763–774

Leyh C, Strahringer S (2011) Vermittlung von ERP-Kenntnissen in Tiefe und Breite: Erfahrungen mit einem ERP-Projektseminar an der TU Dresden. In: Heiß HU, Pepper P, Schlingloff H, Schneider J (Hrsg) Tagungsband zur INFORMATIK 2011, Bd P-192, GI – lecture notes in informatics. Gesellschaft für Informatik, Bonn

Leyh C, Strahringer S, Winkelmann A (2012) Towards diversity in ERP education – the example of an ERP curriculum. In: Møller C, Chaudhry S (Hrsg) Re-conceptualizing enterprise information systems – 5th IFIPWG 8.9 working conference, CONFENIS 2011 Aalborg, 16–18.11.2011, Revised selected papers (Lecture notes in business information processing, LNBIP, Bd 105), S 182–200. doi:10.1007/978-3-642-28827-2_13

Noguera JH, Watson EF (1999) Effectiveness of using an enterprise system to teach process-centered concepts in business education. In: Proceedings of the 5th annual Americas conference on information systems (AMCIS 1999), Milwaukee, 13–15 Aug 1999

Pellerin R, Hadaya P (2008) Proposing a new framework and an innovative approach to teaching reengineering and ERP implementation concepts. J Inf Syst Educ 19:65–73

Peslak AR (2005) A twelve-step, multiple course approach to teaching enterprise resource planning. J Inf Syst Educ 16:147–155

Saulnier BM (2008) From teaching to learning: learner-centered teaching and assessment in information systems education. J Inf Syst Educ 19:169–174

Seethamraju R (2007) Enterprise systems software in business school curriculum – evaluation of design and delivery. J Inf Syst Educ 18:69–83

Stewart G, Rosemann M, Hawking P (2000) Collaborative ERP curriculum developing using industry process models. In: Proceedings of the 6th annual Americas conference on information systems (AMCIS 2000), Long Beach, 10–13 Aug 2000

Venkatesh V (2008) One-size-does-not-fit-all: teaching MBA students different ERP implementation strategies. J Inf Syst Educ 19:141–146

Watson EE, Schneider H (1999) Using ERP systems in education. Commun AIS 1:Article 9

Winkelmann A, Klose K (2008) Experiences while selecting, adapting and implementing ERP systems in SMEs: a case study. In: Proceedings of the 14th Americas conference on information systems (AMCIS 2008), Toronto, 14–17 Aug 2008

Winkelmann A, Leyh C (2010) Teaching ERP systems: a multi-perspective view on the ERP system market. J Inf Syst Educ 21:233–240

Visualisieren spielend erlernen – Ein Serious Game zur Verbesserung von Managementberichten

13

Christian Karl Grund und Michael Schelkle

Zusammenfassung

Aktuelle Studien belegen, dass viele Managementberichte ihren eigentlichen Zweck – Klarheit in Entscheidungssituationen zu schaffen – nicht ausreichend erfüllen. Eine Ursache hierfür ist die mangelhafte Aufbereitung von Informationen aufgrund der, insbesondere bei Nachwuchsführungskräften, oft unzureichenden Kenntnisse bei der Informationsvisualisierung. Eine vielversprechende Möglichkeit, das Wissen zur zweckmäßigen Gestaltung von Managementberichten nachhaltig zu verinnerlichen, bietet erfahrungsbasiertes Lernen mithilfe von Serious Games. Dieser Beitrag stellt ein entsprechendes prototypisches Serious Game vor. Hierbei treten Teilnehmer im sogenannten „Dashboard Tournament" gegeneinander an, bei dem sie verschiedene Minispiele bestreiten. Jedes Minispiel adressiert eine spezifische Richtlinie aus den „International Business Communication Standards", die auf Praxiserfahrungen sowie Erkenntnissen aus der Wissenschaft beruhen. Eine erste empirische Evaluation im Rahmen einer Lehrveranstaltung zeigt, dass das Spiel positiv aufgenommen wird und die vermittelten Richtlinien grundsätzlich erkannt werden.

Schlüsselwörter

Game-based Learning • Serious Games • Informationsvisualisierung • Reporting • International Business Communication Standards

Vollständig neuer Original-Beitrag

C.K. Grund (✉) • M. Schelkle
Universität Augsburg, Augsburg, Deutschland
E-Mail: christian.grund@wiwi.uni-augsburg.de; michael.schelkle@wiwi.uni-augsburg.de

© Springer Fachmedien Wiesbaden GmbH 2017
S. Strahringer, C. Leyh (Hrsg.), *Gamification und Serious Games*, Edition HMD,
DOI 10.1007/978-3-658-16742-4_13

13.1   Informationsvisualisierung in Unternehmen

„Man kriegt ja regelmäßig den Risikobericht, da kann man nachgucken. Und da hat
man so eine kleine Ampel drin, mit den drei Farben rot, gelb, grün. Und wenn es grün
ist, und der überwiegende Teil war eben im grünen Bereich, (…) dann scheint es so
zu gehen" (zitiert nach Mertens 2009). Dieser Erklärungsversuch eines Verwaltungs-
rats für die nicht rechtzeitig erkannte Krise bei der Sachsen LB zeigt, was aktuelle
Untersuchungen bestätigen: Viele Managementberichte erfüllen ihren eigentlichen
Zweck – Klarheit in Entscheidungssituationen zu schaffen – nicht ausreichend.

So zeigt bspw. die KPI-Studie 2013, dass die Hälfte der Unternehmen im
DACH-Gebiet mit ihrem Reporting unzufrieden ist (Gräf et al. 2013). Ursache hierfür ist u. a. die mangelhafte Aufbereitung von Informationen. Hierdurch steigen der
Aufwand für die Informationsverarbeitung sowie die Gefahr von gravierenden Fehl-
entscheidungen durch Missverständnisse und Fehlinterpretationen (Hichert und
Faisst 2014). Zwar sehen Unternehmen laut Forrester Research die Visualisierung
von Informationen zunehmend als essenziell an, um Gefahren abzuwenden und
Chancen zu ergreifen (Evelson und Yuhanna 2012). Jedoch haben ca. zwei Drittel
der Unternehmen bislang keine Richtlinien zur Darstellung von Geschäftsgrafiken
und Tabellen (Proff und Wiener 2012). Eine Erklärung hierfür ist, dass insbesondere
Nachwuchsführungskräfte aus betriebswirtschaftlichen Studiengängen selten wissen, worauf es bei sinnvoller Informationsvisualisierung ankommt. „In der Schule
oder Universität gab es schließlich kein Fach oder kaum ein Seminar, in dem gutes
Information Design vermittelt wurde" (Kohlhammer et al. 2013).

In der Literatur finden sich dagegen zahlreiche Ansätze, wie Führungsinformati-
onen zweckmäßig dargestellt werden sollten. So beschreiben bspw. Ware (2004)
und Tufte (2010) allgemeine Grundsätze für sinnvolle Informationsvisualisierung.
Einen konkreten Vorschlag im Unternehmenskontext stellen die „International
Business Communication Standards" (IBCS) dar. Sie beruhen auf Praxiserfahrungen sowie Erkenntnissen aus der Wissenschaft (vgl. IBCS Association 2015). Die
konkreten Gestaltungsrichtlinien werden mit dem Akronym „SUCCESS" abge-
kürzt. Jeder Buchstabe steht für eine Kategorie, auf die bei der Erstellung eines
Managementberichts zu achten ist (siehe Abb. 13.1).

Diese sieben Kategorien lassen sich in konzeptionelle, semantische und wahrnehmungsbezogene Gestaltungsrichtlinien gliedern. Die konzeptionellen Gestaltungsrichtlinien bestehen aus den Kategorien „Say" und „Structure" und beschreiben die

Abb. 13.1 Struktur der International Business Communication Standards

strukturierte Wiedergabe von Kerninhalten in Berichten. „Unify" beinhaltet Richtlinien mit Bezug zur Semantik, insbesondere mit dem Fokus auf einheitliche Notationsstandards. Die wahrnehmungsbezogenen Gestaltungsrichtlinien setzen sich aus den Kategorien „Express", „Simplify", „Condense" sowie „Check" zusammen und beschreiben das Visualisierungsdesign bei Managementberichten. Um dieses Visualisierungsdesign nachhaltig zu verbessern, stehen die wahrnehmungsbezogenen Gestaltungsrichtlinien in unserem Projekt im Fokus.

Ziel des Projekts „Dashboard Tournament" ist es, bei Fach- und Führungskräften das Bewusstsein für die menschliche Wahrnehmung und deren Limitationen zu erhöhen, um Missverständnisse und Fehlinterpretationen sowie deren betriebswirtschaftliche Folgen zu reduzieren. Hierfür wird in diesem Beitrag ein prototypisches Serious Game vorgestellt, das wahrnehmungsbezogene Gestaltungsrichtlinien der IBCS vermittelt und zunächst in der Hochschullehre sowie anschließend auch in Unternehmen eingesetzt werden soll. Der Beitrag verfolgt zwei Ziele: Zum einen soll er Praktiker sowie Wissenschaftler für das Potenzial von Serious Games zur nachhaltigen Vermittlung von Lerninhalten im Management Reporting sensibilisieren. Zum anderen soll er die anspruchsvolle Erstellung dieser Serious Games erleichtern, indem er anhand eines konkreten Ansatzes aufzeigt, wie man mit konkurrierenden Spannungsfeldern bei der Gestaltung von Serious Games umgehen kann.

13.2 Serious Games im Management Reporting

In der Wirtschaftsinformatik gewinnen Serious Games als Lernform insbesondere vor dem Hintergrund der zunehmenden Popularität des Forschungsgebiets „Gamification" an Bedeutung. Gamification beschreibt den Einsatz von Spielelementen in einem spielfremden Kontext (Deterding et al. 2011). Dabei findet hauptsächlich eine Fokussierung auf die Motivation von bestimmten Verhaltensweisen der Spieler statt. Im Gegensatz hierzu sind Serious Games vollständige Spiele, die neben der Unterhaltung der Spieler auch die Weiterentwicklung ihrer Fertigkeiten zum Ziel haben (Abt 1987).

In der Literatur gibt es zahlreiche Erklärungen, wie Serious Games zum Lernerfolg beitragen (Grund 2015). Ein oft verwendeter Ansatz ist dabei die Theorie des erfahrungsbasierten Lernens. Demnach sind konkrete Erfahrungen für erfolgreiches Lernen ausschlaggebend (Kolb 1984). In einem sogenannten erfahrungsbasierten Lernzyklus machen Lernende zunächst eine konkrete Erfahrung und reflektieren diese anschließend. Aus dieser Reflexion bilden sie sich ein abstraktes Modell und experimentieren daraufhin mit ihrer Umgebung, was wiederum zu neuen konkreten Erfahrungen führt. In Serious Games kann genau dieser Lernzyklus systematisch durchlaufen werden, da Spiele durch ihre Interaktivität Raum für konkrete Erfahrungen sowie Experimente mit der Spielumgebung bieten.

Zwar werden Serious Games bereits seit mehreren Jahrzehnten eingesetzt, um betriebswirtschaftliche Lerninhalte zu vermitteln (Faria et al. 2009) und eignen sich grundsätzlich auch für die Verbesserung des Entscheidungsverhaltens von Führungskräften (Grund und Meier 2016). Ein Serious Game, das die Informationsvisualisierung im Management Reporting behandelt, konnte bislang jedoch nicht identifiziert werden (Grund und Schelkle 2016). Um diese Lücke zu schließen und das Potenzial von Serious Games auch in diesem Bereich nutzen zu können, wird im Folgenden ein solches Serious Game vorgestellt. Zunächst wird jedoch auf die verschiedenen Spannungsfelder eingegangen, auf die es bei der Gestaltung von Serious Games zu achten gilt.

13.3   Spannungsfelder bei der Gestaltung von Serious Games

Bei der Gestaltung von Serious Games gibt es verschiedene, teilweise konkurrierende Ziele. Im Wesentlichen gilt es, die Themenfelder Realität (zu vermittelnde Inhalte), Spiel (eine erfüllende Beschäftigung) und Bedeutung (Vermittlung von Lerninhalten und Fertigkeiten) zu balancieren (Harteveld et al. 2010). Hierbei ergeben sich mehrere mögliche Spannungsfelder, die von Harteveld et al. (2010) vorgestellt wurden und im Folgenden beschrieben werden (vgl. Abb. 13.2).

Das User-Interface-Dilemma liegt im Themenfeld „Spiel" und bezieht sich auf die Komplexität der Interaktionsmöglichkeiten der Nutzer mit dem Spiel: Hohe Komplexität führt zu hohem Lernaufwand und verringert die Wahrscheinlichkeit, dass jeder Nutzer das Spiel gerne spielt. Geringe Komplexität limitiert wiederum die Interaktionsmöglichkeiten der Nutzer mit dem Spiel, was zu geringeren Lernergebnissen führen kann. Bei dem Botschaftsdilemma im Themenfeld „Bedeutung" werden Serious Games adressiert, die mehrere Botschaften vermitteln möchten. Hier müssen die Lerninhalte priorisiert werden, um den Fokus auf die wichtigsten Botschaften zu legen. Mit dem Detail-Dilemma im Themenfeld „Realität" wird der Grad an Detaillierung der Spielumgebung angesprochen. Einerseits können Spieler durch einen hohen Detaillierungsgrad Gegenstände und Umgebungen leichter erkennen. Andererseits lenkt zu viel Detaillierung u. U. vom Wesentlichen ab.

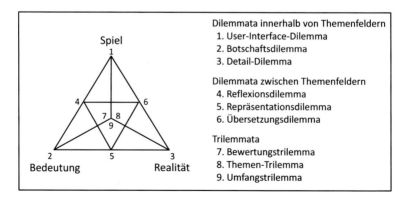

Abb. 13.2 Spannungsfelder bei der Gestaltung von Serious Games (Harteveld et al. 2010)

Das Reflexionsdilemma beschreibt einen Konflikt zwischen den Themenfeldern „Spiel" und „Bedeutung". In einem Spiel konzentrieren sich Spieler idealerweise vollständig auf ihre Aufgabe und vergessen dabei ihre Umgebung („Immersion"). Dies kann allerdings dazu führen, dass die Reflexion über die erlebten Geschehnisse nicht in ausreichendem Maße stattfindet, die Bedeutung des Spielgeschehens also unverstanden bleibt. Im Repräsentationsdilemma, das sich zwischen den Themenfeldern „Bedeutung" und „Realität" ergibt, wird die zielgerichtete Vereinfachung der Realität zugunsten von Lernergebnissen beschrieben. Metaphorische Handlungen blenden bspw. komplexe, für die Botschaft des Spiels nicht relevante Handlungen aus. Dies führt im Falle von zu stark vereinfachten Abläufen u. U. dazu, dass Spieler diese nicht in die Realität übertragen können. Zu genau abgebildete Abläufe stören hingegen die Fokussierung auf die Bedeutung. Das Übersetzungsdilemma zwischen den Themenfeldern „Spiel" und „Realität" thematisiert die Herausforderung, dass es in Spielen schwierig ist, jeden Aspekt der Realität abzubilden. Wird das Themenfeld „Spiel" priorisiert, sind unrealistische Ergebnisse möglich. Bei der Priorisierung des Themenfelds „Realität" wiederum könnte ein Spiel entstehen, das kaum jemand spielen möchte.

Das Bewertungstrilemma geht auf die Bewertung von Spielerleistungen ein. Eine transparente und motivierende Bewertung ist sehr wichtig für die Reflexion über die Lerninhalte. Aus der „Spiel"-Perspektive versprechen höhere Punktzahlen ein besseres Erlebnis, wohingegen geringere Punktzahlen leichter nachzuverfolgen sind. Das Themen-Trilemma bezieht sich darauf, dass das Thema eines Spiels schwierig zu vermitteln sein kann. Dies ist darin begründet, dass die Realität in Bezug auf das gewählte Thema u. U. komplexer ist, als sie in einem Spiel dargestellt werden kann. Im Umfangstrilemma geht es darum, den Zusammenhang zwischen der Botschaft und dem Umfang des Spiels zu berücksichtigen. So sollte jedes zusätzliche Element des Spiels auch die Spielerfahrung verbessern, zu Lernergebnissen beitragen sowie die Realität in angemessenem Umfang widerspiegeln.

Zusammenfassend können bei der Gestaltung von Serious Games einige Spannungsfelder auftreten, auf die es zu achten gilt. Das im folgenden Abschnitt vorgestellte Serious Game „Dashboard Tournament" schlägt eine konkrete Möglichkeit vor, wie mit diesen Spannungsfeldern im Anwendungsfall Management Reporting umgegangen werden kann.

13.4 Entwicklung und Inhalte des Spiels „Dashboard Tournament"

Das Ziel bei dem „Dashboard Tournament" besteht darin, Fach- und Führungskräften grundlegende Gestaltungsrichtlinien zur Informationsvisualisierung nachhaltig zu vermitteln. Die Teilnehmer bestreiten verschiedene Minispiele, wobei jedes davon eine spezifische Gestaltungsrichtlinie aus den IBCS adressiert. Im Folgenden werden die Entwicklungsmethode, der Ablauf des Spiels sowie bislang implementierte Minispiele aus dem Dashboard Tournament beschrieben.

13.4.1 Entwicklungsmethode

In der Literatur werden einige Entwicklungsmethoden für die Erstellung von Serious Games vorgeschlagen (z. B. de Freitas und Jarvis 2006, 2009; Kelly et al. 2007; Nadolski et al. 2008; Moreno-Ger et al. 2008). Zwar gibt es unter diesen Methoden bislang keinen etablierten Standard. Sie stimmen jedoch darin überein, dass für die Entwicklung von erfolgreichen Serious Games sowohl die Lernziele als auch unterhaltsame Erfahrungen eine wichtige Rolle spielen. Nachdem letztere nur durch das Spielen selbst evaluiert werden können, sollte eine Entwicklungsmethode mehrere Iterationen zum Testen des Spiels mit potentiellen Nutzern durchlaufen. Daher wird in diesem Projekt der menschenzentrierte Gestaltungsprozess (siehe Abb. 13.3) angewendet (Grund und Schelkle 2016; ISO 9241-210), der in der Forschungsdomäne „Human Computer Interaction" (HCI) verbreitet ist (Earthy et al. 2001). Zusätzlich werden die oben aufgeführten Spannungsfelder bei der Gestaltung von Serious Games berücksichtigt.

Bevor die einzelnen Phasen des menschenzentrierten Gestaltungsprozesses durchlaufen werden, gilt es, den grundsätzlichen Aufbau des Serious Games zu planen. Das „Dashboard Tournament" ist ein zweidimensionales Spiel, das Richtlinien für angemessene Informationsvisualisierung anhand eines Wettbewerbs zwischen Spielern vermittelt. Grundlage für die Richtlinien sind die IBCS, die auf übliche Fehler bei der Informationsvisualisierung hinweisen. Der Wettbewerb besteht aus mehreren Minispielen, die jeweils eine spezifische Richtlinie adressieren. Um den Wettbewerbsgedanken hervorzuheben, treten die Spieler dabei gegeneinander an, daher der Name „Dashboard Tournament".

In der ersten Phase der Entwicklung gilt es, den Nutzungskontext zu verstehen und zu beschreiben. Beim Dashboard Tournament besteht die Zielgruppe aus Studierenden in einem universitären Seminar zum Thema Management Reporting (d. h.

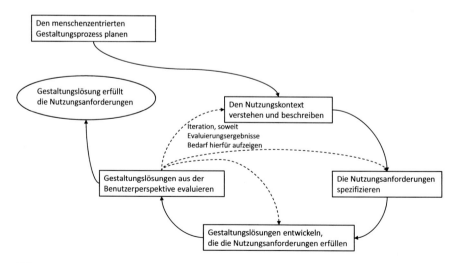

Abb. 13.3 Menschenzentrierter Gestaltungsprozess (ISO 9241-210)

zukünftigen Visualisierungsexperten und Nachwuchsführungskräften). Das Seminar enthält in der ersten Woche bereits ein Tutorial zu Reporting-Software, das in einem Computerraum mit 30 Rechnern im selben Netzwerk stattfindet. Daher dienen diese Rahmenbedingungen als Nutzungskontext für das Dashboard Tournament.

Als nächstes sind die Nutzungsanforderungen zu spezifizieren. Als Nutzer werden sowohl die Organisation (d. h. die Universität) als auch die Spieler (d. h. die Studierenden) verstanden. Aus Perspektive der Organisation ist es wichtig, dass die Spieler den Lerninhalt (d. h. Ansätze zur Verbesserung von Informationsvisualisierung) verstehen. Aus Sicht der Spieler ist zusätzlich eine unterhaltsame Erfahrung (z. B. Spaß haben, im Spiel vertieft sein etc.) wünschenswert.

Für die Entwicklung von Gestaltungslösungen werden zwei Schritte durchgeführt: Zunächst werden die IBCS-Richtlinien in einer Brainstorming-Sitzung mit mehreren Spielmechaniken zusammengeführt, um Minispiele zu entwerfen. Diese Form der Ideenfindung eignet sich, um kreative Ideen zu entwickeln und gleichzeitig die angestrebten Lernergebnisse zu berücksichtigen. Anschließend werden die entworfenen Minispiele als Softwareprototyp mit der Spiel-Engine „Unity" implementiert.

Um das Spiel aus der Benutzerperspektive zu evaluieren, wird ein Fragebogen verwendet, der auf dem „Game Experience Questionnaire" (IJsselsteijn et al. 2008) basiert. Zusätzliche offene Fragen sollen die Lernergebnisse bei den Spielern überprüfen. Zuletzt haben Spieletester die Möglichkeit, Verbesserungsvorschläge anzuregen. Das Ergebnis einer ersten Iteration dieser Entwicklungsmethode ist ein Prototyp, der zunächst einen Einzelspielermodus umfasst. Im Folgenden wird der Ablauf des Spiels nach Fertigstellung der Entwicklung beschrieben, d. h. wenn das Spiel bereits einen Mehrspielermodus beinhaltet.

13.4.2 Ablauf des Spiels und Auflösung der Spannungsfelder

Zu Beginn des Wettbewerbs befinden sich die Teilnehmer in einem Raum mit mehreren Computern. Nachdem ein Übungsleiter den Ablauf erläutert hat, wird das erste Minispiel per Zufall ausgewählt. Durch die Aufteilung der Richtlinien auf verschiedene Minispiele wird das Botschaftsdilemma aufgelöst: Anstatt mehrere Verstöße gegen sinnvolle Informationsvisualisierung gleichzeitig anzusprechen, thematisiert jedes Minispiel nur eine einzelne Richtlinie. Die Aufgabe des ausgewählten Minispiels sowie die Handlungsmöglichkeiten werden den Teilnehmern anschließend in Form von kurzen Anweisungen auf dem Bildschirm angezeigt. Da für die Vermittlung von Richtlinien vergleichsweise wenig Interaktion notwendig ist, wurde im User-Interface-Dilemma auf eine sehr einfache Bedienbarkeit geachtet. Die Nutzerinteraktion beschränkt sich auf wenige Klicks, was ebenfalls eine Portierung als mobile Version (bspw. für Tablets) ermöglicht. Sobald jeder Teilnehmer die Anweisungen verstanden hat, beginnt das entsprechende Minispiel, bei dem die Spieler mit mangelhafter Informationsvisualisierung konfrontiert werden. Somit lernen die Teilnehmer diese als ein Hindernis zu verstehen, das es auf dem Weg zum Erfolg zu überwinden gilt.

Bei den Minispielen wurde in Bezug auf das Repräsentationsdilemma auf eine realitätsgetreue Darstellung von vollständigen Managementberichten zugunsten der Lernergebnisse bei der Informationsvisualisierung verzichtet. Die Spieler befinden sich demnach nicht tatsächlich vor Managementberichten, sondern vor abstrakten Aufgaben, die lediglich Elemente aus Berichten verwenden. Die Minispiele verzichten zudem auf rein dekorative Elemente, was das Detail-Dilemma zugunsten von realitätsgetreuen Berichtselementen auflöst. Nachdem jeder Teilnehmer die Aufgabe des Minispiels gelöst hat, endet dieses zunächst mit direktem Feedback auf dem Bildschirm jedes Teilnehmers. Dabei kann in jedem Minispiel eine Punktzahl zwischen 0 und 100 Punkten erreicht werden, die den Teilnehmern mitgeteilt wird. Anschließend zeigt das Spiel ein Leaderboard an, das die Punktzahlen der Teilnehmer miteinander vergleicht. Dieser Wettbewerbsmechanismus wird häufig in Gamification-Anwendungen eingesetzt, um Nutzer zu besseren Leistungen zu motivieren. Sollten bereits mehrere Minispiele absolviert worden sein, wird zusätzlich ein globales Leaderboard angezeigt, das den Gesamtpunktestand der Teilnehmer vergleicht. Damit dienen die dargestellten Punktzahlen mit Bezug zum Bewertungstrilemma nicht dazu, die Realität abzubilden bzw. den Lernerfolg zu reflektieren, sondern um den Wettbewerb aus dem Themenfeld „Spiel" zu begünstigen. Dieser Wettbewerb soll im Hinblick auf das Reflexionsdilemma einen sog. „Flow"-Zustand bewirken. Gleichzeitig ermöglichen die Herausforderungen in Form von mangelhafter Informationsvisualisierung, dass Spieler die Bedeutung des Spiels reflektieren. Dies hat auch Einfluss auf das Übersetzungsdilemma: Die genaue Wiedergabe der Realität hat für die Vermittlung von abstrakten Gestaltungsrichtlinien weniger Bedeutung als ein funktionierender Wettbewerb zwischen den Spielern.

Im Anschluss an das Spiel findet eine Diskussion der Minispiele mit dem Übungsleiter statt. Bei diesem sogenannten „Debriefing" ist das Ziel, dass die Teilnehmer selbstständig erkennen, welche Probleme im Zusammenhang mit schlechter Informationsvisualisierung auftreten können und welche Maßnahmen erforderlich sind, um diese zu verhindern. Nachdem die Teilnehmer selbst überlegt haben, welche Maßnahmen sinnvoll sein könnten, werden ihnen die entsprechenden Richtlinien aus den IBCS vorgestellt. Während des Debriefings wird durch einen Bezug auf Managementberichte auf das Themenfeld „Realität" sowie durch Reflexion der Erfahrungen aus dem Spiel auf das Themenfeld „Bedeutung" eingegangen, um das Themen-Trilemma aufzulösen. Das Umfangstrilemma wird in dem Spiel durch einen komponentenorientierten Aufbau aufgelöst, d. h. jeder Übungsleiter kann die zu spielenden Minispiele vor dem Wettkampf auswählen und somit den Umfang sowie die Inhalte an die entsprechende Gruppe anpassen.

13.4.3 Exemplarische Minispiele aus dem Dashboard Tournament

Um zu demonstrieren, dass Minispiele für jede Kategorie der wahrnehmungsbezogenen Gestaltungsrichtlinien aus den IBCS (Condense, Check, Express und Simplify) erstellt werden können, wird im Folgenden hierfür jeweils exemplarisch ein bereits prototypisch implementiertes Minispiel aus dem Dashboard Tournament beschrieben.

Abb. 13.4 Aufbau der Minispiele im Dashboard Tournament

Condense: „Zahlenschießen"

Das erste Minispiel trägt den Namen „Zahlenschießen" und adressiert die Gestaltungsrichtlinie CO 4.4 aus den IBCS. Diese Richtlinie empfiehlt, Tabellen für das leichtere Verständnis des Betrachters mit grafischen Elementen zu versehen. Damit soll auf die Schwierigkeit hingewiesen werden, Auffälligkeiten in Tabellen zu erkennen, die keine grafische Unterstützung anbieten. Der Spieler macht in diesem Minispiel demnach die Erfahrung, dass hoher kognitiver Aufwand entsteht, wenn Zahlen sequenziell miteinander verglichen werden müssen.

Um dem Spieler diese Schwierigkeit zu verdeutlichen, besteht die Aufgabe des Minispiels darin, zwischen mehreren Zielen das Maximum zu identifizieren. Hierfür hat jeder Spieler nur begrenzt Zeit, bevor das Minispiel automatisch endet (vgl. Abb. 13.4). Am Ende des Minispiels wird dem Spieler seine Punktzahl angezeigt, die von der verbleibenden Zeit abhängt: Die Punktzahl verteilt sich gleichmäßig anhand der verbleibenden Anzahl an Sekunden. Damit erhält der Spieler mehr Punkte, je schneller er die Aufgabe löst.

Check: „Flächengewichtheben"

Das Minispiel „Flächengewichtheben" bezieht sich auf die Gestaltungsrichtlinie CH 3.1 der IBCS. Sie schlägt vor, Flächenvergleiche in Managementberichten zu vermeiden und stattdessen Längenvergleiche (wie bspw. Säulen- oder Balkendiagramme) zu bevorzugen. Um dies zu verdeutlichen, machen Spieler in diesem Minispiel die Erfahrung, dass korrekte Vergleiche zwischen Flächen (wie bspw. in Kreisdiagrammen) für die menschliche Wahrnehmung schwierig sind.

Zu Beginn dieses Minispiels sieht der Spieler einen Gewichtheber mit einer Stange ohne Gewichte sowie mehrere verschieden große Formen (siehe Abb. 13.4). Die Aufgabe besteht darin, zwei Formen mit identischer Fläche an den jeweiligen Enden der Stange zu platzieren. Hierfür kann der Spieler per Drag & Drop mehrere Konstellationen zunächst ausprobieren, bevor er die Auswahl bestätigt. Wählt der Spieler die korrekten Gewichte aus (d. h. Formen mit identischer Fläche), stemmt der Gewichtheber die Stange in einer kurzen Animation und der Spieler erhält Punkte. Sind zwei Gewichte mit unterschiedlicher Fläche ausgewählt, kippt der Gewichtheber in die Richtung des schwereren Gewichts und der Spieler erhält keine Punkte. Insgesamt werden in diesem Minispiel fünf Runden gespielt, wobei in jeder Runde die Anzahl der vorhandenen Formen steigt und der Unterschied zwischen ihren Flächen geringer wird, was den Schwierigkeitsgrad erhöht.

Express: „Managerboxen"

Das sogenannte „Managerboxen" nimmt Bezug auf die Gestaltungsrichtlinie EX 2.5 der IBCS, die besagt, dass Managementberichte auf Ampeldarstellungen verzichten sollten, da diese nur eine geringe Informationsdichte aufweisen und den Fokus von konkreten Zahlen ablenken. Dies wird in einem Minispiel vermittelt, in dem Spieler die Erfahrung machen, dass das alleinige Vertrauen auf Ampelgrafiken zu Fehlern führen kann.

Zu Beginn des Minispiels sieht der Spieler fünf Löcher, die auf dem Bildschirm verteilt sind, sowie einen Zielwert im oberen Bereich des Bildschirms. Im Laufe des Spiels erscheinen aus diesen Löchern Manager, die Zahlen samt Ampelgrafik (grün oder rot) präsentieren und nach kurzer Zeit wieder in den Löchern verschwinden (vgl. Abb. 13.4). Der Spieler muss jeden Manager boxen, der eine Zahl präsentiert, die kleiner als der vorgegebene Zielwert ist. Zunächst zeigen sämtliche Ampeln rot an, wenn die Zahl kleiner ist als der Zielwert und grün, wenn die Zahl gleich groß oder größer ist. Der Spieler lernt hierbei, sich auf die Ampelfarben zu verlassen. Später zeigen jedoch auch Manager, die eine Zahl unterhalb des Zielwerts präsentieren, z. T. eine grüne Ampelfarbe an. Wenn der Spieler also nicht mehr auf die Zahlen, sondern nur noch auf die Ampelfarben achtet, wird er in der zweiten Phase des Spiels Fehler machen.

Für jeden korrekt geboxten Manager erzielt der Spieler Punkte. Gleichzeitig werden Punkte abgezogen, wenn der Spieler einen Manager boxt, dessen Zahl gleich dem Zielwert oder größer ist. Es werden ebenfalls Punkte abgezogen, wenn ein Manager nicht geboxt wird, dessen Zahl kleiner als der Zielwert ist. Der Spieler kann insgesamt jedoch nicht weniger als null Punkte erreichen.

Simplify: „Säulenhochsprung"

Das Minispiel „Säulenhochsprung" thematisiert die Beschriftung von Säulendiagrammen, was von der Gestaltungsrichtlinie SI 3.1 aus den IBCS aufgegriffen wird. Diese Richtlinie besagt, dass Säulen bei vorhandenem Platz stets mit ihrem Wert beschriftet werden sollten, um Berichtsempfängern eine möglichst genaue Einschätzung der Größen zu ermöglichen. In diesem Minispiel machen Spieler demnach die Erfahrung, dass Werte in einem unzureichend beschrifteten Säulendiagramm nur schwer abzuschätzen sind.

Dem Spieler wird zunächst ein leeres Säulendiagramm angezeigt, das zwölf Monate auf der Abszisse und mehrere Zahlen auf der Ordinate beinhaltet (siehe Abb. 13.4). Für jeden Monat wird dem Spieler ein Zielwert zwischen 1000 und 9000 im oberen Bereich des Bildschirms vorgegeben, den es zu erreichen gilt. Durch das gedrückt Halten einer Taste kann der Spieler die Säulenhöhe für den aktuellen Monat beeinflussen. Diese Säule wird größer, je länger der Spieler die Taste gedrückt hält. Sobald der Spieler die Taste loslässt, gilt die entstandene Säule als Schätzung für den aktuellen Monat. Anschließend wird ein neuer Zielwert für den nächsten Monat vorgegeben. Dieser Vorgang wiederholt sich, bis alle zwölf Monate mit einer Säule versehen sind (vgl. Abb. 13.4).

Nach Schätzung aller Monate werden dem Spieler grafisch die Abweichungen zur tatsächlichen Größe der Säulen sowie die erreichte Punktzahl angezeigt. Die

Punktzahl für eine Säule verteilt sich gleichmäßig anhand der Abweichung von der korrekten Säulenhöhe. Die Punktzahl für das gesamte Minispiel ergibt sich anschließend aus dem Durchschnitt der Punktzahlen der einzelnen Säulen für jeden der zwölf Monate.

13.5   Ergebnisse einer ersten Evaluation

Um die Spielerfahrung sowie die inhaltlichen Aspekte bezüglich der Gestaltungs-richtlinien zur Informationsvisualisierung zu überprüfen, wurde eine erste empiri-sche Evaluation des Spiels durchgeführt. Hierbei nahmen 19 Studierende im Rahmen eines Seminars zum Thema Management Reporting teil. Nach kurzer Ein-weisung spielten diese das Dashboard Tournament im Einzelspielermodus gegen fiktive Charaktere. Anschließend füllten die Studierenden den in Abschn. 13.4.1 angesprochenen Fragebogen aus. Zur Überprüfung der Lerninhalte enthielt der Fra-gebogen Screenshots der Minispiele samt der Frage, welche Gestaltungsrichtlinie zur Informationsvisualisierung das jeweilige Minispiel anspricht. Obwohl die Gestaltungsrichtlinien im Spieldurchlauf nicht explizit angesprochen wurden, waren sie ein Bestandteil des Seminars, weshalb Studierende grundsätzlich in der Lage sein konnten, sie zu erkennen.

Im Folgenden werden die deskriptive Statistik der Skalen zur Spielerfahrung sowie deren Reliabilität (Cronbachs α) diskutiert (siehe Tab. 13.1). Die dargestellten Skalen stammen aus dem Game Experience Questionnaire (IJsselsteijn et al. 2008).

Wie in Tab. 13.1 zu sehen, weisen sämtliche Skalen außer „Tension/Annoyance" zufriedenstellende Werte bezüglich ihrer internen Konsistenz auf ($\alpha > 0.7$). Darüber hinaus befinden sich die Mittelwerte der Skalen „Competence", „Flow" sowie „Positive Affect" deutlich über dem Skalenmittelpunkt (Mittelpunkt = 2), was auf eine Zustimmung in diesen Bereichen hindeutet. Die Spieler hatten also tendenziell ein hohes Kompetenzerleben, befanden sich während des Spielens im Flow-Zustand und waren dem Spiel gegenüber positiv eingestellt. Um einen ersten Ein-blick in die Zusammenhänge zwischen den verschiedenen Skalen zu erhalten, werden die bivariaten Korrelationen zwischen den Skalen zur Spielerfahrung in Tab. 13.2 dargestellt.

Tab. 13.1 Deskriptive Statistik der Skalen zur Spielerfahrung und Reliabilität

Skala	N	Min	Max	MW	Std.-Abw.	Cronbachs α
Competence	19	2,00	4,00	3,00	0,50	0,82
Immersion	18	0,40	3,80	1,87	0,94	0,88
Flow	19	0,40	3,80	2,46	0,85	0,80
Tension/Annoyance	19	0,00	2,33	0,75	0,64	0,61
Challenge	19	0,40	3,40	1,77	0,82	0,75
Negative Affect	18	0,00	2,50	0,72	0,71	0,75
Positive Affect	19	1,40	3,80	2,67	0,64	0,81

Tab. 13.2 Bivariate Korrelationen zwischen Skalen zur Spielerfahrung (*p<0,05; **p<0,01)

Skala	Competence	Immersion	Flow	Tension/Annoyance	Challenge	Negative Affect	Positive Affect
Competence	1	0,33	0,23	−0,63**	−0,04	−0,31	0,6**
Immersion	0,33	1	0,47*	0,24	0,66**	−0,43	0,72**
Flow	0,23	0,47*	1	−0,01	0,39	−0,7**	0,65**
Tension/Annoyance	−0,63**	0,24	−0,01	1	0,47*	0,36	−0,31
Challenge	−0,04	0,66**	0,39	0,47*	1	−0,16	0,38
Negative Affect	−0,31	−0,43	−0,7**	0,36	−0,16	1	−0,7**
Positive Affect	0,6**	0,72**	0,65**	−0,31	0,38	−0,7**	1

Tab. 13.3 Erkannte Richtlinien und Problematiken

	Zahlenschießen	Flächen-gewichtheben	Managerboxen	Säulen-hochsprung
Richtlinie erkannt	6	4	1	2
Problematik erkannt	6	9	8	4
Richtlinie oder Problematik erkannt	12	13	9	6
Nichts erkannt	7	6	10	13

Die bivariaten Korrelationen zwischen den Skalen zur Spielerfahrung sind für einige Skalen statistisch hoch signifikant. Dies legt einen Zusammenhang zwischen der empfundenen Herausforderung und der Immersion während des Spiels sowie mehrere Zusammenhänge mit der positiven Einstellung gegenüber dem Spiel nahe. So hängen das Kompetenzerleben, die Immersion sowie das Erleben eines Flow-Zustands mit der positiven Einstellung gegenüber dem Spiel zusammen. Eine mögliche Erklärung hierfür ist, dass die genannten Empfindungen während des Spielens zu einem positiven Gesamteindruck führen, was sich mit den Aussagen der Literatur in diesem Bereich deckt. Somit könnte die empfundene Herausforderung im Spiel indirekt den positiven Gesamteindruck erhöhen, indem sie die Immersion verstärkt.

Die qualitativen Rückmeldungen, welche Gestaltungsrichtlinien zur Informationsvisualisierung in den verschiedenen Minispielen erkannt wurden, sind in Tab. 13.3 dargestellt. Dabei wird zwischen korrekt erkannter Richtlinie, korrekt erkannter Problematik und nicht erkannter Richtlinie/Problematik unterschieden. Wie Tab. 13.3 zeigt, konnten die Teilnehmer nur in wenigen Fällen die konkreten Gestaltungsrichtlinien identifizieren. Da diese allerdings nicht explizit im Spieldurchlauf adressiert wurden, lässt sich hieraus lediglich eine Aussage über das Vorwissen der Teilnehmer ableiten. Die in den Spielen dargestellten Problematiken (wie bspw. eine schwere Vergleichbarkeit von Flächen) konnten Teilnehmer dagegen häufiger erkennen. In den Minispielen Zahlenschießen und Flächengewichtheben wurden Richtlinien und Problematiken häufiger richtig erkannt als in den Minispielen Managerboxen und Säulenhochsprung. Dies deutet darauf hin, dass mit den ersten beiden Minispielen die angestrebten Botschaften deutlicher vermittelt werden als mit den letzten beiden Minispielen.

Neben den qualitativen Rückmeldungen zu den Gestaltungsrichtlinien wurden die Teilnehmer um Verbesserungsvorschläge für die einzelnen Minispiele gebeten. Hierbei hat sich gezeigt, dass im Minispiel Zahlenschießen noch ein höherer Schwierigkeitsgrad gewünscht war (durch mehr Zeitdruck oder mehr dargestellte Zahlen). Darüber hinaus regten die Teilnehmer an, noch mehr Minispiele hinzuzufügen.

Insgesamt zeigt die erste Evaluation des Spiels, dass dieses zu Spaß und positiven Gefühlen sowie zusätzlich zu einem hohen Kompetenzerleben sowie einem Flow-Zustand während des Spielens führt. Darüber hinaus weist der eingesetzte Fragebogen eine hohe Reliabilität auf und kann daher nach Anpassung der Skala „Tension/Annoyance" auch für zukünftige Evaluationen des Spiels eingesetzt werden. Durch die qualitative Rückmeldung wird ersichtlich, dass Gestaltungsrichtlinien zur Informationsvisualisierung sowie damit verbundene Problematiken zum Teil bereits während des Spielens erkannt werden. Bei dem späteren Einsatz des Spiels werden diese in einem Debriefing explizit angesprochen, was die Lernergebnisse sicherstellen soll.

13.6 Limitationen und Ausblick

Der in diesem Beitrag vorgestellte Prototyp stellt einen Zwischenschritt auf dem Weg zum Serious Game „Dashboard Tournament" dar (Grund und Schelkle 2016). Bislang können Spieler lediglich gegen fiktive Charaktere antreten. Die zukünftige Entwicklung fokussiert daher den für das Spiel wesentlichen Mehrspielermodus, bei dem Spieler auch gegeneinander antreten können. Eine erste Evaluation hat bereits positive Ergebnisse hervorgebracht, jedoch gilt es nach Fertigstellung des Spiels eine umfangreiche, experimentelle Studie zur Wirksamkeit des Spiels durch-zuführen. Dieses soll insbesondere mit herkömmlichen Lehrmethoden, wie bspw. Vorträgen, verglichen werden. Wenn diese Evaluation positive Ergebnisse hervor-bringt, soll das Spiel auch in der Unternehmenspraxis erprobt und evaluiert werden.

Eine Limitation des entwickelten Ansatzes ist die eventuell geringe Akzeptanz unter spielaversen Fach- und Führungskräften. Da insbesondere im deutschsprachi-gen Raum das spielerische Lernen im Management-Bereich noch nicht weit ver-breitet ist (mmb Institut 2016), könnte ein Spiel für diese als nicht ernsthaft missverstanden werden. Außerdem ergeben sich aus dem eingesetzten Wettbewerb u. U. Herausforderungen: So könnten sich Mitspieler mit geringen Punktzahlen gegenüber ihren Kollegen bloßgestellt fühlen. Ein Lösungsansatz hierfür ist, jeden Spieler einen Namen auswählen zu lassen und so die Möglichkeit für Anonymität zu schaffen. Insbesondere jüngeren Führungskräften, die als Digital Natives an den Umgang mit Videospielen gewöhnt sind, bietet das Dashboard Tournament jedoch eine erfahrungsbasierte und damit effektive Möglichkeit, ihre Fertigkeiten bei der Informationsvisualisierung zu verbessern.

Literatur

Abt CC (1987) Serious games. University Press of America, Lanham

de Freitas S, Jarvis S (2006) A framework for developing serious games to meet learner needs. In: The interservice/industry training, simulation & education conference (I/ITSEC), Bd 2006. NTSA, S 1–11

de Freitas S, Jarvis S (2009) Towards a development approach to serious games. In: Connolly T, Stansfield M, Boyle E (Hrsg) Games-based learning advancements for multi-sensory human computer interfaces: techniques and effective practices. IGI Global, Hershey, S 215–231

Deterding S, Dixon D, Khaled R, Nacke L (2011) From game design elements to gamefulness: defining „gamification". In: Lugmayr A, Franssila H, Safran C, Hammouda I (Hrsg) MindTrek '11. Proceedings of the 15th international academic MindTrek conference: envisioning future media environments. ACM, New York, S 9–15

Earthy J, Jones BS, Bevan N (2001) The improvement of human-centred processes – facing the challenge and reaping the benefit of ISO 13407. Int J Hum Comput Stud 55(4):553–585. doi:10.1006/ijhc.2001.0493

Evelson B, Yuhanna N (2012) The Forrester Wave™: Advanced Data Visualization (ADV) Platforms, Q3 2012. Forrester Research

Faria AJ, Hutchinson D, Wellington WJ, Gold S (2009) Developments in business gaming. A review of the past 40 years. Simul Games 40(4):464–487

Gräf J, Isensee J, Kirchmann M, Leyk J (2013) KPI-Studie 2013 – Effektiver Einsatz von Kennzahlen im Management Reporting. Ausgewählte Impulse. (Präsentationsfolien). Horvath & Partners

Grund CK (2015) How games and game elements facilitate learning and motivation: a literature review. In: Cunningham D, Hofstedt P, Meer K, Schmitt I (Hrsg) Informatik 2015. Cottbus. Ges. für Informatik (LNI, P-246), Bonn, S 1279–1293

Grund CK, Meier MC (2016) Towards game-based management decision support: using serious games to improve the decision process. In: Stelzer D, Nissen V, Straßburger S (Hrsg) Proceedings of the Multikonferenz Wirtschaftsinformatik (MKWI) 2016. S 155–166

Grund CK, Schelkle M (2016) Developing a serious game for business information visualization. In: Proceedings of the 22nd Americas conference on information systems (AMCIS)

Harteveld C, Guimarães R, Mayer IS, Rafael B (2010) Balancing play, meaning and reality: the design philosophy of LEVEE PATROLLER. Simul Games 41(3):316–340. doi:10.1177/1046878108331237

Hichert R, Faisst J (2014) Notation standards in business communication and their practical benefits. HICHERT®IBCS

IBCS Association (2015) International business communication standards (IBCS). http://www.ibcs-a.org/. Zugegriffen am 15.06.2015

IJsselsteijn WA, de Kort YAW, Poels K (2008) The game experience questionnaire: development of a self-report measure to assess player experiences of digital games. Eindhoven University of Technology, Eindhoven

ISO 9241-210 (2010) Ergonomics of human-system interaction – part 201: human-centred design for interactive systems

Kelly H, Howell K, Glinert E, Holding L, Swain C, Burrowbridge A, Roper M (2007) How to build serious games. Commun ACM 50(7):44–49. doi:10.1145/1272516.1272538

Kohlhammer J, Proff DU, Wiener A (2013) Visual Business Analytics. Effektiver Zugang zu Daten und Informationen. dpunkt, Heidelberg

Kolb DA (1984) Experiential learning: experience as the source of learning and development. Prentice-Hall, Englewood Cliffs

Mertens P (2009) Führungsinformationssysteme für Kontrollorgane – Neue Paradigmen für die Managementinformation. Arbeitspapier Nr. 2/2009. http://wi1d7.wi1projects.com/sites/wi1d7.wi1projects.com/files/publications/kogis-arbeitsbericht.pdf. Zugegriffen am 03.08.2016

mmb Institut (2016) mmb Trendmonitor I/2016 – Ergebnisse der 10. Trendstudie „mmb Learning Delphi". Gesellschaft für Medien- und Kompetenzforschung mbH. http://www.mmb-institut.de/mmb-monitor/trendmonitor/mmb-Trendmonitor_2016_I.pdf. Zugegriffen am 03.08.2016

Moreno-Ger P, Burgos D, Martínez-Ortiz I, Sierra JL, Fernández-Manjón B (2008) Educational game design for online education. Comput Hum Behav 24(6):2530–2540. doi:10.1016/j.chb.2008.03.012

Nadolski RJ, Hummel HGK, van den Brink HJ, Hoefakker RE, Slootmaker A, Kurvers HJ, Storm J (2008) EMERGO: a methodology and toolkit for developing serious games in higher education. Simul Games 39(3):338–352. doi:10.1177/1046878108319278

Proff DU, Wiener A (2012) Summary Visual Business Analytics Studie 2012. Die 10 wichtigsten Ergebnisse der Studie. Fraunhofer IDG; Blueforte GmbH. https://visualbablog.files.wordpress.com/2013/05/summary-visual-business-analytics-studie-2012.pdf. Zugegriffen am 15.06.2015

Tufte ER (2010) Beautiful evidence, 3. Aufl. Graphics Press LLC, Cheshire

Ware C (2004) Information visualization. Perception for design, 2. Aufl. Elsevier Morgan Kaufmann, Amsterdam

Stichwortverzeichnis

© Springer Fachmedien Wiesbaden GmbH 2017
S. Strahringer, C. Leyh (Hrsg.), *Gamification und Serious Games*, Edition HMD,
DOI 10.1007/978-3-658-16742-4

}essentials{

HMD Best Paper Award – *essentials* mit ausgezeichnetem Inhalt

Mit dem »HMD Best Paper Award« werden alljährlich die drei besten Beiträge eines Jahrgangs der Zeitschrift »HMD – Praxis der Wirtschaftsinformatik« gewürdigt. Die prämierten Beiträge sind nun als *essentials* verfügbar!

HMD Best Paper Award 2016

Ch. Brandes, M. Heller
Qualitätsmanagement in agilen IT-Projekten – quo vadis?
erscheint 2017

H. Schröder, A. Müller
IT-Organisation in der digitalen Transformation
erscheint 2017

M. Böck, F. Köbler, E. Anderl, L. Le
Social Media-Analyse – Mehr als nur eine Wordcloud?
erscheint 2017

HMD Best Paper Award 2015

M. M. Herterich, F. Uebernickel, W. Brenner
Industrielle Dienstleistungen 4.0
ISBN print 978-3-658-13910-0; ISBN eBook 978-3-658-13911-7

P. Lotz
E-Commerce und Datenschutzrecht im Konflikt
ISBN print 978-3-658-14160-8; ISBN eBook 978-3-658-14161-5

S. Schacht, A. Reindl, S. Morana, A. Mädche
Projektwissen spielend einfach managen mit der ProjectWorld
ISBN print 978-3-658-14853-9; ISBN eBook 978-3-658-14854-6

Springer Vieweg

Änderungen vorbehalten. Stand Februar 2017. Erhältlich im Buchhandel oder beim Verlag.
Abraham-Lincoln-Str. 46 . 65189 Wiesbaden . www.springer.com/essentials

HMD Best Paper Award – *essentials* mit ausgezeichnetem Inhalt

Mit dem »HMD Best Paper Award« werden alljährlich die drei besten Beiträge eines Jahrgangs der Zeitschrift »HMD – Praxis der Wirtschaftsinformatik« gewürdigt. Die prämierten Beiträge sind nun als *essentials* verfügbar!

HMD Best Paper Award 2014

T. Walter
Bring your own Device
ISBN print 978-3-658-11590-6; ISBN eBook 978-3-658-11591-3

S. Wachter, T. Zaelke
Systemkonsolidierung und Datenmigration
ISBN print 978-3-658-11405-3; ISBN eBook 978-3-658-11406-0

A. Györy, G. Seeser, A. Cleven, F. Uebernickel, W. Brenner
Projektübergreifendes Applikationsmanagement
ISBN print 978-3-658-12328-4; ISBN eBook 978-3-658-12329-1

HMD Best Paper Award 2013

A. Wiedenhofer
Flexibilitätspotenziale heben
ISBN print 978-3-658-06710-6; ISBN eBook 978-3-658-06711-3

N. Pelz, A. Helferich, G. Herzwurm
Wertschöpfungsnetzwerke dt. Cloud-Anbieter
ISBN print 978-3-658-07010-6; ISBN eBook 978-3-658-07011-3

G. Disterer, C. Kleiner
Mobile Endgeräte im Unternehmen
ISBN print 978-3-658-07023-6; ISBN eBook 978-3-658-07024-3

☙ Springer Vieweg

Änderungen vorbehalten. Stand Februar 2017. Erhältlich im Buchhandel oder beim Verlag.
Abraham-Lincoln-Str. 46 . 65189 Wiesbaden . www.springer.com/essentials

Printed in the United States
By Bookmasters